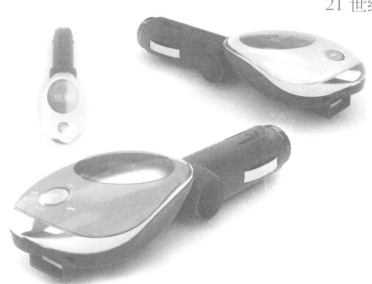

电子产品设计概论

Introduction to Electronic Product Design

张德发　刘加海 ／ 著

海洋出版社

2015年 · 北京

内 容 简 介

本书内容：全书共分 14 章。详细介绍了电子产品的主要特点、与文化环境市场关系、多学科知识的综合应用、生产流程分析、绿色设计、造型设计、交互设计、功能分析、儿童智能产品的分析、老年人产品的特点与分析、电子产品风险评估与设计规范、电子产品热设计、安全设计、设计实例等。

本书特点：1. 对象明确，结构清晰。全方位地介绍了电子产品设计的各个方面，对认识和参与电子产品设计有很大的帮助。2. 示例详细，活泼直观。3. 深入浅出，通俗易懂。4. 图文并茂，版式活跃。尽可能多地采用插图和表格，一方面可以增强实操的直观性，另一方面也起到活跃版面的作用。另外，为了便于读者轻松阅读，在版式上也做了精心设计和编排。

适用范围：本书适合作为全国高校电子产品设计专业教材以及电子产品设计师与爱好者的自学参考书。

图书在版编目(CIP)数据

电子产品设计概论 / 张德发，刘加海著. -- 北京 ：海洋出版社,2015.6

ISBN 978-7-5027-9195-7

Ⅰ．①电⋯ Ⅱ．①张⋯ ②刘⋯ Ⅲ．①电子工业－产品设计－概论 Ⅳ．①TN602

中国版本图书馆 CIP 数据核字(2015)第 150107 号

责任编辑：黄新峰　赵　武	发　行　部：(010) 68038093（邮购）(010) 62100077
责任校对：肖新民	网　　　址：www.oceanpress.com.cn
责任印制：赵麟苏	承　　　印：北京画中画印刷有限公司
封面设计：申　彪	版　　　次：2015 年 6 月第 1 版
出版发行：海洋出版社	2015 年 6 月第 1 次印刷
地　　　址：北京市海淀区大慧寺路 8 号 （100081）	开　　　本：880mm×1230mm　1/16
经　　　销：新华书店	印　　　张：16
技 术 支 持：(010) 62100052	字　　　数：360 千字
	定　　　价：42.00 元

本书如有印、装质量问题可与本社发行部联系调换。

前 言

　　随着信息技术的发展，电子产品功能的多样化、智能化、网络化程度将越来越高，电子产品人性化设计越来越受到重视。当前，科学技术在不断分化的同时，也在不断地高度融合，人类社会所面临的重大问题越来越需要从多学科的角度进行审视。智能化电子产品中涉及电子信息技术、计算机技术、人机工程技术、交互技术、工业设计、心理科学、材料与结构等多方面的知识的综合，并且这些知识高度融合到电子产品设计中。

　　进行复合交叉人才培养来自于多方面的需要，主要是企业发展的需要、高校自身创新的需要、提升产品用户体验的需要。

　　1. 企业发展的需要

　　企业之间以前是价格和质量的竞争，当前的电子产品除此之外，人们对产品的人性化交互设计与可用性设计也十分看重，苹果产品的脱颖而出很好地说明了这一问题。可用性交互设计所体现的产品外观和触觉体现出产品的灵魂。据推测，在相当长的一段时间内，真正懂得"以人为中心"的设计人才十分稀缺，电子产品设计专业方向人才已经成为信息社会人才需求的热点。

　　电子信息产业是一项新兴的高科技产业，数据通信、多媒体、互联网、电话信息服务、手机短信等业务也将迅速扩展，产业前景十分广阔。所有这些方面，都需要关注电子产品设计中的交互设计与用户体验，体现"以人为中心"的电子产品设计概念。

　　2. 高校自身创新的需要

　　高等教育为了适应社会的发展，需要有不断的创新，而创新需要突破传统专业设置的局限。

　　各学科的复合交叉是高校自我发展的需要，是应用型本科创建特色的需要，也是新兴学科的生长和重大创新突破的需要。复合交叉人才培养充分体现了"结合即发展，综合即创造"的优势，突破了传统专业设置的局限，能培养某些特殊的技能，使学生更有竞争力。交叉型专业是专业设置适应市场发展的重要里程碑，是高校发展的必然结果。

3.提升产品用户体验的需要

电子产品设计专业方向建设的出发点将坚持两个"友好"的原则，即环境友好与用户友好。用户友好的可用性交互设计广泛被大家所认同，环境友好是指产品的生产和消费活动过程中与自然生态系统协调及可持续发展。此项技术对保证数字化信息产品的人性化设计发挥着极其重要的作用，各行各业已需要越来越多有电子产品交互设计专长的毕业生作为数字化信息化创新设计和用户体验的基本力量。提升用户体验，增强整合创新，设计的下一个方向就是友好。当代产品设计将以人为本，更加关注产品与人之间的互动关系，通过对人的心理和行为的学习剖析，创造出更"友好"的新产品，力求为消费者带去更美好的体验和感受。

笔者水平有限，书中一定存在很多问题，对本书的建议可以发到Liujh-stu@yahoo.com.cn邮箱，感谢各位。

作　者

2014年8月

目 录

第**1**章 电子产品主要特点

"电子产品设计"的主要特点是基于电子信息的产品与产品设计。既然是"产品设计"就必须有创新，只有创新才能有立足之本；另一方面电子产品设计是基于电子信息的"产品设计"，它是以电子信息工程学科为基础，设计的产品其目的是服务于人，所以倡导以人为中心的设计。

由于电子技术的发展才有了计算机技术和信息技术的诞生，计算机技术和信息技术的发展大力推进了智能产品的研发。然而，随着计算机技术的发展，智能电子产品越来越表现得"无所不能"，但是仅有功能好的电子产品是不完整的，只有功能强大合理，且经过精心的工业设计，人机交互良好的电子产品才能在市场中风光无限。

1.1 电子产品概述

从 20 世纪 90 年代后期开始，融合了计算机、信息与通信、消费类电子三大领域的信息家电开始广泛地深入家庭生活。它具有视听、信息处理、双向网络通讯等功能，由嵌入式处理器、相关支撑硬件（如显示卡、存储介质、IC 卡或信用卡的读取设备）、嵌入式操作系统以及应用层的软件包组成。随着信息技术的发展、物联网的应用，电子产品向着智能化发展。例如，信息家电包括所有能够通过网络系统交互信息的家电产品，如PC、机顶盒、HPC、DVD、超级 VCD、无线数据通信设备、视频游戏设备、WEBTV 等。目前，音频、视频和通讯设备是信息家电的主要组成部分。从长远看，电冰箱、洗衣机、微波炉等也将会发展成为信息家电，并与其他信息家电一同构成智能家电系统。

消费类电子产品是指用于个人和家庭与广播、电视有关的音频和视频产品，主要包括电视机、影碟机（VCD、SVCD、DVD）、录像机、摄录机、收音机、收录机、组合音响、电唱机、激光唱机（CD）等。而在一些发达国家，则把电话、个人电脑、家庭办公设备、家用电子保健设备、汽车电子产品等也归在消费类电子产品中。随着电子技术发展和新产品、新应用的出现，数码相机、手机、平板电脑等产品也在成为新兴的消费类电子产品。

从石器时代开始，人类就一直不断地在造物，为生命的存在与延续，为生活质量的提高而制造一切所需要的工具和物品。尽管人类经历了漫长的历史变迁，尽管技术的发展已不能同日而语，但人类造物活动的意义并没有改变。人类为了生活而创造生产出来的物品，就称为产品。

我们生活在一个充满人造物的世界中。从器物到建筑，从工具到用具、武器、衣、食、住、行等各种物品，形成了一个相异于自然界的人造物的世界，即所谓的人工世界，又称之为"第二自然"。第二自然的形成是人类为了适应自然，而从事的体外创造活动的结果。

20世纪现代文明与科技发展，形成了这一时代背景下的人类造物活动：工业设计。由此所构成的人造环境正对当今人类社会生活和生存方式产生着重要的影响。在工业设计中的产品是指用现代化大机器生产手段批量生产出来的工业产品，如各种家用电器、生活起居用品、交通工具等。

产品设计的内容很广，小到纽扣和钢笔，大到汽车与飞机设计等。因此，产品设计的复杂程度也大不相同，和产品设计相关的各门学科和领域也相当广泛。

在产品设计中，人机交互是很重要的一个方面。人机交互是指人与机器的交互，研究人机交互的最终目的在于探讨如何使所设计的产品能帮助人们更安全、更高效地完成任务。交互系统通常包括产品通过输出或显示设备给人提供大量信息及提示，以及人通过输入设备向产品输入有关信息问题回答等。从早期的面板开关、显示灯和穿孔纸带等交互装置，发展到今天的视线跟踪、语音识别、手势输入、感觉反馈等具有多种感知能力的交互装置。

1.2　电子产品的分类

电子产品涉及领域非常广泛，基本上日常用的各种工具都离不开电子产品，如电脑、数码相机、MP3、微波炉、音箱等。通常电子产品可按功能与使用人群分类。

1.2.1　按功能分类

电子产品按功能可以分为以下3类：

（1）公共服务用电子产品：如电子计算机、通信机、雷达、仪器及电子专用设备，这类产品是国民经济发展、改造和装备的手段。

（2）个人消费类电子产品：包括电视机、录音机、录像机等，它主要为提高人民生活水平服务。

（3）工业用电子产品：电子元器件产品及专用材料，包括显像管、集成电路、各种高频磁性材料、半导体材料及高频绝缘材料等。

1.2.2 按使用人群分类

如果按使用人群划分，主要可分为：

（1）儿童电子产品。

（2）老年人电子产品。

（3）普通成年人电子产品。

（4）特殊人群（如残疾人、病人等）电子产品。

1.2.3 消费类电子产品的分类

消费类产品作为一个大类，根据每个国家标准不同，又可以分为以下几类：

（1）视频产品，包括电视机、投影电视机、家用录像机、家用摄像机（摄录一体机）、视盘放像机（又称影碟机）、数码相机等。

（2）音频产品，包括收音机、录音机、电唱机（CD唱机）、立体声音响设备等。

（3）计时产品，包括电子手表、电子钟等。

（4）信息产品，包括家用计算机、传真机、电话机等。

（5）娱乐产品，包括电子玩具、电子乐器、电子游戏机等。

（6）学习辅助产品，包括翻译器、幼儿识字器、"小教授"、电子辞典等。

（7）医疗保健产品，包括电子温度计、电子血压计、磁疗器、按摩器等。

（8）电磁炊具，包括微波炉、电磁灶等。

（9）安全保护器具，包括各种报警器、电子门锁、门卫电视等。

1.3 产品设计原则

要设计一个好的产品，应该遵循一些基本的设计原则，即在长期的设计实践中，人们形成的对设计的共性要求。设计必须符合科学性、易用性、美观性、安全性、技术规范性、可持续性发展、经济性、创新性等一般原则。这些原则既是设计的基本原则，又是评价设计作品的基本标准。这些原则之间往往互相关联、互相制约、互相渗透、互相影响，并体现在设计过程的各个环节之中。

1.3.1 科学性原则

电子产品在设计过程中，需要遵循客观自然规律，例如考虑以下的一些设计：

（1）设计电动机、发电机遵循的电磁感应科学原理。

（2）照相机的镜头加增透膜遵循的光的反射和折射科学原理。

（3）汽车制造成流线型遵循的流体力学中减小阻力科学原理。

（4）设计电冰箱遵循的汽化吸热、蒸发制冷科学原理。

（5）设计电视机遵循的CRT电子束射击显示屏内侧的荧光粉、LCD通过电压的更改产生电场而使液晶分子排列产生变化来显示图像的科学原理。

（6）历史上曾有不少有志青年制造设计永动机，这违背了能量的守恒和转化定律的科学原理，这类设计注定不会成功。

（7）监控设备设计遵循的传感器输入信号通过处理器处理信号科学原理。

（8）设计手机遵循的网络与无线电科学原理。

不遵循科学规律的设计终将失败。比如永动机，不消耗能量而能永远对外做功的机器，它违反了能量守恒定律。在没有温度差的情况下，从自然界中的海水或空气中不断吸取热量而使之连续地转变为机械能的机器，它违反了热力学第二定律，故称为"第二类永动机"。第一类永动机和第二类永动机都是不可能被设计出来的，因为它们都违背了科学定律和定理。电子产品的设计要遵循自然界的科学规律。所以我们在设计时，首先应遵循科学性原则。

1.3.2 易用性、美观性原则

易用性是产品设计中要考虑的重要特征。过去传统的产品设计，由于受到当时的设计理念和科学技术的限制，在产品的使用层面上，常常偏重于以工程设计为主导的用户"可用性"设计。设计出来的产品往往要求用户在掌握一定专业知识的基础上，才能适应和学习产品的各种功能和操作应用。但现在随着产品功能、科学技术的不断进步，那种以"可用性"为基础的设计早已不能适应普通用户对产品的认知和使用，尤其是对于日新月异的信息技术一体化产品，如何最大限度地使用户易用、乐用和高效应用，于是"易用性"就成为产品使用层面上的设计重心。伴随着"可用性"到"易用性"转移，一门崭新的学科——交互设计出现在设计师面前。

例如：以前靠按钮或旋钮来实现开关或调台的传统电视机已被淘汰，目前普遍使用遥控器。将来还会出现远程控制与手势控制的智能家电。由于以前的电视机操作比较麻烦，接收效果不是很好，实用性比较差。现在带遥控的电视机操作方便，实用性更强了。总之电视机变得越来越实用了——它们的设计都遵循了实用性原则。电视机的外壳和颜色也不断地更新，更加适合人们生活的需要。手机外形也不断地创新设计而变得更加漂亮了，也更加人性化了，它不再仅仅是通讯工具，同时也成了一件装饰品。爱美之心，人皆有之，追求美是大众时尚；产品的美观，其内涵是非常丰富的，除了形状美、色彩美、材料美等以外，还有文化性的美、技术性的美、气质性的美、风格性的美、趣味性的美等，一件好的设计作品能充分体现设计者的美学造诣。因此设计还应遵循美观性原则。

产品设计应最大程度上满足人们的审美需求，满足人们的审美心理，满足人们的使用习惯，使人们在使用产品的过程中不仅体验到功能的便利，更能够获得精神的愉悦。在审美需求设计中要符合产品的情感化设计。

产品的情感化设计是指在设计过程中，设计师可以分别从用户的本能的、行为的和反思的三种维度展开设计。本能水平的设计关注的是外形，行为水平的设计关注的是操作，反思水平的设计关键是形象和印象。本能和行为水平在全世界都是相同的，尽管有迥然各异的文化。只有反思水平在文化间有很大的差异。如何从反思水平展开分析，从产品设计中拥有更多的趣味、反思、印象等情感性要素，是设计者尤其需要关注的。

图1-1是法国著名设计师菲利普斯塔克设计的座椅，由于它造型新奇、夸张，满足人们情感上的需求，因此十分畅销。

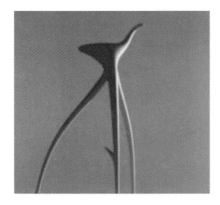

图1-1 著名设计师菲利普斯塔克设计的座椅

1.3.3　安全性原则

安全性是系统在可接受的最小事故损失条件下发挥其功能的一种品质，也定义为不发生事故的能力。对于产品开发，设计人员需要具备产品安全设计意识。安全设计意识是指设计中考虑降低产品各种可能出现的安全隐患，不仅仅指对用户造成的人身伤害，还包括系统的功能失效。安全性设计涵盖内容极广，本章节仅从人机交互接口设计角度来说明设计中的安全意识。安全性设计往往是系统化思维和思想意识问题，以人机交互设计思想为例，融会贯通，最终贯穿整个产品设计。

电子产品在设计前必须要按有关标准进行设计，不同的国家和地区有不同的标准；在设计产品时需要调研所设计的产品是运往什么地方，这些产品在什么样的环境中工作及使用者。使用人员从专业技术人员扩展到办公人员，甚至到一般家庭中的老人、妇女、儿童。电子产品的安全性能已经在很大的使用范围内关系到使用者的人身安全及其周围的环境安全。因此，在设计电路时不单是考虑电路的正确与否，还要考虑产品的整体结构及安全性能。

电子产品的安全设计一般原则：

（1）电子产品和设备在正常工作条件下，不得对使用人员以及周围的环境造成威胁。

（2）设备在单一的故障条件下，不得对使用人员以及周围的环境造成威胁。

（3）设备在预期的各种环境应力条件下，不会由于受外界影响而变的不安全。

电子产品的安全设计的基本原则：

（1）电子产品的安全要求。

1）防电击：电子产品及设备防电击是所有用电设备的最起码的要求。为此任何电子产品都必须具有足够的防触电的措施。

2）防能量危险：大电流输出端短路，能造成打火、熔化金属、引起火灾，所以低压电路也能存在危险。

3）防着火：使用的电子产品的材料，一般要使用阻燃料，着火后烟雾小，毒气小的材料做外壳，意外发生火灾警情时，不会产生二次着火，烟雾小不影响工作人员逃生，中毒的机会就小。

4）防高温：凡是外露的零部件一般都是为了散热，那么就要去考虑它的温度，过高的温度可能会造成对使用者的灼伤。

5）防机械危险：在电器产品中也存在一些运动器件，如电风扇的扇叶，这些都可能造成对使用者的伤害；另外就是产品的外壳，接合处不能存在刀口状；产品重心、高真空度的器件都是我们设计人员必须去考虑的。

6）防辐射：辐射分四大类，一是声频辐射，二是射频辐射，三是光辐射，四是电离子辐射。电子产品的使用者对辐射是全然不知的，这完全要靠我们设计人员在设计时认真的去考虑。

7）防化学危险：接触某些液态物质，也是存在一些危险的，比如：汞，日光灯的汞蒸气，蓄电池内的酸液，电解电容中的电解液，这些都是化学物质，如有泄漏就会对使用者带来伤害。

（2）电子产品生产的安全措施。

为了防止以上的情况在产品中出现，在设计时必须认真的去考虑如何消除这些问题的存在。

1）为了防止电击可能性存在，在设计时要对产品作绝缘处理，一般一个产品都有两个以上的防电击处理措施，一是基本绝缘条件，二是附加绝缘条件。例如一个电子产品的最基本的绝缘条件是塑胶外壳。电路板或其他电路与外壳间的距离为附加绝缘条件。设计人员不能因为有了附加绝缘条件而降低基本绝缘条件，另外，还可以增加一些其他方法的绝缘方式。

2）大电流在使用中也可能造成危害，大电流的产品在设计过程中要考虑线路漏电流的情况，这里所说的漏电流，是指对人体有伤害的电流，这种电流在用电设备中是可以想法子去掉的，在一些电器上加上隔离电容这样可以减少漏电流对人体的伤害，一般当电压在250V时，隔离电容的容量不能超过6200PF，再大，就有危害了。

3）为了防止电器起火在设计时要考虑到，起火的三大要素，一是燃料，二是温度，三是氧气。要从这三个方面入手切断起火的根源。一是外壳用阻燃材料做，这样不易着火，二是想法降低发热件的温度、这样着火的可能性就会减少。

4）电子产品在过高的温度中工作时间长了会减少其工作寿命、降低绝缘性能，因此，在大部分有一定功率输出的电子设备中，都要加散热方案，如给在外壳上开通风口，功率元件加散热器，增加风扇，有的还要用水冷方式散热。

5）机械结构上也能引起对使用者的危害，如比较大的电器的重心不正是可以引起不良后果的，产品的边角太锐利，运动部件这些在设计时都要去加以思考。

6）辐射在我们应用的电气产品中无处不在，有好些产品都带有辐射，只是标准还达不到伤及人的生命的程度如我们使用的显像管，红外线，紫外线，DVD的光头（激光），声频，射频这些辐射的指标一旦发生变化将对人产生非常大的伤害，而这些辐射则是我们发现不了的。

7）化学也是对人体有害的因素之一，如电池的漏液，日光灯管内的汞蒸气，电解电容的电解液这些都是。

（3）关键零部件的安全。

元器件、零部件是构成整机产品的基本单元。有一些元部件是保证整机安全的关键元部件，它们的安全性能直接影响着整机的安全性能，如果它们发生短路、断路或安全指标不稳定等故障，整机的某个部分或整机就可能发生安全故障，进而可能造成电击，起火或有害射线、激光和毒性物质产生过剂量等安全事故。

1）可触及的元部件。

可触及的元器件包括插头、插座、器具耦合器、电线电缆、开关、控制器、熔断器座等等。

2）不可触及的元件。

不可触及的元件是指有带电危险，但是装在机内的元件，比如机内的线路板，变压器，熔断器和一些带电接插件以及电路板的支撑器件。

所有可触及到或不可触及到的元部件都必须防灰尘和潮气。为了达到产品的安全性能，在设计线路板时一定要考虑产品的安全性能，要保证元器件的安全距离，称为电器间隙；以及内部结构涉及的爬电距离和绝缘穿通距离。

1.3.4　技术规范性原则

技术规范可以降低成本，减少工作量。对消费者选购产品以及企业进入国际市场也有很大的帮助，所以设计应该遵循技术规范性原则。

首先请大家思考以下问题：

为什么很多产品上都标有"通过国际 ISO9000 体系、ISO9001 验证、ISO14000"等系列质量、环保标准？因为这些产品的制造都是按照国际上统一的技术规范。例如，国际上多数国家都使用相同的移动电话技术规范来建设他们的电话信号收发设备，所以具有全球漫游功能的移动电话可以在全世界上百个国家自由地漫游通话。

这些事例说明，各行各业都有一些设计的技术规范，这些规范往往是实践经验和科学理论的总结，设计时必须遵循。有的技术规范是以"技术标准"的法规式文件出现的，这是产品设计制造必须达到的技术要求，设计时必须按照执行。否则可能出现质量或安全方面的问题。

1.3.5　可持续发展性原则

可持续性原则的基本思想是指在设计阶段将环境因素和预防污染的措施纳入设计之中，将环境保护作为产品的设计目标和出发点。把产品的设计要考虑到人类长远的发展，资源与能源的合理利用，生态的平衡等可持续发展的因素，技术产品是与生态、环境、资源等紧密相连的。可持续性发展原则包括以下主要内容：

（1）设计过程的每一个决策充分考虑尽量减少对环境的破坏。

（2）尽可能减少原料和自然资源的使用，减轻各种技术、工艺对环境的污染。

（3）在设计过程中最大限度地减小产品质量和体积，在生产中减少损耗，在流通中降低成本，在消费中减少污染。

（4）改进产品结构设计，产品废弃物中尚有利用价值的资源或部件便于回收，减少废弃物的垃圾量。

为了减少对环境的污染，减少对不可再生资源和材料的消耗，节省常规资源（不可再生资源），同时也是为了减少对自然环境的污染，减少有害气体的排放。

1.3.6　经济性原则

经济性原则是用较低的成本获得较好的设计产品的原则。设计者应该通过合理使用材料，合理制定设计要求，注意加工工艺过程的经济性等方面的综合考虑，使自己的设计符合经济性原则。即从材料、技术、管理工艺（加工方法）、包装、运输、仓储等方面考虑。

1.3.7　创新性原则

产品设计的创新形式是至关重要的，创新是设计的灵魂。产品设计的创新原理主要可概括为以下两个方面：

图1-2 人体工学键盘

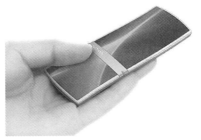

图1-3 概念手机

图1-4 天籁的前排座椅设计

（1）注重价值，经济实用的经济价值性原理。

（2）科技先导，实施转化的科技人性化原理。

创新是发展的前提，创新是设计的灵魂，创新设计是为了适应社会的发展和人们生活方式的改变，一般从外形、材料、结构、原理、工艺等方面来考虑。遵循创新性原则，既体现了设计的特征，也满足了社会发展需要和人们追求新生活的需要。所以对于任何一个设计者来说，都应该遵循创新性原则。创新性设计思想是指一种观念，也是设计师的世界观，在设计的任何时候都暗示着"怎样的设计才是合理的和美的"这一命题，并从宏观上控制设计师在寻找最佳方案时的思维方法。

1.3.8 求适性原则

产品设计要求产品适宜于人，即以人为本、以用户为中心来设计，综合考虑人体工学、感性工学、设计心理学、人与环境的协调发展等因素。好的产品在产品与用户的交互方式、用户和产品及企业接触的体验，这些都是求适性设计的目标。

图1-2是一款通过色彩进行功能划分的键盘，使其定位更准确，操作更方便。

图1-3是一款概念手机，它全触摸式的操作方式以及新奇的外表，都使用户完全进入预期的互动之中，完成对产品的全面体验。

例如，日产工程师对新天籁的座椅进行了人机工程学改进，使得长途行车更不易产生疲劳，同时也能提供足够的侧面支撑力。长达2775mm的轴距赐给了天籁一个宽敞的后排乘坐空间，不仅膝部空间在同级别车中表现上乘，斜度较大的靠背也令头部空间异常宽敞，坐在后排丝毫没有压抑的感觉。如图1-4所示。为了表现出对副驾驶的体贴关怀，新天籁还专门添加一个可伸缩的腿部支撑，若将椅背放倒，便会得到犹如飞机公务舱般出色的休憩空间，再加上前排座椅具有强、弱两级按摩功能，比起后座椅来，副驾驶座更像是"贵宾"位置。一项产品想要畅销，首要的是要作市场定位分析。一般在实际流程开始，需要作详尽的目标定位、使用人群、使用环境、限定性条件、同类产品、市场因素等方面的分析，以确保将来的产品更具有针对性。

1.4 电子产品设计中值得关注的因素

1.4.1 电子产品设计中的人机交互性

现在，电子产品日渐丰富，从各个层面深入到了人们的生活，给人们生活带来了极大的方便。在设计风格上，设计是走向多元化，各种风格并存，而不仅仅是以现代主义风格的产品为主。但是随着中国产品设计的发展，西方产品的不断流入，尤其是电子产品方面，很少有中国传统的产品或者中国发明的电子产品。所以产品的审美标准上大体上以西方为准，导致现有产品越来越倾向于简练、功能化的西方特征，产品显得更加冷漠，不近人情，类似于高技派的风格。高技派坚持现代派关于工业技术和机器美学的信念，甚至针对着后现代主义以及其他反科学、反技术的思潮，对现代主义的技术统治论加以极端的表现。除此之外，现在的很多电子产品，在细节上做得都很不够，比如边角的设计，存在很多安全隐患；操作中，没有提示，导致用户不知道如何开始，由于现在产品的黑箱化的趋势比较明显，很多产品都成了一个黑箱，缺乏友好的界面设计，给人带来了很大的麻烦。

产品必须有明确的可操作界面，用户界面设计是屏幕产品的重要组成部分。界面存在于人与物信息交流中，甚至可以说，存在人与物信息交流的一切领域都属于界面，它的内涵要素是极为广泛的。可将界面定义为设计中所面对、所分析的一切信息交互的总和，它反映着人与物之间的关系。例如数码产品的界面设计，通过菜单的人性化设计，用户很容易操作，这样的界面设计，在用户和产品的信息交流中搭建起一座沟通的桥梁。

用户体验设计强调，从产品开发的最早期也就是概念开发就进入整个流程，并贯穿始终。其目的就是保证对用户体验有正确的预估，认识用户的真实期望和目的，在功能核心方面根据需要能够以低廉成本对设计进行修改，并保证功能核心同人机界面之间的协调工作。因此在具体的实施上，就包括了早期的 focus group（焦点小组），contextual interview（相关性访谈）——和开发过程中的多次 usability study（可用性实验），以及后期的 user test（用户测试）。在设计—测试—修改这个反复循环的开发流程中，可用性实验为该循环提供了可量化的指标。

1.4.2　电子产品设计中的计算机科学

自 20 世纪 80 年代以来，计算机技术的快速发展和普及以及因特网的发展，把人类带入一个信息爆炸的新时代。信息对人类社会的经济、文化等各方面产生了深远的影响，人类面临着前所未有的巨大挑战。计算机技术与工业设计关系是广泛而深刻的，计算机的应用改变了工业设计的技术手段及其程序和方法，计算机技术势必开启工业设计的新领域，新的技术与新的设计结合起来，就能真正服务于人类。

美国是最早进入信息时代的国家，在许多方面都处于领先地位。因特网的普及，使美国社会全面迈进以信息产业为龙头的全新时代。新型的设计公司能够向企业提供更加全面的服务，它们不仅能提供产品的外形设计和工程设计，也能提供市场研究、消费者调查、人机学研究、公关策划，甚至企业网站设计与维护等诸方面的服务，并具有全球性活动的能力。许多企业把设计作为一种提升企业经营品质、激发创造性的战略性管理手段，而不只将设计局限于单个产品的开发活动，从而大大地扩大了工业设计的应用范围。美国在 20 世纪 90 年代，工业设计的主要领域在计算机、现代办公设备、医疗设备、通讯设备。奇巴（ZIBA）设计公司无疑是最佳的设计公司之一。其理念是以简洁取胜，并强调产品的人机特性，公司非常注重细节的处理，奇巴也追求设计的趣味与和谐。通过色彩、造型、细节和平面设计使产品亲切宜人和幽默可爱，达到雅俗共赏。该公司为微软开发的"自然"曲线键盘，因其使用方便、人机界面舒适，造型新颖独特而受到用户欢迎。

这里不得不提到与工业设计相关的计算机设计学。计算机设计学包括三个方面：环境设计（建筑、汽车）、视觉传达设计（包装）、产品设计。计算机设计学应用，分三个应用层次：

（1）计算机图形作为系统设计手段的一种强化和替代，效果是这个层次的核心（高精度、高速度、高存储）。

（2）计算机图形作为新的表现形式和新的形象资源。

（3）计算机图形作为一种设计方法和观念。

1.4.3　电子产品设计中的造型设计

产品形态设计时，需要考虑机能角色和象征角色两个方面的内容。机能指产品形态语意获取的途径及方式，由于机能角色具有客观统一性的特点，因而遵循效能性原则，应力图采用理性、逻辑的符号。由于象征角色由主体赋予产品，具主观性的特点，因而遵循适意性准则，依循客观现实，围绕产品在使用情境中显示的心理性、社会性、文化性象征价值来获取。当主体从使用情境中提取出产品象征角色，并把象征意义赋予产品形态时，我们则可采取一些表现手法，如隐喻、类比、直喻等。比如，悉尼歌剧院运用隐喻的手法，将自然物象形态赋予其外观造型。这些象征的含义是人们从小在大量的生活经验中学习积累起来的，设计者把这些象征含义用在机器、工具、产品设计中，使用户一看就明白，不需要花费大量精力重新学习。有良好形态语义表现的产品，总是能很好地表述自己，方便使用者的认知。

20世纪60年代末期，西方设计界普遍对"外形跟随功能"的设计指导思想提出质疑。功能主义思想有一系列局限性。以功能主义为指导思想，设计的日用品基本都是很理性的几何形式，直线、矩形，连圆弧都很少使用，颜色多为白色，这种产品显得冷冰冰的，缺乏人情味。另外，"外形跟随功能"的含义是：外形并没有功能，它必须跟随产品的功能。其实，外形本身就具有一定功能，例如圆形的功能是转动，平面上可以放置其他东西，那么选择外形时应当考虑跟随什么功能呢？

面对20世纪60年代出现大量的新电子产品，形式美的设计概念已经失去意义，电子产品像一个"黑匣子"，人无法感知它的内部功能，设计师应当通过其外形设计，使电子产品"透明"，使人能够看到它内部的功能和工作状态，这种设计要求无法用形式美表现出来。形式美的设计思想很难处理各种复杂的信息。许多人开始探索新的设计理论，有人提出"外形跟随美学"，有人提出"外形跟随成本"。这些理论的潜在思想仍然是在"形式美"的大框架之下，最终人们明白，形式美设计思想是无法解决电子产品的外形设计问题的，必须寻找新的设计理论基础。在这种时代背景下，产生了"产品符号学"。

"产品符号学"的提出有两个目的。第一个目的：使产品和机器适应人的视觉理解和操作过程。在口语交流中，人们通过词语的含义来理解对方。在视觉交流中，人们是通过表情和眼神的视觉语义象征来理解对方。人们在操作使用机器产品时，是通过产品部件的形状、颜色、质感来理解机器的，例如视觉经验认为圆的东西可以转动，红色在工厂里往往表示危险。你怎么会认出房子的门？通过它的形状、位置和结构。如果你指着一面墙说："这就是门"，没有人会相信。人们早已经把门的形状、门的结构、门的位置以及它的含义，同人们的行动目的和行动方法结合起来，这样形成的整体叫行动象征。设计者应当把这些东西的象征含义用在机器、工具、产品设计中，使用户一看就明白它的功能、它的操作方式，不需要花费大量精力重新学习陌生的操作方法。把"产品符号学"的思想用于电子产品设计，就是要从人的视觉交流的象征含义出发，使每一种产品、每一个手柄、旋钮、把手都会"说话"，它通过结构、形状、颜色、材料、位置来象征自己的含义，"讲述"自己的操作目的和准确操作方法。换句话，通过设计，使产品的目的和操作方法应当不言自明，不需要附加说明书解释它的功能和操作方法。

第二个目的，是针对微电子产品出现的新特点改变传统设计观念。传统的功能主义是以几何形状作为技术美的基础，主流设计思想是"外形符合功能"，并在三维几何空间里设计几何形状。产品造型就意味着几何形状设计，并已形成一个封闭的几何形式法则，成为机械理论和技术的一个组成部分。而电子产品的行为方式不同于机械产品，一个个都像"黑匣子"，人看不见它的内部行为过程，如果按照对机械产品的理解设计或操作电子产品，就会感到无奈。因为电子产品的"外形"并不符合它的"功能"，用传统的几何形状概念无法描述这些产品的功能特性、含义和操作。当你使用电子产品时，首先需要理解它的功能，需要明白操作过程，它们应当具备哪些适当状态和条件，这些都必须通过视觉来理解。所以设计要从符号学入手，看看人怎么用词语表达行为。

1.4.4 电子产品设计中的可靠性

随着应用电子技术领域的日益扩大，电子产品的可靠性问题愈来愈多地困扰着维修人员。影响电子产品可靠性的问题很多，其中噪声是最重要方面。所谓噪声，即对人或设备造成恶劣影响的干扰信号的总称，如造成人身心不愉快感觉的音响、图像信号，机器错误工作的信号等。

对待噪音的态度，犹如对待火灾一样，事先要有足够的措施，否则既费钱又费时间。在电子产品的设计或试制时，对防止噪声的工作条件要有足够的容限范围，这是保证设备可靠性的前提。

1. 电子产品可靠性的工作条件

由于电子产品的绝缘材料受潮气会降低绝缘度，产生漏电流形成噪声。因此，保管或放置电子产品的场所，一定要干燥，要有足够的防潮措施，要避免放在高度潮湿或混凝土墙脚处。

电子产品的静电易吸取灰尘，造成电子元件绝缘度降低和温度升高，因此对电子产品要经常清洁除尘。

电子元件金属部分和空气接触会发生氧化，生锈，改变电阻，造成接触不良，形成噪声。怕生锈的金属或焊接处，要涂上磁漆来保护。另外，焊接时用的酸性焊剂，用后不清除仍然会使电子元件的金属部分腐蚀，造成接触不良。在有腐蚀气体的地点要有充分防腐措施。

设备所处环境由于某种震荡或冲击易形成噪声，对设备元件安装或布线固定等方面，要有防震和防冲击措施。

2. 电子产品噪音的检修

对电子产品噪音的检修，首先根据电子产品的噪音或工作失常的状态来判断故障是维修还是改进，然后根据故障查出原因。原来正常的电子产品一旦产生噪声，这是明显故障，需维修。但是，投入使用的电子产品一开始就有噪声，它和环境、使用条件和设备性能有关，这不属维修范围而是明显的改进问题了。维修就是查出产生噪音的原因。而改进则是要从头到脚彻底解决噪音的家族问题，这是关键问题。引起电子产品噪声的原因是多种多样的，有的噪声仅由一种原因引起，有的噪声则由多种原因相互混合引起。按照电子产品的噪声来源可将噪声分为内部噪音和外部噪音。

1.4.5 电子产品设计中的创新性

创新是产生新事物的过程，是创造性。中国工程院院士、浙江大学原校长潘云鹤曾说："创新有两类，第一类是原理的改变，是从无到有的创新，原理上发生变化；第二类创新是在第一类的基础上改进，这类改进更符合使用者的行为习惯和个性需要，创新设计属于其中。"由此可见，创新是电子产品设计的内在需求，是电子产品设计不可缺少的因素之一。可以说，只有具有优秀的创新才能，才能具有卓越的电子产品设计能力。当今社会，人们消费多样化、个性化，生活水平的提高、经济文化的全球化，势必带来消费需求市场的变化。新颖、个性、品位，成为消费者追求的目标。而要达到这一目标，只有通过设计才能实现。设计师根据自己的知识结构经验等，积极探索，设计出满足消费者生理、心理需求的消费品，这正是设计创新的过程，是实现设计价值的过程。

设计过程中，方案通常并不是唯一的，任何设计对象本身都是包括多种要素构成的功能系统。它总是围绕着一个最为本质的"问题中心"而展开的，这个"问题"就是经过设计之后所要达到的一种成果。而在设计过程中，它是受多种因素所限制的，其中包括科学、技术、经济等发展状况和水平的限制，也包括设计对象所提出的特定要求和条件，同时还涉及环境、法律、社会心理、地域文化等因素。这些限制因素共同作用于整个设计过程，形成了设计师所构思的一组外围条件。各种因素的自身作用和其相互作用对设计本身所产生的力量有着大小的差别，而设计师就需要甄别这些因素，协调其相互关系，合理取舍，考虑尺寸、材料、结构、形式等，这就需要设计师充分发挥自己的创造力，最后才能完成设计工作。

创新的过程，由构思到具体化是不断地将不确定的因素剔除的过程。进而，清晰明确地验证其性能。在现代设计过程中比较常用的就是"头脑风暴"法，头脑风暴的特点是让与会者敞开思想，使各种设想在相互碰撞中激起脑海的创造性风暴，是在专家群体决策基础上尽可能激发创造性，产生尽可能多的设想和方法。我们可以从国际知名设计大师刘传凯先生的手绘草图中窥见一斑，他的草图就是穷尽各种设计思想，预想各种可能性、整体形式、组合方式、材料选用等因素的综合考虑，最后产生出一两个可行的方案。

我们在创新设计产品的过程中，要走出从众型思想、权威型思想、经验型思想、书本型思想误区以及其他类型思想误区。

我们可以从破除一些清规戒律开始。比如一般大家都习惯于用右手，大家不妨试一试用左手。不妨试一试主动地找学校的某一位名人攀谈。大家在一起聊天时提出与大家不相同的意见等。

对于权威，首先我们要考察的就是该权威人士的言论是否就是他的本专业领域之内。第二，要对专家地域性进行分析。第三是研究一下这位专家是否为该领域最新的权威人士。第四，要分析这位权威人士的言论是否与他自己的切身利益有关。最后要看看这位专家是否真正凭借自己在某专业领域的贡献而获得专家称号的，因为在不少领域，被外界公认的权威往往并不是本领域的真正专家，他们是借助某种外界力量才成为权威的。

从思想的角度来说，经验具有很大的狭隘性，束缚了思维的广度。经验的狭隘性表现为三个方面的偶然性：

（1）经验具有时空狭隘性。

（2）经验具有主体的狭隘性。

（3）经验之外也具有偶然性。

经验与创新设计思想之间的另外一个作用就是经验是相对稳定的东西，有可能导致人们对经验过分依赖乃至崇拜，形成固定的思维模式，这样就会减低人们的创新能力。

根据当前社会发展和产品设计的新特点，在传统的设计过程中应该增加或突出两部分内容，首先是增加数字设计内容，以适应目前产品数字化浪潮的特点；其次是增加人机设计内容，因为随着商品的丰富和生活水准的提高，产品的智能性、舒适性显得尤其重要。由于以计算机技术为代表的高新技术的发展，使数字设计和人机设计成为必要和可能。

广义而言，产品创新设计涵盖了产品生命周期中所有具有创造性的活动，根据目前产品设计的时代特性，可以总结出产品创新设计具有以下几个特点：

（1）从企业角度观察，能为产品创造高附加值。

（2）从市场角度观察，能保持强劲的吸引力，不断刺激消费者的消费欲望。

（3）从消费者角度观察，能不断获得新产品，满足物质和精神生活的需要。

（4）从设计师角度观察，能不断迸发灵感进行创造。

（5）从经济发展宏观角度观察，使整个国家的经济呈现强劲的竞争力。

从设计方法论的角度看，产品创新的关键在于实现市场、科研和生产三类信息的获取和碰撞。产品的创新设计就是在一个动态的、不断与外界交流的过程中，从设计初始状态走向设计目标状态。不管是哪一种思想、哪一种风格、哪一种因素，都是设计过程中的一个碰撞点，它们都对产品创新设计起着不同程度的作用与影响。

在创新设计中，灵活采用发散性思维、质疑思维、逆向思维、横向思维、纵向思维、灵感思维、直觉思维和互动思维，使设计产品富有创新性和实用性。

1.5　电子产品实例分析

1.5.1　iWatch 苹果手表

iPhone无疑是当今最火的数码产品，自从它诞生之日起，势头已远远超过了同品牌的iPad。同时，也一举成为全世界所关注的焦点。本节所介绍的数码产品，虽然并非数码市场的焦点，但其设计足以让许多用户瞠目

图1-5　iWatch苹果概念手表

图1-6　iWatch手表及使用

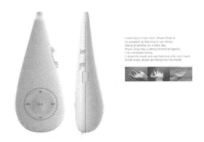

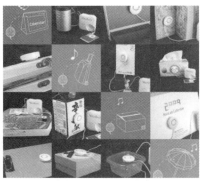

图1-7　"水滴"音乐播放器

结舌，如图1-5所示的iWatch苹果手表。

　　iWatch手表根据用途不同，设计了几款不同功能的手表。有MP3/MP4功能，有录音笔功能，有收音机、游戏机功能，最轻的一款只有60g重。这种手表还有一系列的亮点，包括全触摸屏设计，手写笔操作，支持无线上网，轻松收发Email邮件，同时配有精美的蓝牙耳机，真正实现"解放双手，享受生活"的梦想。

　　iWatch通过了美国联邦通信委员会（FCC）的各项严格检测与认证，2008年在德国汉诺威信息及通信技术博览会上荣获手表型多功能手机外观品质金奖。根据世界卫生组织检测，低于国际电磁波辐射标准，是一款低辐射高环保手机，任何人群都可使用。同时，iWatch也让手表手机的设计研发进入一个非常成熟的阶段，只要有一个iWatch就可以更随意地将手机作为装饰品佩带于身上任意位置，如图1-6所示，不仅方便出行，更加体现出你高贵、与众不同的品位。

1.5.2　Music Drop "音乐水滴"

　　Music Drop "音乐水滴"是由韩国设计师Gowooon Jeong所设计的音乐播放器。它看似一滴水滴，超流线的机身上几乎没有突起物，甚至连液晶屏幕也没有。通过"水滴"底部的投影系统，歌词、歌名等信息将可以投射到手心、手背等地方，字体大小也是可以随意调节的，如图1-7所示。

　　MP3体积越小，安装的LCD显示屏也就越小，辨认上面显示的信息也就更加困难。音乐水滴的投射功能可以在任何物体表面显示出你所想要查看的信息，而且是任意大小。

1.5.3　可有效散热的LED节能灯泡

　　节能已经成为国人乃至全世界的一个重要话题，节能不仅仅要从生产中做起，也要从人们的生活中做起。这款节能灯泡的造型奇特，它被设计成类似机器中的齿轮零件一般，很有艺术气息。但这样的设计最大的特点还是可以有效地散热，就好比电脑中的散热片一样。LED节能灯泡的特点如下。

　　1. 节能化

　　由于LED是冷光源，与白炽灯、荧光灯相比，节电效率可以达到90%以上。在同样亮度下，耗电量仅为普通白炽灯的1/10、荧光灯管的1/2。如果用LED取代我们目前传统照明的50%，每年我国节省的电量就相当于一个三峡电站发电量的总和，其节能效益十分可观。

　　2. 健康化

　　LED是一种绿色光源。LED灯直流驱动，没有频闪；没有红外线和紫外线的成分，没有辐射污染，显色性高并且具有很强的发光方向性；调光性能好，色温变化时不会产生视觉误差；冷光源发热量低，可以安全触摸。这些都是白炽灯和日光灯达不到的。它既能提供令人舒适的光照空间，又能很好地满足人的生理健康需求。

　　3. 艺术化

　　LED在光色展示灯具艺术化上显示了无与伦比的优势，如图1-8所示。目前，彩色LED产品已覆盖了整个可见光谱范围，且单色性好，色彩纯度高，红、绿、黄LED的组合使色彩及灰度（1670万色）的选择具有较大的灵活性。LED 技术使居室灯具将科学性和艺术性更好地有机结合，打破了传统灯具的条条框框，超越了固有的所谓灯具形态的观念，灯具设计在视知觉与形态的艺术创意表现上，以一个全新的角度去认识、理解和表达光的主题。半透明合成材料和铝制成的类似于蜡烛的 LED 灯，可随意搁置在地上、墙角或桌上，构思简约而轻松。形态传达的视觉感受和光的体验，让灯具变成充满情趣与生机的生命体。

4. 人性化

人们可以根据整体照明需要来设定照明效果，实现人性化的智能控制，营造不同的室内照明效果。即使居室中只有 LED 发光天花板和发光墙面，人们也可以根据各自要求、场景情况，以及对环境和生活的不同理解，在不同的空间和时间选择并控制光的亮度、灰度、颜色的变化，模拟出各种光环境来引导、改善情绪，体现更加人性化的照明环境。

三基色 LED 可以实现亮度、灰度、颜色的连续变换和选择，使得照明从普遍意义上的白光扩展为多种颜色的光。

图 1-8　形态各异的 LED 灯泡

1.5.4　太阳能台灯

太阳能台灯是一款环保的台灯，它可以在白天吸收并储存太阳能，以供夜晚照明。这款产品还有一个非常有趣的地方，白天可以将它倒放像是一盆植物在吸收着太阳光，晚上再将它翻转回来就可以当作台灯使用了，如图 1-9 所示。

光照较强的夏天，在户外充电 10 小时，最多可供 40 小时的照明。而即使是在光照较弱的冬天，在室内充电 8 小时，也可供约两小时的照明。

1.5.5　实景地图

真正的实景地图 Google Maps！与 Google Maps 的"做得广"相比，MapJack 明显是"做得精"。因为 MapJack 不仅提供街道级别的实景图片，它也拍摄步行区域，比如公园、步行街、大学等场所。据 MapJack 公司介绍，他们开发了自己的拍摄器材及有关的软件工具，组成低成本的可升级的系统，能轻松拍摄高清实景图片，如图 1-10 所示。

图 1-9　太阳能台灯

图 1-10　Google Maps 实景地图

图1-11　鼠标设计

图1-12　测量水温的花朵

图1-13　日程提醒戒指

1.5.6　鼠标设计

鼠标从1964年发明至今，已经有半个多世纪的历史。从最初的一个小木盒子到大家每天都会使用的鼠标，鼠标演变到现在的形态也非一朝一夕。从原始鼠标、机械鼠标、光电鼠标、光学鼠标，再到如今的无线鼠标，鼠标技术经历了漫漫征途，逐步进化完成。通过创意设计，让鼠标拥有了越来越丰富的功能和越来越舒适的使用感受。以后可能会在市面上看到这些可爱的造型的鼠标，舒适、小巧是它们的特点，如图1-11所示。

1.5.7　测水温的花

通过变化颜色来测试水温的花，洗个热水澡可以帮助你化解一天的疲劳，可以让你身心都得到很好的放松，花卉插头设计，通过改变花的颜色让用户知道什么时候洗澡水温是适当的，一旦花变成紫色，你就可以安全地进入水中而无需担心它过烫。小花卉又增加了轻松的氛围，如图1-12所示。

1.5.8　日程提醒戒指

日程提醒戒指对于重要的那些日程安排，不知道你是用什么方式及时提醒自己的。今天介绍的这款记忆戒指，有它独特的提醒方式。你只需对需要提醒的日期作一个设定，在这个日期到来前24小时，记忆戒指的内表面就会升温到约50℃，并保持这一温度10s。接下来每过一小时，戒指都会用它这种特殊方式提醒你一次，直到设定的这一天过去。这种戒指内部有一个微型的热电转换装置，能够将从你的手指吸收到的热量转化为电能，供整个戒指消耗，是很特别的设计，如图1-13所示。

1.6　未来流行的五大类电子产品

（1）以"iPad"为代表的平板终端，会与笔记本电脑一样逐步普及，最终会因非工作用途而普及。

（2）手机方面，智能手机会因越来越多地用于非通话用途而逐步实现多功能化、高智能化。

（3）汽车方面，随着混合动力车（HV）及电动汽车（EV）的普及，该领域正在迅速实现电子化。今后，为了追求安全性、舒适性及节能性，汽车的半导体配备量将日益增加。

（4）智能电网，是今后10年内推进力度最大的基础设施投资项目。智能电表、电力路由器及服务器的需求将会激增。

（5）医疗设备方面，估计今后半导体的需求领域将从目前的医疗机构使用的专用设备，扩展至个人或家庭使用的疾病预防及疾病检查用产品。包括用来保持健康或预防疾病的类似游戏的产品，以及可在家庭内自动检查疾病的产品。

电子产品已经逐步在我们生活中占据很大的作用，电子产品的种类也在以几何级数扩张着。对此，我们在电子产品的设计制作中，需要更加注重创新和人性化，如果在产品设计中能认真分析与人相关的因素，追踪与人机分工和人机界面等方面相关的新技术发展；或从人机系统角度提出新的技术发展方向，一定能不断改进现有产品并促进新的产品，在具体的产品设计中，设计师应该把自己放在使用者角度，设身处地地设计。同时考虑到人机系统是一个动态的、完整的系统，应该站在系统的角度，考虑每一个因素，同时兼顾人的主导性，以保证系统的工作效率、可靠性、安全性和寿命。产品设计力求造型简洁、生动，使用户感受到产品是可亲的、温暖的，崇尚实用、智能、绿色环保、经济且节能。

中国在电子技术方面起步比较晚，和电子产品发达的国家还有一定的差距，在电子产品设计中更是存在明显差距，而电子产品不管是在生活还是军事中都占有很重要的地位。我们如果能重视电子产品的设计与研发，相信我们国家还是可以后来居上的。

第**2**章 电子产品设计与文化、环境、市场关系

在如今这个产品众多的时代，如何让一款电子产品更加出众，就需要从更多的方面完善更多的内容，尤其是关注电子产品设计与文化、环境、市场关系。

文化，如今在这个多元文化的时代，一款电子产品所附有的文化含义不仅仅是一个产品的文化提升，更是一个企业的文化内涵提升。

环境，在这个复杂的时代，环境的关注越来越重要和突出，关注环保、注重环境的设计理念都成为每一款产品所需要关注的一个方面。

市场，一个产品的运营之地，只有把握住市场的动向，了解市场的走势，关注市场的关系，才能使得这款电子产品的发展走向更好。

2.1 电子产品设计与文化、环境、市场关系的概述

工业设计的目的是通过物的创造满足人类自身对物的各种需要，这与文化的目的不谋而合。工业设计的对象是物，不管这种"物"对人起到何种作用，在本质上，它们都是人类的工具。哲学上，工具具有双重的属性："工具的人化"与"工具的物化"。"工具的物化"在浅近的层面上，就是使人的工具构想如何实现。"工具的人化"的本质是在工具上必须体现出人的特性，使工具这一客体成为人这一主体向外延伸的对象。在电子产品设计中必须有这样的思想：任何物的设计都是人的构成的一部分，都是人这一生命体的生命外化的设计。

顾名思义，电子产品设计是电子类的商业产品的外观、功能、构造等部分的设计，然而对某一种产品的设计自然涉及许许多多的方面和问题，要让一个电子产品变得出色优秀实用，自然需要结合许多方面优势，例如文化、环境、市场的关系等众多内容，本节首先对文化、环境、市场关系进行概述。

文化是一个群体，可以是国家，也可以是民族、企业、家庭，在一定时期内形成的思想、理念、行为、风俗、代表人物，及由这个群体整体意识所辐射出来的一切活动。传统意义上所说的，一个人有或者没有文化，是指他所受到的教育程度。后者是狭义的解释，前者是广义的解释。

环境，既包括空气、水、土地、植物、动物等物质因素，也包括观念、制度、行为准则等非物质因素；既包括自然因素，也包括社会因素；既包括非生命体形式，也包括生命体形式。环境是相对于某个主体而言的，主体不同，环境的大小、内容等也就不同。

市场关系，指为了买和卖某些商品而与其他厂商和个人相联系的一群厂商和个人，是一群与之相关的人们和厂商之间的联系。

结合以上内容，可以知道电子产品在这三个主要的关系的影响下产生出一个产品对应的一个设计，所以文化、环境、市场关系对电子产品的设计是尤为重要和不可或缺的。

2.2　电子产品设计与中国文化

中国有着5000年的深厚文化底蕴，随着中国国力的日渐强大，中国文化对世界也产生了不可抗拒的影响。现代电子产品的设计中，越来越多的产品设计融合了中国元素，如图2-1所示。在设计领域，博大精深的中华民族传统文化为设计师们提供了源源不断的创意源泉。无论是音乐、服装、建筑，还是装潢、汽车等行业，无处不见中国元素的存在。特别是2008年北京奥运会华美的开幕式，让世界与国人见证了"中国元素"所蕴含的无穷魅力。这种设计理念的转变，也悄然改变着一直以高科技为标签的IT产品的研发和制造。

图2-1　中国元素构成的画

中国元素，蕴藏着中国博大的文化精髓，也具有符合东方人种的人性化元素。因此，融合了中国元素设计的产品，越来越深受东方人的喜爱。图2-2是中国传统文化元素"镇尺"造型的打印机，它是从传统器物造型引起的突发奇想，结合巧妙，但装饰略显繁复。

图2-2　具有中国传统文化元素"镇尺"造型的打印机

2.2.1　电子产品设计与社会文化的关系

在现代的各个设计领域，如包装设计、产品设计、舞台设计和园林设计等，已经有很多设计案例成功地运用中国传统文化，从而使得设计具有一种浓郁的文化底蕴。设计是文化的一个重要组成部分，它得益于文化的滋养，同时也传承着文化的理念。因此，对于现代工业产品的设计和研究来讲，如何清楚认识中国传统文化元素并加以合理的应用是一个重要的课题。

改革开放30多年来，中国举世瞩目的发展成就不仅赢得了世人的关注与尊重，也唤醒了世人对中国传统文化的思考和重视。在日趋激烈的国际竞争的大势下，中国要完成从有形的"中国制造"到无形的"中国创造"的跨越式转型，在很大程度上取决于工业设计的创新。将中国传统文化融合于工业产品设计中又是一个创新的渠道，使"中国创造"更具特色、民族性。工业设计具体地说，是设计师基于自身的本土文化底蕴，运用已有的工具和工艺，根据美学要求，用创造性的手法将材料加工成具有一定造型艺术的实体，使之成为使用价值和欣赏价值合一的产品，这些社会的转变都加速社会对中国工业设计寻找自己特色道路的诉求。因此，对于电子产品的设计来说，能否在设计中体现文化的内涵，能否将中国元素巧妙地融合到设计当中，都体现对知识背景和对中国本土文化的理解。目前，在中国无论是文化界、营销界还是设计界，已经意识到了中国元素的重要性，甚至开始肩负中国元素的复兴使命。

　　人们个体和共同的审美观念，因时代、社会、阶层，乃至地理环境的不同而不同，呈现阶段性的发展。从中外的设计史中可以发现，每一件具有鲜明时代特色的设计作品，从设计理念到制作工艺、从形态到质感、从色彩到布局构图，无不受到当时社会文化的影响，体现着特定时期的时代特色，蕴含着丰富文化内涵，体现着不同民族、不同时代、不同地域的审美需求、文化特色和风格特征。例如，新石器时代的彩陶、商代的青铜器、唐三彩，宋代的瓷器等。资源、环境问题是当今世界面临的重大难题。今天，人们对于自身生存环境的忧患意识，使得设计师对于设计不再仅仅考虑人的个体需求，更多地把设计放到人、社会、环境这样一个大的背景之下，以可持续发展的眼光考虑社会、环境的需求，寻求人、社会、环境的和谐。于是，使用无污染、无公害、可回收、可循环利用的材料和技术，能源消耗小的绿色设计、环保设计、循环设计等应运而生，并受到大众的推崇。正是从这个意义上说，设计艺术是一种社会文化活动，它不仅以一种物质形态出现，同时又以隐形文化精神出现。如图 2-3 所示是体现卷轴造型、祥云图案、中国红的中国文化的 2008 年北京奥运火炬设计。

图 2-3　2008 年北京奥运火炬设计

2.2.2　中国元素在工业设计中的运用

　　设计是时代精神的反映，同时代的风气和美学尽在设计中映射出来。艺术设计将人类的精神意志体现在造物中，造物则实现人们的物质文化生活方式的具体创造，生活方式就是文化的载体。最近几年，在工业设计领域，中国元素越来越多地得以应用。祥云、龙、青花瓷、中国红等都成为设计界的热门符号。2008 年第 29 届奥运会开幕式，让中国第一次在集中的时空里，全方位高强度地展现了中国传统文化。全球几亿目光同时聚焦中国，让"中国元素"在世界面前展示得淋漓尽致，如图 2-4 所示。卷轴造型、祥云图案、中国红等传统元素被完美地运用在与奥运相关的产品设计中，这些中国语言的文化符号所体现的正是中国文化几千年来凝聚的观念和精神。

　　在产品设计中加载的民族传统文化符号传达着此产品所涵盖的文化和精神。一个民族的审美观，是与其生活的特定环境及环境所引起的社会意识分不开的。在五六十万年前的石器时代，先民所打制的石制工具与自然存在的未加雕琢的石头基本没有差别，更谈不上形成民族传统文化。当人类社会有了第一次进化，民族与社会意识不断地得到增强，人们在制造工

图 2-4　祥云图案及由它组成的"福"字

图2-5　福娃与葫芦娃

具的同时，才或多或少地融进了本民族对美的看法。中国商朝的青铜器，雕刻着一些有棱有角的花纹，造型狰狞或者怪异，这与人们长期以来对鬼神的崇拜是分不开的。而在同一时期的古罗马帝国，他们的青铜器或建筑，上面的雕刻内容却由神为人，把鬼神具体化为统治者及拥有人类外形的神。这一点可以看做是民族传统美学在工业设计中的体现之始：有不同的民族背景，就有不同的工业设计作品。

北京奥运会吉祥物"福娃"就是葫芦文化，如图2-5所示。奥运"福娃"的创意者说："福娃"的五个原形及色彩，强调的是自然、和平、平等，这就是典型的"炎黄子孙""葫芦图腾"传统生息意识的表现，又非常符合当今世界人类和平共处的主调。从奥运"五环"寓意看："金、木、水、火、土"五行及红、黄、蓝、绿、白，都象征生命意义，其葫芦特征就更明显，阴阳五行出自八卦，它认为世界是物质的，并认为木、火、土、金、水五种最基本的物质是构成世界不可缺少的元素，这五种物质相互滋生、相互制约，处于不断地运动变化之中。它以天地之间的关系来解释男女之间的关系，把万物的生长和人类的繁衍都看作天经地义的事情，生生化化，无有穷极。在中国的传统文化中，"天地"与"男女"互相对应，天地和男女的这种关系行为承担着维持宇宙永恒的责任，这两种化生责任无与伦比的重大，因此葫芦代表天与地是自然与生命，蕴含了自然界物象的和谐再生。从以上福娃和葫芦文化含义看，北京奥运会吉祥物"福娃"完全符合了葫芦的这种文化属性，因此说"福娃"就是葫芦。历史发展至今，人们的生活环境和生活方式都发生着翻天覆地的变化，但祖先传承下来的传统元素却越来越强，我们对中国元素的感情是不能用言语来表达的，它是我们所有中国人对民族精神凝聚性的最好表达。

民间美术创作的观念是个体意识与集体意识的统一，集体意识是一种传承已久的集体心智。它通过主体的实践活动历史地向客体渗透，使那些与人的切身利益相关的客观对象逐渐固定化为观念的替代物，成为特定的民族元素符号，如图2-6所示的八卦与中国联通的标志设计。

从传统造型艺术的历史延伸脉络，可以看出，艺术设计本身是一个开放的系统，在新的技术与意识观念的冲击下不断地更新拓展，而其内涵与精神则是民族历史长期积淀的结果，是中华民族所特有的，也是民族形式的灵魂所在。因此，要使中国的传统艺术符号在现代设计当中得以延伸发展，打造新的民族形式，应该在理解的基础上取其精髓，不能简单地照抄照搬，而是对传统民族符号再创造。这种创造是以现代的审美观念对传统造型中的一些元素加以改造、提炼和运用，使其富有时代特色；或者把传统民族符号的造型方法与表现形式运用到现代设计中来，用以表达设计理念，同时也体现民族个性。例如中国国际航空公司的标志，如图2-7所示，借用了古凤鸟图形，作了具有现代意识的形态、色彩变化，反映出一种深厚的文化底蕴，同时

图2-6　八卦与中国联通的标志图片

也体现了现代的气息。

2.2.3　2008年北京奥运会火炬中的文化设计

2008 年北京奥运会火炬创意灵感，来自"渊源共生，和谐共融"的"祥云"图案。祥云的文化概念在中国具有上千年的时间跨度，是具有代表性的中国文化符号。火炬造型的设计灵感来自中国传统的纸卷轴。纸是中国四大发明之一，通过丝绸之路传到西方。人类文明随着纸的出现得以传播。源于汉代的漆红色在火炬上的运用使之明显区别于往届奥运会火炬设计，红银对比的色彩产生醒目的视觉效果，有利于各种形式的媒体传播。火炬上下比例均匀分割，祥云图案和立体浮雕式的工艺设计使整个火炬高雅华丽、内涵厚重，如图2-3所示。

2.2.4　手机中的文化设计

诺基亚在 2004 年推出了一款手机 6108，被称为"背剑武士"。它的设计灵感来自中国传统文化中的兵马俑。外观上，酷似武士腹甲的键盘，位于背部的手写笔的设计，使手机整体像一位全身盔甲、挥剑而立的武士，如图 2-8 所示。手机整体造型小巧而不失明朗大方，属于越品越有味道的经典。

诺基亚6108之所以在工业设计上比较成功，就在于中国元素的应用紧紧围绕消费群体的生活形态展开。手写输入更加适合中国汉字在数码产品上的应用，将手写笔的插拔方式设计成像一个身背宝剑的武士造型，在保持手机小巧的同时，巧妙打破了人们将手写笔与笨重的PDA捆绑在一起的思维定式。这不仅更加符合国人的书写习惯，满足了东方人偏爱小巧外观的心理，也顺应了短信和彩信如火如荼的发展浪潮，恰如其分地表达和诠释了手写这种功能，内容和形式统一，又具有鲜明的中国特色。

另外，对于它的一项全新功能是支持英译中或中译英的英汉双向辞典，还有特为中文用户推出的增强型功能包括强大的中文字库、农历，还有以金、木、水、火、土为主题的"五行"系列墙纸。在2004年诺基亚6108蓄势发力，上市后短短一个月里，市场份额一路高歌猛进，各地一度供不应求。在如此激烈的市场竞争中，单款机型的市场占有率若能达到1%，无疑可以证明其产品的整体实力，但是它却席卷近10%的市场份额。工业设计要为现实需求服务，中国元素的应用也要符合时代发展的大趋势，结合不好就容易符号化、表面化，单单在产品表面贴上一个中国化符号，给人的感觉肯定是哗众取宠和缺少灵气的。在传统文化元素与现代电子产品设计结合中，要坚决避免片面符号化的和强加的中国元素。

诺基亚6108的结合过程是成功的，凭借其自身背长剑的秦俑造型和手写输入功能成为当年最受瞩目的手机，其中国元素的生动运用，为手机的流行时尚带来了一股新风。

2.2.5　笔记本中的文化设计

联想笔记本奥运火炬典藏版纪念机型，由奥运火炬设计的原班人马精心打造，整体机身小巧、轻薄、精致，象征千年中国印象的"漆红色"色彩与"祥云"图案交相辉映，蕴含着吉祥的中国文化内涵，也体现了2008年北京奥运会的精神内涵，如图2-9所示。笔记本通身的吉祥红色源自汉

图2-7　中国国际航空公司的标志设计

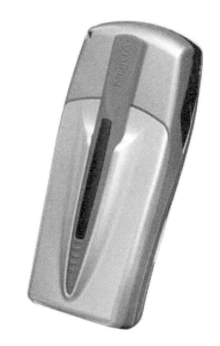

图2-8　中国元素中以兵马俑的铠甲为灵感的
"背剑武士"

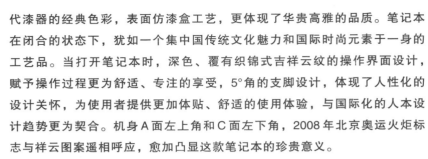

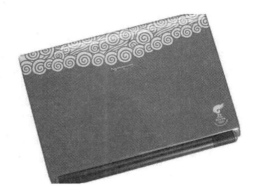

图2-9　具有中国文化祥云图案的联想祥云笔记本电脑

代漆器的经典色彩，表面仿漆盒工艺，更体现了华贵高雅的品质。笔记本在闭合的状态下，犹如一个集中国传统文化魅力和国际时尚元素于一身的工艺品。当打开笔记本时，深色、覆有织锦式吉祥云纹的操作界面设计，赋予操作过程更为舒适、专注的享受，5°角的支脚设计，体现了人性化的设计关怀，为使用者提供更加体贴、舒适的使用体验，与国际化的人本设计趋势更为契合。机身A面左上角和C面左下角，2008年北京奥运火炬标志与祥云图案遥相呼应，愈加凸显这款笔记本的珍贵意义。

这款联想笔记本奥运火炬典藏版纪念机型，是把领先科技、奥运精神及中国文化相结合的具有极高收藏价值的产品。它具有北京奥运火炬设计的"云纹"图案及北京奥运会火炬接力的标识，表面的颜色采用了与北京奥运火炬一样的漆红，为酷爱奥运与高科技产品的用户提供了具有特殊纪念意义的产品。高雅、精致，尊贵而富有品位，联想奥运火炬典藏版笔记本将渊源悠久的中国文化与平等、团结、进取的奥林匹克精神紧密融合在一起，更体现了设计者深厚的设计功底以及对中华文化和奥运精神的深厚领悟。联想在祥云火炬成功发布之后用奥运火炬的理念设计了一款笔记本。联想这款与奥运火炬相结合的"奥运会火炬典藏版笔记本电脑"的外壳，以象征千年中国印象的经典的"漆红色"色彩和"祥云"图案交相辉映，视觉冲击力十足。

随着联想奥运火炬百城巡展，联想笔记本历经了包括全国324个大小城市，近300万人通过系列产品展示与互动参与，零距离接触由联想设计的奥运火炬"祥云"，感受火炬所承载的奥运精神与中国文化，更让用户直接体验了联想笔记本的创新应用。

将中国文化融入奥林匹克精神，联想祥云笔记本的推出，不仅是对北京奥运的一份纪念，也是对中国文化的一种宣传。设计火炬，大到尺寸、色彩、花纹，小到手柄的曲线弧度、燃料可持续燃烧的时间控制，任何一个环节稍有疏忽，都意味着失败。这正如同一台笔记本电脑赖以生存的基本条件——品质。

联想笔记本一直在用近乎苛刻的标准雕琢着自身的品质，在电路设计、人性化设计、机构设计、散热设计等诸多设计环节中，历经千锤百炼，练就了超越巅峰的品质。

可想而知，这样的精密细致的设计，人性化的功能，独特的外表，绚丽的色彩，吸引了许多消费者的眼球。

现在，中国正以越来越快的脚步走向世界，"中国风"的设计将会被越来越多的人接受。我们有理由相信，未来会有更多的蕴含中国元素的好的电子产品设计出现。

红色的外壳（顶盖＋底部）上配以白色的祥云图案一下就让这款笔记本的主题凸现，而且外壳图案的工艺不仅仅是简单的喷涂或烤漆，而是2007年最流行的"多层叠加"，我们能看到的图案是在一层硬度很高的透明外壳下的，这样不仅保护了图案的完整性，而且还能起到反光的作用，看起来更华美。

打开笔记本，稳重的黑色不仅免去了红色的燥热感，配合外壳的红色也是最完美的颜色搭配，如图2-10所示。加以黑色的键盘，不会让笔记本

图2-10　内部黑色的键盘

的 B 面和 C 面显得非常突兀。而且它不仅仅只是单纯的黑色，还有暗藏在里面的祥云图案，微微凸起，摸上去有良好的手感。

在输入设备上，联想奥运笔记本采用了一块比全尺寸键盘略小的笔记本键盘，没有单独的光标定位按键。鼠标触摸板设计成磨砂表面，手指在上面轻轻滑过的感觉很不错，而且定位准确，鼠标的按键则采用了经过防滑处理的金属键帽。

祥云笔记本在当今这个电脑需求数量巨大的时代，实现了市场的需求和文化的结合。然而在这个外来文化冲击影响极大的时代，中国的文化、中国的产品应该更加注重中国电子产品市场的环境和文化氛围，注入更多新鲜的中国元素，结合最新的高端科技于一身，才能在立足最新科技产品研发的同时使中国传统文化得到传播。

2.2.6　一体电脑中的文化设计

方正科技以卷轴为基础，融合中国传统"文房四宝"笔、墨、纸、砚等文化和美学元素，精心打造了一款极具中国特色的一体电脑心逸 T360，在 IT 产品的工业设计上将北京奥运开幕式上卷轴画卷的神奇美丽发挥得淋漓尽致。

图 2-11　完美的电脑设计

这款电脑，当你第一眼看见它时，无论如何也无法将它与电脑联系起来。屏幕为纸、键盘为砚、鼠标为笔、音箱为轴，如图 2-11 所示。

这些典型的中国元素，完完全全地在这台电脑上体现出来，让我们由衷赞叹中国元素竟能与 IT 产品结合得如此完美。

我们发现，在 IT 产品设计中运用中国元素仍是一个少见的创意。事实上，我们无时无刻不浸润在煌煌 5000 年文化营造的深厚氛围之中——清透细腻的水墨画是中国元素，精致小巧的苏杭园林是中国元素，飞檐走壁的中国功夫是中国元素，灵神异兽的神话故事是中国元素，一把宫扇、一个鸟笼、一个算盘、一柄如意都是中国元素。然而简单地将这些元素堆砌起来并不能称为设计的理念，只有将这些元素与产品的用途巧妙地结合起来，才称得上是优秀的设计。诺基亚在 8190 手机上曾经使用过中国武士"扬眉剑出鞘"的理念；方正的"卓越 l500"型台式电脑在设计时也承袭了"幽谷之兰，不张扬处却令满室生香"的中国理念。

工业设计上的突破只是中国民族工业发展的一个缩影，我们很高兴看到越来越多如方正这样的中国企业在努力探求着如何能"变中国制造为中国创造"。"民族的就是世界的"，中国风的盛行就是一个很好的诠释。希望有一天世界认识的不仅仅是众多产品上中国风情的花纹，而是成熟而固定的中国风格和强大的中国创造工业。

2.3　电子产品设计与环境

在个性化时代，人们以更加积极的实践，去改善人类自身的生存环境。设计作为一种从无到有，从无序到有序的实践活动，得到前所未有的重视，但设计活动实施以后，则可以从以下三个方面去评判设计的价值：

（1）设计是否以保护自然环境为前提。

（2）设计是否以优化文化环境为责任。

（3）设计是否以平衡人的需求为约束。

2.3.1　电子产品设计中的生态意识与环境意识

1985 年，科学家向全球发布了一条惊人的消息：南极上空出现了大面积的臭氧层空洞。造成这一现象的主要原因是工业生产中氟利昂的大量排放，严重破坏了大气中的臭氧层，而且这种现象一直有增无减。到 1994 年，南极上空的臭氧层破坏面积已经达到 2400 平方千米。由此引发的全球性气候变暖、海平面上升等问题，已直接威胁到人类自身的生存环境与生存质量，环境问题被迅速提到许多国家及政府的议事日程上来。从那时起，无氟冰箱的设计和出现，说明人们在工业设计和生产中已经把环境保护作为前提，大大体现了当代工业设计的价值。如今，能否在工业设计中体现生态意识与环境保护意识，成为衡量信息时代设计好坏的重要标准。

在这样的时代背景下，作为工业产品的直接设计者——工业设计师，也清醒地认识到一个残酷的事实：产业化大潮带给人类的不仅仅是繁荣，浮华的背后是一个满目疮痍的地球。传统的设计理念业已过时，关注生态与环境，设计简洁实用、绿色环保的产品，已为许多设计师所接受并达成共识。

工业设计师设计的产品能否实现企业价值的最大化，是衡量其是否合格的重要标准。而价值的最大化最终要落实到产品能否最大限额地占有市场。进入 20 世纪 90 年代以来，工业设计理念中以人为本，以人为中心的思想日益突出。伴随着科学技术的高速发展，特别是信息时代的到来，人们的观念发生了深刻的变化，表现在价值观上，即文化系列的需求大于生产系列的需求，选择的观念大于供给的观念，选择的差异化，层次化由窄变宽，由重视物的使用价值到重视物的精神功能。在工业设计中充分考虑生态意识与环境意识，不仅实现了设计理念上的创新，符合了时代发展的潮流，同时也极大限度地迎合了广大消费者心理上的安全感与满足感，在产品销售过程中会获得意想不到的结果。正如英国文化委员会主办的再设计展览会的主题所说的那样：最好的产品设计是节约能源、省时、省力、无污染的设计，最好的材料是可以方便回收、反复再生的材料，最佳的工艺是生产过程中无毒无害、易分类回收再生的工艺。可以断言：21 世纪，谁设计、生产绿色产品，谁就拥有新世纪更为广阔的市场。

一名出色的电子产品设计师，无论是出于企业自身的角度，还是社会的需要，在设计的过程中都不可忽视生态意识与环境意识。尤其在我国，设计师在采用高科技手段进行产品设计的同时，还要注意以下几点：

（1）在新产品设计中，要尽可能节省材料。

（2）在产品设计中，选用可以再生或是易于再生的原材料。

（3）在产品设计中，尽可能地避免使用危害环境的材料或不易回收再生产的材料。

（4）在产品设计中，需考虑工艺生产过程与家庭消费使用中的节能问题。

（5）所设计的产品是否可以重复使用。

（6）新产品设计必须是健康的、安全的、与环境融洽的、生命周期长的设计。

随着工业技术的进步，影响环境的工业领域也从以往的重工业和传统工业转向电子工业等现代工业，这是令许多科技工作者所没有想到的。特别是电子工业，其对环境的影响已经使各国不得不对电子产品专门制定环保要求的法律、法规，电子工业也与汽车工业一样，进入了诸多环保要求限定的环境壁垒时代。

电子工业对环境的影响从生产过程到成品废弃物都有，生产过程包括机械加工、表面处理、电子装配等。其中尤其以表面处理的影响较大，因为表面处理所涉及的化学品比较多，而化学品是造成环境污染的重要因素之一。至于电子产品的废弃物则更是对环境有很大影响，却又容易为人们所忽视。

以电子产品都要用到的印制线路板为例，现在已经可以确定，废弃的印制线路板由于含有阻燃剂，在作为垃圾焚烧时，会产生严重污染环境的二噁英，而成为严格禁止焚烧的污染物。二噁英属于氯化三环芳烃类化合物，主要来自垃圾的焚烧、农药、含氯等有机化合物的高温分解或不完全燃烧，有极高的毒性，又非常稳定，属于一类致癌物质，由于极难分解，人体摄入后就无法排出，从而严重威胁人类健康。因此，禁止使用含有卤素类阻燃剂的印制板已经成为世界性趋势。至于其他与印制板制造有关的影响环境的工艺，包括印制板制造中其他工艺所用的化学品，如退锡剂、图形蚀刻液、电镀废水等，都是对环境有不同程度污染的物质。

由于电子产品通常都比较复杂，所用到的零部件的品种多、类别杂，从各种有色金属到各种非金属材料都有。因此，其加工制造过程肯定会产生许多影响环境的因素，产品成品也要用到一些对环境有影响的物料，所以对电子产品提出环境因素控制和环境保护是很有必要的。如表 2-1 所示的是 20 世纪困扰人类多年的全球性环境的十大问题。

表 2-1　20 世纪困扰人类多年的全球性环境的十大问题

问题序号	环境问题	问题序号	环境问题
1	气候变暖	6	土地荒漠化
2	臭氧层破坏	7	大气污染
3	生物多样性减少	8	水体污染
4	酸雨蔓延	9	固体废物污染
5	森林锐减	10	海洋污染

2.3.2　电子废物的污染及其再生处理

1. 电子废物的污染

废旧电子产品数量正以惊人的速度增长，它们已成为固体废弃物的主要来源之一。废旧电子产品的出路一是继续使用，二是作为垃圾丢弃，三是回收利用。目前这三方面都存在着许多严重问题。

废旧电子产品往往被转卖至偏远地区而继续使用，而这些继续使用的产品大都已远远超过了设计寿命期。按照国家规定，电视机、音响、录像机等电子类产品的使用寿命为 10 年，电冰箱、空调机、洗衣机、电风扇等使用寿命为 12 年，电饭煲、电热水器、电茶壶等只能用 5 年。因其绝缘性能降低、零部件损毁程度深、内含的有毒有害物质对人体辐射加大等，继续使用将会导致机件磨损、严重腐蚀，电气绝缘强度降低，造成电力的浪费和噪声干扰等，对人体健康、生命安全构成潜在威胁。

还有不少地方将废旧电子产品作为垃圾任意丢弃并直接焚烧，其中有毒化学品、有害塑料和其他化学物质经燃烧释放的物质会对环境造成严重的污染；电冰箱的制冷剂和发泡剂是破坏臭氧层物质；电脑电视的显像管属于爆炸性废物；荧光屏为含汞废物；一台个人电脑含有 700 多种化学原料，其中许多是有毒物质，如不加处理就被填埋，那么电脑中的铅就会渗透出来，对土壤造成严重污染。这些物质一旦进入环境，将滞留在生态系统循环圈中，其污染是长期的。

此外，不合理地处置废旧电子产品也是一种浪费，因为大部分废旧产品都是潜在的资源。美国环保局确认，用从废家电中回收的废钢代替通过采矿、运输、冶炼得到的新钢材，可减少 97% 的矿废物，减少 86% 的空气污染、76% 的水污染，减少 40% 的用水量，节约 90% 的原材料、74% 的能源，而且废钢材与新钢材的性能基本相同。因此，对废旧电子产品的资源再生处理，可以减少浪费，从根本上实现对废弃物的综合利用。

在废旧电子产品回收处理中也存在着许多问题。一些老型号的电脑多含有金、钯、铂等贵重金属，一些私人和小企业采用酸泡、火烧等落后的工艺技术提炼其中的贵重金属，产生大量废气、废水和废渣，严重污染了环境。因电子垃圾处理不当引发的事故值得我们警醒，以 1999 年广东省汕头市贵屿镇回收加工废旧电脑为例，当地人采用手工传统方式拆解电脑，通过硝酸浸泡，从电脑板中提取铜、锡、金等金属，电脑外壳粉碎成塑料作原料出售，最后无法利用的废物或焚烧或随意露天堆放。一段时期以来，这一地区垃圾成山，酸解池内的酸解液、漂洗液未经处理直排入江，使得流经贵屿的边江及地下水不能饮用，对河水抽样检测显示，其污染水平是世界卫生组织允许指标的 190 倍。废旧电子产品中的有害物质一旦进入环境，将长期滞留在生态系统循环圈中，并随时可能通过各种渠道进入人体，从而给人们的健康带来极大威胁。更为严重的是，电子废物的这种污染危害，正通过我们生活周边无处不在的非法转移、拆解、倾倒等违法活动随时随地地侵蚀着我们健康的生活环境。小区周边的垃圾收集点、走街串巷的个体回收业者，也许正是他们在马路边或绿地旁的拆解过程，将电子废物中所包含的铅、镉、砷、镍、汞、铬、钡等多种有害物质带入我们的生活环境中，在大气、土壤、水源中传播，经过动、植物的食物链循环，最终在人体中富集并存留下来，给人体造成极大的危害。

2. 电子废物的再生处理

美国 1992 年就建立了两个回收利用机构，一个对废弃家电体检，通过探测装置，将其中还可使用的部件与整机分离开来，工人将这些部件组装起来，"重新上岗"；另一个机构被称为"临终处置"，是将剩下的材料拆开，把铝、金、铜、塑料等分类、压碎，运往各个专门的处理厂处理。据统计，1995 年美国有 75% 的大家电回收利用，由此提供了 10% 的再生钢铁。

日本在旧家电的处理方面做了有益的探索，他们的成功经验是：第一，通过立法支持废旧电子产品的回收利用。明确规定了电冰箱、洗衣机的再商品化率（资源回收）必须达到 50% 以上，电视机的再商品化率必须达到 55% 以上，空调器的再商品化率达到 60% 以上。第二，规定制造商回收利用负责制。法律规定，制造商和进口商制造、进口的家用电器有回收义务，并需按照再商品化率标准对其实施再商品化。第三，建立回收利用付费机制。法规中规定，废弃者应该支付与废旧电子产品收集、再商品化等有关的费用。目前，日本规定了废旧电子产品的再商品化费用，例如，每台电冰箱平均 4600 日元，每台室内空调器 3500 日元，每台洗衣机 2400 日元。

20 世纪末，意大利就开始将电子垃圾的分解处理委托给第三方专业公司。同样，意大利政府也规定电子产品的制造商必须按比例承担处理废旧电子产品的一定的费用，加上分拣处理后可再利用材料产生的利润，使回收企业不但解决了回收成本的问题，而且有了一定利润，保证企业的正常运作。

欧盟公布了旨在加强废旧电子产品回收处理的《废弃电子电气设备指令》和《关于在电气电子设备中禁止使用某些有害物质指令》，其主要内容是：在 2005 年 8 月 13 日后投放市场的产品，其废弃后的收集、处理、回收和环保处置等相关费用将由生产商或进口商承担；含有铅、汞、镉、六价铬、聚合溴化联苯等有毒有害材料的产品，从 2006 年 7 月 1 日起，将不能出现在市场中。出口欧盟的厂商还要求必须具备一家环保处理商签订的回收处理合约。为了让电子垃圾处理更方便，欧盟要求各市政管理机构必须在同一种类垃圾收集处摆放 6 个集装箱，用于大型电器、冰箱、荧光灯管、计算机、各种显示器和小电器。所有收集来的废旧电器必须根据其种类将 70% 至 80% 的材料实现再利用。

3. 现阶段电子废物的无害化拆解处理工艺

小家电：首先将来料人工分检、分类，再由操作工人使用电动工具拧下螺钉，简单地拆解及部件分类。关键是对含有水银的电动门铃、咖啡壶，含有溴化阻燃剂（PBB、PBDE）的印刷电路板（PCB），含铅的阴极射线管（CRT）锥体，含重金属镉的镍镉电池等含危险废物的小家电要能有效识别，然后再拆下含危险废物的部件，以便无害化处理处置，剩下的其他部件可通过拆解生产线，分类拆解为各种原材料和部件以便再生利用。

旧电脑：首先，分离出电脑的各个工作单元，如主机电源、硬盘、主板等部件；其次，取下印刷电路板和电线，电线卖给金属回收公司，印刷电路板进行粉碎、提取铜和各种金属；再次，拆下含危险废物的继电器、电池等部件，集中后专业化无害化处理处置。对于显示屏，将其切割，将显示屏玻璃和锥体玻璃分离，含铅的锥体玻璃放入专门的容器中贮存，然后将玻璃送给显示屏生产企业加工和生产。不能直接利用的塑料元器件和生产垃圾需要在专用炉内高温焚烧，以分解和破坏其中的溴化阻燃剂。

旧电视机：用手工拆解分成外壳、铝架、印刷电路板、阴极射线管等几部分，分别存放。阴极射线管（CRT）切割破碎处理，因荧光粉中含铅等有害物质，将荧光粉通过吸尘器回收，集中后安全填埋处理。处理后的显示器玻璃运到专业厂重新熔化使用，将其作原料制成新的阴极射线管。

旧电冰箱：首先，抽出冰箱压缩机中的制冷剂和润滑油，然后用分离设备将其分开，制冷剂转入压缩钢瓶内，在1800℃高温下加氮烧掉，不污染环境；然后，拆下压缩机，将压缩机开盖，取出定子铜绕组，冲出转子铸铝条，转入下道工序处理；再将保温层聚氨酯粉碎，用活性炭吸附发泡剂，聚氨酯粉末焚烧处理。将冰箱箱体通过拆解获得塑料、金属等再生材料。

2.4 设计与市场的关系

2.4.1 市场的涵义

市场，是产品从生产过程进入消费过程的整个流通领域，是介于商品生产者与消费者之间的一个重要环节。产生市场的基础是商品经济，而市场则是商品经济必然的产物。市场的基本关系是商品供求关系，基本活动是商品交换活动。故有人认为，市场是一切商品买卖的总称，不仅包括产品的交换，还包括劳务、信息。

2.4.2 工业设计与市场的关系

企业的两个基本功能，就是市场营销和新产品的创新、设计开发。市场是现代企业活动的出发点和归宿。企业的宗旨不仅是产值、利润，其目标还应是市场占有率，尤其是要以新产品、优良服务、促销手段等去占领、开拓潜在市场。而设计是竞争的主要手段，设计是产品价值的重要组成部分。设计有其自身的价值，我们应将设计作为从研究构思到市场营销全过程中的主要活动给予高度重视。

设计是产品的灵魂，是效益的领导。企业只有抓好了工业设计，技术才有开发力，产品才有竞争力，市场才有应变力，企业才能充满活力。靠廉价劳动力，靠关税壁垒来维持企业与民族工业的日子不会长久。我们必须对设计的重要性有充分的认识，并且要有紧迫感。

市场随着经济、科学技术、文化、国际交往、政治环境、社会情况的不断变化而变化，所以设计也一定要随之变化。社会越发展，人民生活水平越提高，对产品国际化、民族化、多样化的要求越高，市场也越细分。企业想用一种产品去占领所有市场，想用多年不变的产品求生存，已不适应现代市场的发展。所以，企业应把产品结构调整、抓新产品设计开发、开拓新市场作为战略任务来抓。

设计来自市场又要满足市场，好的设计既能满足市场和消费者的需要，又能为企业创造高额利润、给企业带来活力。

2.4.3 工业设计在市场中的作用

(1) 可促进科技成果的商品化。长期以来，把科技成果转化成商品一直是人们关注的问题。应该认识到在新产品的开发过程中，技术研究与实验的成功仅仅是完成了一半的工作，只有通过工业设计才能完成另一半的工作，也就是把科技成果转化成为能够被人使用的、便于加工生产的成熟产品，并使之商品化，把科研成果转化成生产力，从而为企业产生经济效益。工业设计还决定着技术的商品化程度、市场占有率和对销售利润的贡献。企业开发新产品的实力不仅表现在技术的进步、产品的质量与生产效率的提高，还表现在对于动态的市场需求和把技术成果转化成商品的能力，也就是说企业在技术方面和工业设计方面的综合能力，才能反映一个企业开发新产品的实力。

（2）可提高产品附加值。工业设计是提高产品附加值的有效手段，经过设计的产品本身就意味着产生了附加值。因为工业设计师根据不同消费者和生产企业的特点确定目标市场和产品的设计定位，对产品的使用方式、外观造型、材料选择、结构工艺、成品的组装生产和上市前的广告包装等作了精心的设计。像这样经过设计的产品，一定会受到消费者的喜爱，同时也将给生产企业带来更大的利润空间。产品的生产成本、运输费用等都是固定的价值，但是产品的功能、色彩、形态和它们带给人的心理感觉是很难计算出来的，它们都可以给产品带来很大的附加值。可见，工业设计在同样资源投入的水平上，可以使消费者用上更好的产品，使产品具有更高的附加值，为企业创造更多的财富。因此，追求优良设计的附加值将成为未来市场潮流的重要特征。

（3）可提升形象、促进产品销售。工业设计是企业文化中的重要组成部分。现代企业都把企业形象战略视为崭新而又具体的经营要素，工业设计可以提升企业形象，引导消费潮流，促进产品的销售。在市场经济下，由于社会生产水平的不断提高，使消费者的需求大部分都能够得到充分的满足，这样就造成了市场的相对饱和。针对这种情况，企业的经营决策部门在制定企业的经营战略和计划时，可以通过对新产品的开发和设计，来有意识地引导人们的消费倾向，通过新产品树立企业形象，占领市场、巩固市场，达到增加产品销售量的目的。通过工业设计可以加速老产品的淘汰，不断开发新产品以适应市场的需求和引导人们的消费潮流。从心理学的角度来讲，当人类的生理需求被满足以后，就开始追求心理的满足；在产品的基本使用功能满足需求以后，人们就开始追求产品的新奇性、象征性、文化性、娱乐性，追求富有个性和美感的产品。顺应消费者的心理变化，并以新设计来引导消费者，这对提升企业形象和促进产品销售是一种行之有效的方法。

所以，工业设计的核心是满足人们的需求，设计人们的生活方式，引导人们消费的新潮流，而人类消费需求的更新和变化是无止境的，新产品的开发设计也是无止境的。企业只有抓好工业设计，才能增强产品开发的能力，向市场推出受消费者欢迎的、价廉物美的和功能与外形统一的产品。工业设计是满足市场和消费需求的源泉，是企业活力的保证。良好的工业设计运行机制将不断促进企业产品结构的优化和调整，带来市场的繁荣和经济的发展。

2.5　方正卓越 S2008 的文化、环境、市场分析

2.5.1　中国元素

2008 年，方正推出卓越 S2008，以中国红和牡丹这两个极具中国民族风和传统元素吸引了大量消费者，在 PC 市场大放异彩，如图 2-12 所示。

图2-12　具有丰富中国元素的方正电脑

图2-13　具有丰富中国元素的方正电脑外观

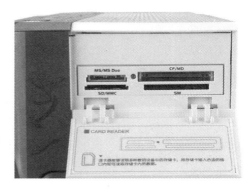

图2-14　方正电脑读卡器设计

图2-15　机箱顶部的设计特色鲜明

自古以来，牡丹就是我国民间公认的国花，享有广泛赞誉。"自李唐来，世人甚爱牡丹"，"国色朝酣酒，天香夜染衣"……体现了牡丹花雍容华贵、国色天香的非凡特质。方正科技推出的开年之作——卓越S2008，就创造性地将牡丹花图案与中国红搭配在电脑主机上，打造出一款优雅时尚的个性PC。

卓越S2008将"新科技主义"与"新装饰主义"完美结合，把时尚、潮流的生活方式延伸至个性家居的每一个角落。除了更加新颖的外观，"一键救护"、"保险箱"、"超级杀毒"、"娱乐空间"等优秀功能得以保留，将"和谐家居"的主旋律进行到底。

2.5.2　机身外观

机身侧面闪闪发亮的牡丹花图案采用目前国际上流行的模内装饰技术，如图2-13所示。机身表面硬化透明薄膜，印刷有中国元素的图案层，背面注塑层，油墨中间，可使产品防止表面被刮花和耐摩擦，并可长期保持颜色的鲜明不易褪色。

2.5.3　多功能读卡器

从正面看，卓越S2008显得简洁明快，如图2-14所示。一眼看上去很难发现融合在红色花纹之下的光驱位，读卡器也采用了隐藏式设计，前置接口则安置在了底部，每一部分都清晰地印上了说明文字，体现了产品的入门级定位和方正科技的人性化思维。机箱背部设计中规中矩，由于用料非常"实在"，搬运起来可没有看上去那样轻松。

2.5.4　顶部的功能键

机箱顶部的设计特色鲜明，如图2-15所示。"娱乐空间"、"保险箱"、"超级杀毒"、"一键救护"四个功能键一字排开，按键采用金属拉丝工艺，美观时尚。而顶部白色部分，一半是散热孔，一半是磨砂凹凸面，便于用户放置一些个人物件。

2.5.5　显示器开关及屏幕菜单式调节方式OSD

开关置顶已经在品牌电脑中流行开来，不仅方便用户操作，也让主机正面的设计更加简洁，如图 2-16 所示。机器运行时，开关会发出亮黄色光芒。

2.5.6　散热设计

如图 2-17 所示的方正卓越 S2008，在机箱侧面设计了丰富的散热孔，排列成八角形，并正对 CPU 风扇，便于将热量及时排出。

2.5.7　键盘与鼠标设计

卓越 S2008 的键盘鼠标与卓越 S100 完全一致，笔记本风格的短程按键手感出众，外观纤细美观，并设置了 6 个快捷键，键盘自然成一定角度，使用者可以更舒适地使用键盘。鼠标为罗技代工，橘黄色的滑轮与键盘指示灯交相辉映，如图 2-18 所示。

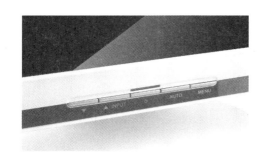

图 2-16　显示器开关及 OSD 调节键设计

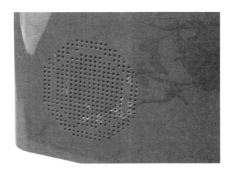

图 2-17　与背景融为一体的散热孔设计

图 2-18　人性化的键盘与鼠标设计

此外，方正还为卓越 S2008 配置了 2.0 塑料音箱，红白相间的风格也与整机保持一致，开关和调节旋钮设计在了主音箱顶部，方便用户调节音量，如图 2-19 所示。

2.5.8　市场环境

卓越 S2008，凭借新颖时尚的外形、实用丰富的功能以及主流配置和性能，展示出与众不同的使用价值，对注重家居搭配的年轻用户具有很大的吸引力。同时，卓越 S2008 创造性地将 PC 外观定制理念推向市场，这对于越来越注重个性化的消费市场无疑是一次有益尝试，也将成为未来品牌机发展的一大趋势。

其实，对于传统文化的创新应用，不只出现在中国的产品中，全世界都在关注中国，中国元素将在各种环境中大放异彩。中国的传统文化不仅在国内应用广泛，在国外的设计中也备受推崇，这也说明了中国文化在世界文化中的地位越来越重要。

2006 年度德国红点设计概念奖中，最受瞩目的红点设计概念至尊奖授予了源自德国制造而又蕴涵着"八卦"理念的"阴阳"椅。中国传统的阴阳八卦与家具设计相融合，不仅时尚美观，在人机和功能上也较为完善。

图 2-19　亮丽的音响设计

此类产品设计案例不胜枚举。国际著名的汽车设计大师乔治亚罗说："设计的内涵就是文化。"没有文化内涵的产品设计是没有生命力的,中国传统文化蕴涵深厚,将其精华应用到产品设计中,将使产品设计具有很好的文化支撑。

设计所体现出来的有抽象的一面,又具有现实主义精神,这就是本土文化的继承和国际文化的接轨与交融。一个国家的设计不从本土文化作为出发点,就没有特色,没有灵魂,这个国家就不可能跻身世界设计大国。中国的产品要从脱离"中国制造"而走向"中国创造",面临着靠创意设计提升经济的迫切需要,同样面临着如何运用我国丰富的传统文化元素来形成中国设计特色的难题。

探索本土文化的内涵,找出传统文化与现代设计的碰撞点,形成自己的设计体系,形成自己的设计风格,是我国创意设计本土化的探索精要所在。如何使中国的设计能够根植于中国的民族性和本土文化的特性,使中国的产品表达出中国文化所特有的博大精深的传统文化气质,这是中国的产品、中国的设计走向世界的根本,也是立足于世界设计舞台的根本。

具有中国的本土文化气质的产品必须形成强有力的阵营,中国的产品、中国博大精深的东方文化也同时必须走向世界,融入世界国际大舞台。谁能够和中国的政治、经济、文化以及价值观对接得上,对接得好,能够更多地深入到中国的本土文化中去,谁就会在中国赢得市场。

俗语说:"根深才能叶茂"。中国企业目前的产品设计在形式上要与国际主义风格相协调,要符合国际市场的规则。但同时在产品的内涵上,要具有我们自己的独有的体系,注重对我国本土文化,注重对东方文明的深刻研究,形成我们自己的风格。体现出中国文化的产品才更能使国人感到一份亲切、一份自豪。

在市场经济竞争日趋激烈的时代中,成功的企业会最大限度地发挥工业设计的软作用,不断地追求产品、企业、市场三位一体的最佳化。这就要求企业在工业设计时主动去认识市场、分析市场,从而使设计出来的产品能够引领市场的发展方向。此外还要求产品设计要针对企业的具体情况全方位进行设计。因此,这就要求企业高度重视产品、企业与市场的关系,并为其发展创造很好的内部环境。工业设计由设计产品发展到设计企业,引导市场的发展潮流。因此,企业更好地了解工业设计与产品、企业、市场的关系是很有必要的。

随着社会的进步,人们需求产品的层次不断提高,且竞争的加剧迫使企业必须改进产品的设计,工业设计也由此开始在企业内蓬勃发展起来。由于设计能给企业带来巨额商业利润,企业开始主动地设计,去引导消费的趋向。产品设计的个性化,使产品更具有针对性地面向具体的受众,这就是真正意义上的细分市场。也正是由于工业设计的介入,使我们生活的世界更加丰富多彩,使我们有了更广阔的生活空间。工业设计在市场细分的过程中,起了决定性的作用。设计使企业适应市场,更使企业去引导市场。

中国传统文化应用于工业产品设计不能仅仅是简单地在表面堆砌,既不能刻意追求或者硬贴在产品造型上,更不能把传统文化泛滥使用,而是应该从符号学的角度从深层次挖掘中国传统文化的特点，结合产品的特点和功能，提炼出某种文化的精髓和核心内容，从而创作。在外观设计上，在深入认识和了解传统图形符号的基础上逐步对其挖掘、变化、改造，结合产品的特点，与外来元素完美融合成为时尚的设计。

对比国外的产品设计，无论是德国的理性严谨、英国的简约古典，还是美国的热情奔放、日本的小巧精致，都有本国鲜明的设计特点，使他们的产品在国际上占有重要的地位。相对而言，在工业设计发展还不够成熟的中国鲜有自己的设计风格和特点，如果我们不对自己的传统文化有更加深刻的研究和理解，那么我们的产品设计将离民族性越来越远，在国外设计风格产品充斥的市场，中国传统的精华将消失殆尽。

所谓"民族的就是世界的"，中国的工业产品设计急需走出模仿和抄袭，重新审视中国传统文化，用设计来传承传统文化的精髓。只有这样，我国的工业设计才能真正走出国门。中华文化源远流长、博大精深，它的文化底蕴必然能够成为炎黄子孙从事设计活动的坚实基础和有力支持。

第**3**章 电子产品设计中多学科知识的综合应用

　　电子产品设计作为工业设计科学中的一个重要分支，是科学与美学、技术与艺术统一的综合科学，形成了艺术、技术、经济多科学知识交叉的完整体系。正如李政道博士所说"科学和艺术是不可分割的，它们的关系是智慧和情感的二元性密切关联的。伟大艺术的美学鉴赏和伟大科学观念的理解都需要智慧，但是随后的感受升华和情感又是分不开的。艺术和科学事实上是一个硬币的两面，源于人类活动最高尚的部分，共同的基础是人类的创造力，它们追求的目标都是真理的普遍性、永恒性和富有意义。"工业设计在创造物质文明和精神文明中，通过艺术与工程的一体化来提高人们的生活品质，扩大人类活动的文化领域，增加产品在市场中的竞争力而日益重要。

　　电子产品设计中涉及各个学科的综合应用。包括数电、模电、程序设计、单片机、嵌入式、人机工程、界面设计、人机交互、消费心理学等。各个学科的紧密结合应用推动电子产品设计发展的多元化。

3.1　电子产品设计中各个学科概述

　　产品设计是人为了生存而对以立体工业品为主要对象的创造性活动，是追求功能和使用价值的重要领域，是人与自然界的媒介。综合应用了单片机、嵌入式、人机工程、界面设计以及消费心理学等。其中，单片机是一种集成电路芯片，是采用集成电路技术把具有数据处理能力的中央处理器CPU、随机存储器RAM、只读存储器ROM、多种I/O口和中断系统、定时器/计时器等功能（可能还包括显示驱动电路、脉宽调制电路、模拟多路转换器、A/D转换器等电路）集成到一块硅片上构成的一个小而完善的计算机系统。单片机渗透到我们生活的各个领域，广泛使用的各种智能IC卡，民用豪华轿车的安全保障系统，录像机、摄像机、全自动洗衣机的控制，以及程控玩具、电子宠物等，这些都离不开单片机；更不用说自动控制领域的机器人、智能仪表、医疗器械以及各种智能机械了。嵌入式系统是以应用为中心，以计算机技术为基础，软件硬件可裁剪，适应应用系统对功能、可靠性、成本、体积、功耗严格要求的专用计算机系统。

事实上，所有带有数字接口的设备，如手表、微波炉、录像机、汽车等，都使用嵌入式系统，有些嵌入式系统还包含操作系统，但大多数嵌入式系统都是由单个程序实现整个控制逻辑。人们要完成某项工作或生产任务，就需要一定的机器或装置，有些机器或装置适合人的生理机能和心理特征，人们工作起来就感到舒适和省力，效率高而且安全，而有些则不是这样。所以，在设计机器或装置时，要尽可能考虑人体的机能和人的心理特征，力求在人操纵机器时所接触的部位尽量符合人体的各种因素。同时，还须在使用这些机器或装置时，保证人体安全。如果这些目标达不到，那么，人们所不期望的事故就很可能发生。人机工程学的这一基本思想是设计机器或作业空间时必须考虑的。消费心理学是心理学的一个重要分支，它研究消费者在消费活动中的心理现象和行为规律。消费心理学是一门新兴学科，它的目的是研究人们在生活消费过程中，在日常购买行为中的心理活动规律及个性心理特征。消费心理学是消费经济学的组成部分，研究消费心理，对于消费者，可提高消费效益；对于经营者，可提高经营收益。最后，界面设计是人与机器之间传递和交换信息的媒介，包括硬件界面和软件界面，是计算机科学与心理学、设计艺术学、认知科学和人机工程学的交叉研究领域。

3.1.1 数字电路

数字电路基础的主要内容有：逻辑门电路、组合逻辑电路、脉冲产生与变换电路时序逻辑电路、A/D转换和D/A转换等。用数字信号完成对数字量算术运算和逻辑运算的电路称为数字电路或数字系统。由于它具有逻辑运算和逻辑处理功能，所以又称数字逻辑电路。现代的数字电路由半导体工艺制成的若干数字集成器件构造而成。逻辑门是数字逻辑电路的基本单元。存储器是用来存储二值数据的数字电路。从整体上看，数字电路可以分为组合逻辑电路和时序逻辑电路两大类。

3.1.2 单片机技术

单片机技术主要介绍单片机的基本结构、工作原理、指令系统、程序设计以及系统扩展与工程应用。在单片机技术中涉及单片机编程技术、单片机C语言程序设计方法，特别是汇编语言和C语言两种语言的编写方法。单片机技术属于嵌入式技术，它广泛地应用在工业控制、智能仪器仪表、通信系统、手持设备、家用电器领域。

3.1.3 嵌入式系统

一个嵌入式系统装置一般都由嵌入式计算机系统和执行装置组成。嵌入式计算机系统是整个嵌入式系统的核心，由硬件层、中间层、系统软件层和应用软件层组成。执行装置也称为被控对象，它可以接受嵌入式计算机系统发出的控制命令，执行所规定的操作或任务。执行装置可以很简单，如手机上的一个微小型的电机，当手机处于震动接收状态时打开；也可以很复杂，如SONY智能机器狗，上面集成了多个微小型控制电机和多种传感器，从而可以执行各种复杂的动作和感受各种状态信息。

例如，嵌入式实时操作系统 uc/os 移植到微控制芯片上后，利用 IPv6 可以实现真正的物联网。虽然当下 MCU 的处理能力有限，RAM 空间等问题，移植 uc/os 无法非常完美，但是未来 IPv6 普及以及根据摩尔定律，每过 18 个月处理器的性能提升一半，体积小一半，可以想象在生活中每一个物体都被接入网络。

3.1.4　人机工程

电子产品设计是一个为了人们使用而创造新型产品或改进产品的过程，其核心是以"人"为中心，任何工业产品的设计都必须充分考虑人的因素。人机工程学在工业设计中的应用对于整个工业领域发展的影响及产品的优质程度起着关键性的作用。今天，由于科技的进步，企业间在产品质量上的差距日趋缩小，而工业设计诸如实用外观专利等成为重要的知识产权。产品不仅要满足功能要求、美学要求，更要满足使用者的安全、舒适要求，以及符合环境保护的要求。

人机工程学是一门多学科的交叉学科，研究的核心问题是人、机器及环境三者间的协调，研究方法和评价手段涉及心理学、生理学、医学、人体测量学、美学和工程技术的多个领域；研究的目的则是通过各学科知识的应用，来指导工作器具、工作方式和工作环境的设计和改造，使得作业在效率、安全、健康、舒适等几个方面的特性得以提高。

所谓人性化产品，就是包含人机工程的产品，只要是"人"所使用的产品，都应在人机工程上加以考虑，产品的造型与人机工程无疑是结合在一起的。人们可以将它们描述为：以心理为圆心，生理为半径，用以建立人与物（产品）之间和谐关系的方式，最大限度地挖掘人的潜能，综合平衡地使用人的机能，保护人体健康，从而提高生产率。

应用人机工程学是一门年轻的科学。人机系统中人的特性、能力和限制已经有大量测试数据可查。从系统分析角度研究人机系统，在原有设备基本不变的情况下，由于考虑了人的动态特性而进行系统分析，再适当改动设备，就能显著提高工效。如手动控制系统，即操纵人员直接参与的用手连续控制的系统，在飞机、火炮、雷达、汽车、舰船和航天飞机等方面已广泛应用，在工业生产中也得到广泛应用。人机接口系统，即人和计算机之间相互作用的系统，已是电子计算机发展的必不可少的重要组成部分。人机接口系统不仅在硬件上，而且在软件上也取得了进展。特别是在人机对话（或人机通信）方面，已研究出许多高级语言，正在研究采用自然语言人机对话，加快人机对话的速度，提高通信效果，发挥计算机的潜力。人机接口系统中人承担越来越多的功能，操纵人员执行许多操作，进行人机对话，处理大量信息，作出各种决策。指挥控制通信系统（简称 C3系统）是一种多操纵人员、多台机器（或工程系统）的、复杂的人机系统。即使是一个非常简单的设备，在操纵人员的问题上也会产生常规工程实践无法解决的问题。因此人机工程学具有重要的应用价值。人机工程学的应用领域有电话、电传、计算机控制台、数据处理系统、高速公路信号、汽车、航空、航海、现代化医院、环境保护、教育等，人机工程学甚至可用于大规模社会系统。

人机工程学在工业设计中的作用，是人体科学、环境科学不断向工程科学的渗透和交融。只要是"人"所使用的产品，都应在人机工程上加以考虑，产品的造型与人机工程无疑是结合在一起的。我们可以将它们描述为：以心理为圆心，生理为半径，用以建立人与物（产品）之间和谐关系，最大限度地挖掘人的潜能，综合平衡地使用人的机能，保护人体健康，从而提高生产率。

3.1.5　人机界面与交互设计

人机界面设计是人与机器之间传递和交换信息的媒介，包括硬件界面和软件界面，是计算机科学与心理学、设计艺术学、认知科学和人机工程学的交叉研究领域。近年来，随着信息技术与计算机技术的迅速发展，网络技术的突飞猛进，人机界面设计和开发已成为国际计算机界和设计界最为活跃的研究方向。

用户界面设计的三大原则是：置界面于用户的控制之下、减少用户的记忆负担、保持界面的一致性。用户界面设计原则，详细说来有以下几点：

（1）简易性，界面的简洁是要让用户便于使用、便于了解，并能减少用户发生错误选择的可能性。

（2）用户语言，界面中要使用能反映用户本身的语言，而不是游戏设计者的语言。

（3）记忆负担最小化，人脑不是电脑，在设计界面时必须要考虑人类大脑处理信息的限度。人类的短期记忆极不稳定、有限，24小时内存在25%的遗忘率。所以对用户来说，浏览信息要比记忆更容易。

（4）一致性，是每一个优秀界面都具备的特点。界面的结构必须清晰且一致，风格必须与游戏内容相一致。

（5）清楚，在视觉效果上便于理解和使用。

（6）用户的熟悉程度，用户可通过已掌握的知识来使用界面，但不应超出一般常识。

（7）从用户的观点考虑，想用户所想，做用户所做。用户总是按照他们自己的方法理解和使用。通过比较两个不同世界（真实与虚拟）的事物，完成更好的设计。

（8）排列，一个有序的界面能让用户轻松地使用。

（9）安全性，用户能自由地作出选择，且所有选择都是可逆的。在用户作出危险的选择时有信息介入系统的提示。

（10）灵活性，就是要让用户方便地使用，但不同于上述，即互动多重性，不局限于单一的工具（包括鼠标、键盘或手柄）。

（11）人性化，高效率和用户满意度是人性化的体现。应具备专家级和初级玩家系统，即用户可依据自己的习惯定制界面，并能保存设置。

2008年，微软总裁比尔·盖茨提出"自然用户界面"（Natural user interface）的概念，并预言人机互动模式在未来几年内将会有很大的改观，电脑的键盘和鼠标将会逐步被更为自然、更具直觉性的触摸式，视觉型以及声控界面所代替。而随着技术的精进，"有机用户界面"（Organic user interface）也开始悄然兴起——生物识别传感器、皮肤显示器，乃至大脑与计算机的直接对接，无疑都将给人类的生活带来重大影响。电子产品的人机交互性主要体现在可识别性、可操作性和导航性三个方面，设计师应该将自己放在使用环境中，把整个人机交互作为一个动态系统，考虑人在整个系统中的主导性，兼顾电子产品的个性特征，从而达到人和产品的统一。设计要在一定程度上满足用户的使用需求、情感需求，因此公司对用户需求的调查和分析被视为人机界面设计的第一步。人机界面设计是关于产品界面、产品功能选择和产品意义的设计，而不仅仅是让产品外形漂亮，这是设计师要让产品设计发挥作用需要讨论的一面。界面设计体现在不同的方面，界面链接展示了许多不同于传统人机交互界面的新设计方式。同时公司如何才能获得创新的产品设计、人机界面设计？这个是比较常见的设计问题，也是中国现在大多数企业存在的现实问题，首先我们必须把设计融入公司战略方向、建立产品设计中心、设立产品总设计师职位等最高管理层，但真正意义上的设计需要漫长的学习路径与时间积累，从设计中获益的将是那些意识到设计的重要性，并持续加大设计投入的企业。

人机界面也被称为"脑机接口"，它是在人或动物脑（或者脑细胞的培养物）与外部设备之间建立的直接连接通路，即使不通过直接的语言和行动，大脑的所思所想也可以借由这条通路向外界传达。

人机界面分为非侵入式和侵入式两种。在非侵入式人机界面中，脑电波是通过外部方式读取的，比如放置在头皮上的电极可以解读脑电图活动。以往的脑电图扫描需要使用导电凝胶仔细地固定电极，获得的扫描结果才会比较准确，现在技术得到改进后，即使电极的位置不那么精准，扫描也能够将有用的信号撷取出来。其他的非侵入式人机界面还包括脑磁图描技术和功能磁共振成像等。

而侵入式人机界面的电极是直接与大脑相连的。到目前为止，侵入式人机界面在人身上的应用仅限于神经系统修复，通过适当的刺激，帮助受创的大脑恢复部分机能，比如可以再现光明的视网膜修复，以及能够恢复运动功能或者协助运动的运动神经元修复等。科学家还尝试在全身瘫痪病人的大脑中植入芯片，并成功利用脑电波来控制电脑，画出简单的图案。

美国匹兹堡大学在开发用大脑直接控制的义肢上取得了重大突破。研究人员在两只猴子大脑运动皮层植入了薄如发丝的微型芯片，这块芯片与做成人手臂形状的机械义肢无线连接。芯片感受到的来自神经细胞的脉冲信号被电脑接收并分析，最终可转化为机械手臂的运动。试验结果显示，猴子通过思维控制机械手臂抓握、翻转、拿取，可行动自如地完成进食动作。

除了医疗领域，人机界面还有很多令人惊叹的应用。比如家庭自动化系统，可以根据是谁在房间里面而自动调节室温；当人入睡之后，卧室的灯光会变暗或者熄灭；如果有人中风或者突发其他疾病，会立即呼叫护理人员寻求帮助。

到目前为止，大部分人机界面都采用的是"输入"方式，即由人利用思想来操控外部机械或设备。而由人脑来接收外部指令并形成感受、语言甚至思想还面临着技术上的挑战。

不过，神经系统修复方面的一些应用，比如人工耳蜗和人造视觉系统的植入，可能开创新思路：有一天科学家或许能够通过与我们的感觉器官

图 3-1　手机操作界面示意图

相连，从而控制大脑产生声音、影像乃至思想。但与此同时，随着各种与人类神经系统挂钩的机械装置变得越来越精巧复杂，应用范围越来越广泛，并且逐步拥有远程无线控制功能时，安全专家们就要担心"黑客入侵大脑"的事件了。

产品设计范畴中的所谓界面，是人与机器信息交互的界面（Human—Machine Interface），也是用户与机器互相传递信息的媒介，是两者间相互联系的通道或途径，其中包括信息的输入和输出，如图 3-1 所示是手机操作界面示意图。计算机按照机器的特性去行为，人按照自己的方式去思维和行为。要把人的思维和行为转换成机器可以接受的方式，把机器的行为方式转换成人可以接受的方式，使计算机在人机界面上适应人的思维特性和行动特性，这就是"以人为本"的人机界面设计思想。

好的人机界面易于识别、操作简单、美观大方且具有引导功能，使用户感觉舒适、愉快，从而提高使用效率。以强调设计的易用性而闻名的美国西北大学教授唐纳德·诺曼（Donald Norman）曾指出，产品的界面设计必须反映产品的核心功能、工作原理、可能的操作方法和反馈产品在某一特定时刻的运转状态。如果不能满足上述设计要求，那么再美的界面设计也是无效的。人机界面设计就是从产品使用者的角度出发，按系统论的要求，对显示装置和控制装置进行设计，使它们更符合人机信息交流的规律和特性。界面设计过程就是信息处理的过程，信息及其处理是界面设计成败优劣的关键。信息在产品界面中传递和处理，直接关系到消费者（使用者）对设计师的设计意图的准确接收和对产品功能的正确理解和应用。随着电子技术向微电子化、集成化、智能化方向的发展，现代数码产品的信息含量越来越多，而产品造型依附于传统形式（即造型能充分解释功能）的程度却越来越小，产品外观设计的内部结构约束因素也在减少，形态设计变得从未有过的自由。可以说，现代数码产品不太可能像传统的机电产品或者家电产品那样，依据外观形态的经验或者推测就能完成对操作界面的理解。比如一辆摩托车，大部分的使用者依据它的外部特征形态就能根据自己的感觉或者经验初步判断，哪里是座位，哪里是手把，哪里是踏脚，导致误操作的可能性并不大。而现代数码产品基本是个暗盒子，由于功能的执行不再是传统的可感知方式，而是内部芯片的无形运作，造成产品外观形式无法解释和表达其内部功能及使用状态。内部构造和外观形态严重脱节、缺少关联性，这样消费者解读使用信息就相当困难。在没有仔细参阅使用说明书或者学习使用方法之前往往非常茫然，误操作的可能性非常大。尤其是一些中老年用户看不清楚按键小的说明注释文字，常常会发生类似删除了所需文件的事情，导致不少老年用户对现代数码产品产生了畏难和抵触情绪。

3.1.6　消费心理学

消费心理学是心理学重要分支，它研究消费者在消费活动中的心理现象和行为规律。消费心理学是一门新兴学科，它的目的是研究人们在生活消费过程中，在日常购买行为中的心理活动规律及个性心理特征。消费心理学是消费经济学的组成部分。研究消费心理，对于消费者，可提高消费效益；对于经营者，了解消费群体对这类商品的心理价位和此类商品的大体价位来决定这类商品的价格，可提高经营收益。

1. 消费心理与消费行为的关系

消费心理是指人作为消费者时的所思所想。消费行为是指从市场流通角度观察的，人作为消费者时对于商品或服务的消费需要，以及使商品或服务从市场上转移到消费者手里的活动。

任何一种消费活动，都是既包含了消费者的心理活动，又包含了消费者的消费行为。准确把握消费者的心理活动，是准确理解消费行为的前提。而消费行为是消费心理的外在表现，消费行为比消费心理更具有现实性。

2. 消费心理学的研究内容

（1）影响消费者购买行为的内在条件，包括消费者的心理活动过程、消费者的个性心理特征、消费者购买过程中的心理活动、影响消费者行为的心理因素。

（2）影响消费者心理及行为的外部条件，包括社会环境对消费心理的影响、消费者群体对消费心理的影响、消费态势对消费心理的影响、商品因素对消费心理的影响、购物环境对消费心理的影响、营销沟通对消费心理的影响。

3. 消费心理学的研究对象

消费心理学以市场活动中消费者心理现象的产生、发展及其规律作为学科的研究对象，具体而言其侧重点在以下几个方面：

（1）市场营销活动中的消费心理现象。

（2）消费者购买行为中的心理现象。

（3）消费心理活动的一般规律。

4. 消费心理学的研究方法

（1）观察法。观察法是指调查者在自然条件下有目的、有计划地观察消费者的语言、行为、表情等，分析其内在的原因，进而发现消费者心理想象的规律的研究方法。观察法是科学研究中最一般、最方便使用的研究方法，也是心理学的一种最基本的研究方法。

（2）访谈法。访谈法是调查者通过与受访者的交谈，以口头信息传递和沟通的方式来了解消费者的动机、态度、个性和价值观念等内容的一种研究方法。

（3）问卷法。问卷法是请被调查的消费者以书面回答问题的方式进行的调查，也可以变通为根据预先编制的调查表请消费者口头回答、由调查者记录的方式。问卷法是消费者心理和行为研究的最常用的方法之一。

（4）综合调查法。综合调查法是指在市场营销活动中采取多种手段取得有关材料，从而间接地了解消费者的心理状态、活动特点和一般规律的调查方法。

（5）实验法。实验法是一种在严格控制的条件下有目的地对应试者给予一定的刺激，从而引发应试者的某种反应，进而加以研究，找出有关心理活动规律的调查方法。

5. 消费心理学的研究原则

（1）理论联系实际的原则。

（2）客观性原则。

（3）全面性原则。

（4）发展性原则。

6. 制造环节、销售环节的关键

面对消费者，产品的质量是十分重要的，因而产品的制造环节要重视以下内容：

（1）完善产品的功能、严格控制质量。

（2）注重产品形象、文化艺术性设计。

（3）个性化商品的生产制作。

在产品的销售环节要重视：

（1）购物环境。它对消费者消费行为的影响至关重要，也是商家竞争的重要手段。

（2）产品创新应符合消费心理。新产品的设计推出，能否被消费者接受及喜爱，除了产品自身的独特优势，还要考虑产品针对群体的爱好、需求等一系列心理特征。

（3）品牌战略。消费者品牌选择的观念在变，当消费者根据自己的需要、价值观以及生活方式来选择与之相适应的品牌时，此时品牌会使消费者产生一种印象（感觉）：呵！品牌代表了我！——即品牌形象与自我形象一致起来了。

（4）广告的心理策略。广告是对消费者诉求的艺术。

（5）树立良好的企业形象。

3.2 多学科知识综合应用实例分析

3.2.1 电子闹钟实例分析

本小节所分析的电子闹钟涉及数字电路、单片机、程序设计、创意设计、人机工程等多学科知识的综合应用。

1. 基本功能

利用 MCS-51 单片机内部的定时/计数器、中断系统以及行列键盘和 LED 显示器等部件，设计一个单片机电子时钟。设计的电子时钟通过数码管显示，并能通过按键实现设置时间和暂停、启动控制等。用定时/计数器 T0，工作于定时，采用方式 1，对 12MHz 的系统时钟定时计数，初值设为 XXYY（自己计算）。形成定时时间为 50ms。用片内 RAM 的 7BH 单元对 50ms 计数，计 20 次产生秒计数器 78H 单元加 1，秒计数器加到 60 则分计数器 79H 单元加 1，分计数器加到 60 则时计数器 7AH 单元加 1，时计数器加到 24 则时计数器清 0。然后把秒、分、时计数器分成十位和个位放到 8 个数码管的显示缓冲区，通过数码管显示出来。在处理过程中加上了按键判断程序，能对按键处理。

2. 硬件电路

硬件电路如图 3-2 所示，它由单片机、液晶显示器、开关电路等组成。

3. 软件程序流程图

组成硬件电路后，需要编制软件，程序的流程图如图 3-3 所示。

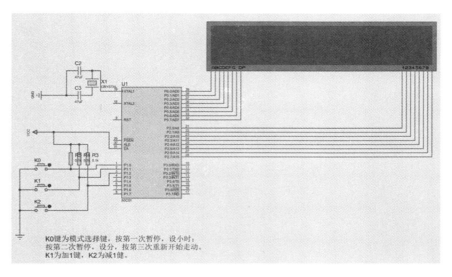

K0键为模式选择键，按第一次暂停，设小时；
按第二次暂停，设分，按第三次重新开始走动。
K1为加1键，K2为减1键。

图 3-2　电子闹钟硬件电路

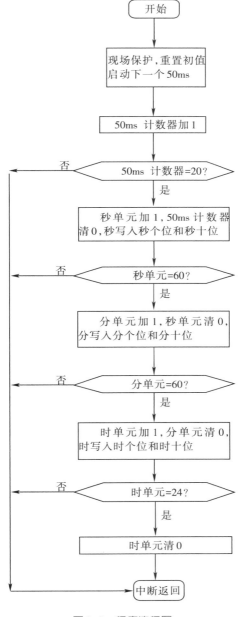

图 3-3　程序流程图

图3-4 会跑的闹钟的外形设计

图3-5 炸弹闹钟的外形设计

图3-6 会飞的闹钟的外形设计

4. 创意设计

会跑的闹钟：闹钟的外形设计如图3-4所示，两个大轮子一到时间就会发动，英文名字是hide and seek，意思是不抓住它，它就会无影无踪。

炸弹闹钟：这个炸弹型闹钟不仅样子凶悍而且威力惊人，如果你不及时起床，你的邻居也会被吵醒，如图3-5所示。

会飞的闹钟：不及时抓住，它就会飞走，如图3-6所示。

就让温水闹钟为你端上一杯温开水，开始崭新的一天吧！地毯闹钟具有物理效果，非常适合总也叫不醒的人。因为，直到你跳下床，在地毯上猛踩两下，它才会安静。

5. 文化

一件工业设计产品的背后，创作者的野心，恰恰正是要设计你的生活方式。工业产品设计，一个看似冷酷的词，事实上，只要添加一点创意，就可以让生活变得充满趣味、活色生香。工业设计中的奇思妙想，削弱机器生产的理性视觉，让冷冰冰的机器或者贫乏无味的家居用品摇身一变，更具有艺术感，兼具理性和感性双层特点，为你的生活注入新鲜感觉。

6. 市场

电子闹钟产品销售、利润与时间的关系，如图3-7（a）所示，它反映了行业生命周期。产品的生命周期的影响因素，如图3-7（b）所示。

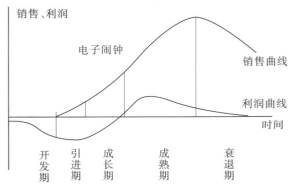

反映电子闹钟产品所处行业生命周期曲线图

（a）

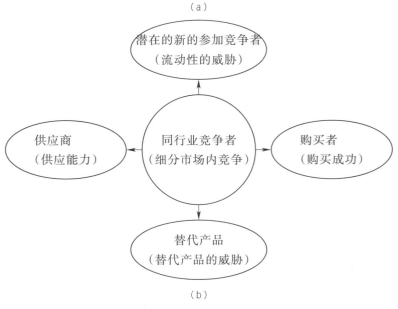

（b）

图3-7 生命周期的影响因素

3.2.2　卡萨帝BCD-536WBCV冰箱的实例分析

1. 外观设计

从如图3-8所示的外观上看，卡萨帝 BCD-536WBCV 冰箱采用法式风格设计，晨曲纹艺面板，优化设计的简约时尚把手，总体看起来不但非常漂亮，也十分大气。在冷藏室门体左侧，设有一个5寸高清液晶显示屏，分别可显示冷藏室和冷冻室的温度。触摸式按键系统，操作方便。

2. 空间设计

卡萨帝 BCD-536WBCV 冰箱采用超大、超宽储存空间、抽屉式设计，如图3-9所示。内部设计简洁，彰显大气之美。光波增鲜，延长保鲜时间。

此外，卡萨帝 BCD-536WBCV 冰箱采用无极变频技术，内置无极变频压缩机，有效减少能耗和噪音，更节能环保。

3. 系统整体方案设计

硬件组成框图，如图3-10所示，它主要有主控板和电源板两大部分组成，主控板主要由单片机、传感器组、压缩机控制电路、电磁阀控制电路、显示电路、蜂鸣器输出、化霜控制电路、电加热丝控制电路、风机控制电路等部分组成；电源板主要为主控板提供5V电源，并且为压缩机、风扇电机等提供电源。

图 3-8　卡萨帝BCD-536WBCV冰箱

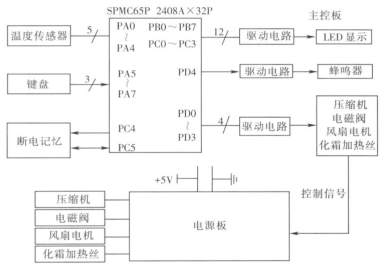

图 3-10　硬件组成框图

图 3-9　冰箱内部

4. 冰箱中的人机工程的应用

首先在视觉上，给人以冲击，其超大的容量、法式的对开设计、抽屉式设计、通透式LED照明、超大冷藏保鲜空间都给人大气的感觉。其次在食物保鲜上，使用光波增鲜、独特果蔬保鲜抽屉设计等都应承了消费者的要求。

卡萨帝 BCD-536WBCV 冰箱在环境保护上也花了不少精力，尽量达到少消耗高效率，少排放多利用的战略目标。在设计中就突出以人为本的原则，把人处在中心位置，这样更能切合消费者的利益，赢得了广大消费者的良好口碑。

5. 冰箱中的界面设计的应用

界面设计本属于人机工程的研究范畴，这里将其单独拿出来分析。如

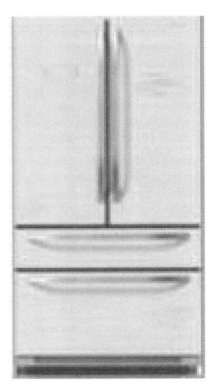

图 3-11　直立式冰箱

图 3-11 所示的冰箱，属于直立式对开式的，对开式的冰箱的一大优点就是容量大，容易取拿。对消费者而言，冰箱必须使用，光外观好看而没有使用价值，那么这件商品无疑是失败的。

6. 冰箱中的消费心理学的应用

消费者是产品与文化的主导者，设计是为人服务的，是围绕着"人"这个主题来研究人与空间、人与器物、人与光色的关系。因此需要进一步研究人的感觉、知觉、智能、习惯、各种活动规律、生活方式及舒适性要求，研究人的心理过程和心理特征对环境的反应关系。现时期设计的任务是从使用者的切身利益出发，帮助人们创造更美好的生活。满足使用者的功能需求，给使用者带来便利，并且能给使用者带来愉悦的产品才能被使用者选择，只有这样的产品所倡导的文化才能被使用者接受并弘扬。设计师的设计创意、设计理念如果能被大众所接受，并能传承下去得到弘扬的，沉淀下来就成为了文化。

海尔公司对 BCD-536WBCV 冰箱，从功能、外观、内部构造等一体化进行设计。很好地抓住消费者对冰箱的要求，在有限的空间里能够装更多的东西，而卡萨帝 BCD-536WBCV 冰箱刚好符合这个要求。

7. 冰箱中的人机交互的应用

图 3-12 为卡萨帝 BCD-536WBCV 冰箱中各种调制按键，可以对冰箱温度进行调节。冰箱设计中要考虑的人机交互问题较多，例如：

（1）界面图示清晰，符号、标识含义准确，不会产生误解。

图 3-12　冰箱面板中的人机交互

（2）文字阐述方式较为正规，易于用户理解。

（3）颜色的对比度、亮度适宜。

（4）冰箱的空间操作要符合人体舒适度的要求。

（5）物体存放空间的设计。鸡蛋易碎，所以为了符合人的心理，放置鸡蛋的区域安排在冷藏区最下面，鸡蛋怕压，要单独放置。

（6）冰箱门上的隔板通常盛放罐装物品，隔板的距离和深度的设定也需要特别的设计。如果两隔板的距离过大会浪费空间，过小会导致物品取放的时候与冰箱发生碰撞，甚至放不下物体。

3.2.3　笔记本音箱 SRS-A3 的设计

现在购买笔记本电脑的用户明显增多，大有超越台式机用户之势。笔记本已经成为家里除了电视之外，第二个重要的影音播放平台。对于笔记本屏幕的大小、显卡的性能，以及音质都有一定要求，尤其是画面和音质，目前的笔记本采用的都是集成声卡，虽然能满足一般的收听要求，但是播放大片时或者看演唱会回放时都没有临场感，声音平淡如水。这时购买一个外置音箱就很有必要了，这款 SRS-A3 音箱，恰好满足了现如今消费者的确切所需。

1. SRS-A3 外观设计及文化内涵

SRS-A3 音箱的箱体造型棱角圆润，简洁洗练的线条，融合了直线的刚硬和曲线的柔美；扬声部分，采用传统的圆形构造，这两者完美结合，将中国"天圆地方"的文化宗旨深入运用其中，下面的支脚翘起让上半部分的音箱微仰30度,非常迷人和可爱。此外,SRS-A3音箱在颜色上采用黑、白两种经典颜色。"黑白"一直是永不过时的色调,透露出非常浓郁的现代气息。悠白,白得彻底透彻;悠黑,黑得雍容华贵,如图3-13所示。

2. SRS-A3中的"人机工程"知识的运用

从侧面观察,可以发现SRS-A3音箱单元不是直接朝前的,而是有一个向上的角度。为什么做成这样呢?因为声音是呈放射状直线传播的,并且高、中音衰减相对比较快。当用户坐在桌面前操作时,此时卫星音箱并非正面朝向你的耳朵,而大部分音箱几乎都没有仰角,因此无法保证声音可以直接传入耳朵,这款SRS-A3音箱使用了卫星音箱仰角15度设计,如图3-14所示。当音箱放置在桌面上时,由于仰角增为15度,使声音更加直接地传入用户耳朵,用户听到的声音将更为清晰明亮,给人一种身临其境的听觉体验,如图3-14所示。从"人机工程"的角度分析,仰角15度设计符合用户近距离欣赏时对声音的要求,也更符合声音传播的方向性,可以减小高音不断反射造成的衰减和损失,同时也修正了高、中音间的相位差,其结果是更好的音像定位,以及需要时表现出乐器强猛瞬间力道的能力。

3. SRS-A3控制界面设计及"人机交互"课程运用

SRS-A3在音量控制及开关的界面设计上十分值得考量,设计师把这一部分放在侧面,如图3-15所示,不仅不影响整体的美观,操作也方便、随意。此外,前端设置的耳机输出端口,与普通音箱的后端耳机输出端相比较,避免了电源线和输出信号线的不必要的缠绕和不当的拉伸,使用时不用站起身来,或者是费劲地要到音箱后面才能操控。上述的设计在"人机交互"上体现得尤为出色,为享受私人音乐空间的人提供了方便。

4. SRS-A3设计中的消费心理学

SRS-A3音箱具备许多人性化的特色设计,让音箱的操作简洁、随心。加上它的低耗能特性,无须用金属板来辐射热量降温,因此SRS-A3十分环保,符合当下低碳社会的需求,适合环保达人们的无污染消费理念。

SRS-A3的音质和质量都不错,而且外观小巧可爱,虽然价钱略高了点,但是性价比还是很高的,相信能引起很多消费者的购买欲望。

3.2.4　GPS全球定位系统

全球定位系统GPS的主要功能:

(1)陆地应用。主要包括车辆导航、应急反应、大气物理观测、地球物理资源勘探、工程测量、变形监测、地壳运动监测、市政规划控制等。

(2)海洋应用。主要包括远洋船最佳航程航线测定、船只实时调度与导航、海洋救援、海洋探宝、水文地质测量以及海洋平台定位、海平面升降监测等。

(3)航空航天应用。主要包括飞机导航、航空遥感姿态控制、低轨卫星定轨、导弹制导、航空救援和载人航天器防护探测等。

GPS是英文Global Positioning System的简称,其诞生初期的主要目的是为陆、海、空三大领域提供实时、全天候和全球性的导航服务,并用于情报收集、核爆监测和应急通讯等一些军事目的。GPS系统的前身为美军研制的一种子午仪卫星定位系统(Transit),1958年研制,1964年正式投

图3-13　SRS-A3音箱外观展示

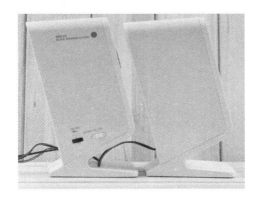

图3-14　SRS-A3音箱侧面15度设计

图3-15　音量控制和开关的界面设计

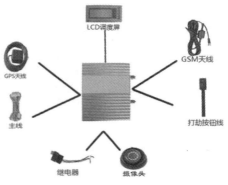

图3-16 GPS构成示意图及组网的工作卫星

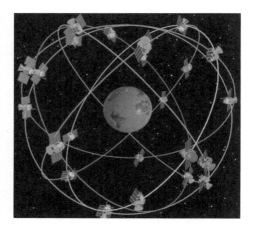

图3-17 GPS全球卫星定位系统

图3-18 车载导航仪

入使用,随后经过几次重大的技术突破后逐渐从军用转到民用市场。中国GPS导航系统市场的发展潜力巨大,在未来的数年内,中国将成为全球最大的车载GPS市场,由于导航卫星、车载导航设备商业化应用环境以及卫星导航应用标准的成熟,车载导航系统将被消费者更加广泛地接受,产品价格也会逐步下降,市场规模将不断扩大。

GPS功能必须具备GPS终端、传输网络和监控平台三个要素,这三个要素缺一不可。通过这三个要素,可以提供车辆定位、防盗、反劫、行驶路线监控及呼叫指挥等功能。GPS导航仪硬件包括芯片、天线、处理器、内存、屏幕、按键、扬声器等组成部分。导航仪本身就是集单片机、嵌入式、人机工程、界面设计以及消费心理学的综合性电子产品。如图3-16所示的是GPS构成示意图及组网的工作卫星。

GPS由空间卫星、地面监控和用户接收等三大部分组成。在太空中有24颗卫星组成一个分布网络,分别分布在6条离地面20000km、倾斜角为55°的地球准同步轨道上,每条轨道上有4颗卫星。GPS卫星每隔12小时绕地球一周,使地球上任一地点能够同时接收7~9颗卫星的信号。地面共有1个主控站和5个监控站负责对卫星的监视、遥测、跟踪和控制。它们负责对每颗卫星的观测,并向主控站提供观测数据。主控站收到数据后,计算出每颗卫星在每一时刻的精确位置,并通过3个注入站将它传送到卫星上去,卫星再将这些数据通过无线电波向地面发射至用户接收端设备,如图3-17所示。

就简单的车载GPS导航仪来说,从它的设计出发,车载导航仪的运行主要依赖全球定位系统。

车载GPS导航仪的主要功能特点:

(1)与原车内外饰浑然天成的外观设计。
(2)高清数字屏,800×480分辨率。
(3)人性化用户界面,全屏触摸操作界面。
(4)支持蓝牙免提电话。
(5)支持DVD/VCD/CD/MP3/MP4等音视频格式。
(6)原车插线连接,无损安装。
(7)人性化视觉倒车后视功能。
(8)内置多种游戏以及FM/AM收音功能。
(9)多种接口预留,支持USB/SD等多元输入。
(10)3D实景地图,自动规划路径,智能语音导航。

车载GPS导航仪的人机工程学要求:基于人机工程的要求,该设计便于导航仪安置在汽车的挡风玻璃上,便于司机查看和操作。符合消费需求,满足消费者心理,如图3-18所示。基于单片机和嵌入式的平台,形状小巧,功能专一,界面简洁明了,便于司机在行车时观看地图以及点击所需功能键,色彩鲜明清晰,比例结构合理且符合通常审美习惯。并且触屏的人机交互技术使导航仪更加易于操作,减小了设备的体积,便于车载。

3.2.5 空调遥控器

空调在我们的生活中早已不是什么新鲜的东西了,它是单片机、嵌入式、人机工程、界面设计的综合应用。从它小小的遥控器上就可窥一斑而知全豹。

空调遥控器的界面设计：如图 3-19 所示，空调的遥控器大小适中，单手就可拿住操作，椭圆线条的形状简洁明了，虽然缺乏创意，但是实用性占主导地位。界面设计非常简单甚至没有彩色，大大降低了产品的成本，突出了温度显示调节的主要功能。但模式只有文字表示是一大缺陷，不利于老人小孩察看。按钮风格与界面一致，清楚简单，且按钮的位置安排较为合理，显示温度的地方有荧光的设计，利于在光线较暗的时候调节温度，开关则位于中心位置，较少用的键则较小，符合使用者的实际操作需求，按钮上还有形象的图标便于辨认功能。

另外，空调遥控器控制空调主要依靠红外线，也就是靠波长为 0.76～1.5μm 之间的近红外线来传送控制信号的。红外遥控的特点是不影响周边环境、不干扰其他电器设备。由于其无法穿透墙壁，故不同房间的家用电器可使用通用的遥控器而不会产生相互干扰；电路调试简单，只要按给定电路连接无误，一般不需任何调试即可投入工作；编解码容易，可多路遥控。

空调遥控器的遥控技术是一项应用广泛的技术。现代的遥控器，主要是由集成电路电板和用来产生不同讯息的按钮所组成。比如现在常见的客车门遥控器是采用最新技术编码解码，以闪断方式控制门泵电磁阀以达到自动开关门的目的，用于客车（大巴、中巴）遥控开、关车门，避免驾驶员每次都要上车开门的烦恼。

图 3-19　空调遥控器的界面

第 4 章　电子产品生产流程分析

随着经济的发展，产品设计管理作为一门新兴管理学科的出现，是现代经济发展的必然结果。产品设计管理已经成为现代企业管理成长壮大的主要工具，其主要包括产品设计目标管理、产品设计流程管理、产品设计系统管理、产品设计质量管理、知识产权管理等主要内容。其中，产品设计流程管理对企业和项目的发展起着举足轻重的作用。

产品设计流程管理对企业的重要意义和现实价值，使得产品设计流程管理也被称为产品设计程序管理，其目的是对产品设计实施过程有效地监督与控制，确保产品设计的进度，并协调产品开发与各方关系。由于企业的性质、规模，产品的性质、类型，所利用的技术，目标市场，所需资金和时间要求等因素的不同，产品设计流程也随之相异，有各种不同的提法，但都或多或少地归纳为若干个阶段。

明确、高效的管理和产品设计流程可以给企业带来巨大收益，其中包括提高质量、改善客户服务、缩减时滞、减少成本、减少纸面作业、空间需求最小化、压缩管理层、提高应变能力、提高员工士气等，明确清晰的管理流程能够帮助企业解决很多管理运作过程中遇到的问题。产品设计流程计划的重要性使得在项目之初制定的周全完整的计划能够保证项目顺利进行，使企业少走弯路，从而确保项目的价值和质量。

本章主要针对电子产品的设计和生产流程的具体阐述，结合产品的前期规划、概念开发、系统设计、细节设计、测试与改进、产品推出六大环节详细剖析，并有重点性地对其中的市场调研、草图、模型、评估、定型等环节具体分析。

4.1　电子产品生产流程概述

生产流程就是产品从原材料到成品的制作过程中要素的组合。生产流程的基本要素，是构成一个完整的生产流程所必不可少的元素。分析生产流程的基本要素可以更容易理解什么是生产流程。一个完整的流程应具备以下要素：客户、过程、输入、输出、供应商。本节主要从生产流程的范围、规模、分类、分级、绩效来介绍生产流程的基本属性。

4.1.1 生产流程的范围

生产流程的范围是指生产流程跨越的部门或组织的数量。窄范围的生产流程可能只发生在一个经营部门或科室内，宽范围的生产流程则可能穿越数个经营部门或职能科室，甚至在不同的组织之间进行。生产流程范围的缺陷会降低生产流程的效率。

4.1.2 生产流程的分类

按照生产流程所解决问题的对象属性，生产流程属于经营性流程；按照生产流程在企业经营管理中的重要性，生产流程属于核心流程。

4.1.3 生产流程的分级

为了便于理解，常常对生产流程的某个过程，或某个过程的某项活动作为细分的选项，形成二级、三级甚至更低级别的流程。

4.1.4 生产流程的绩效

生产流程的绩效是指生产流程在多大程度上满足了客户的需要。流程绩效指标是评估流程运行效率的，可能包含质量、成本、速度、效率等多个方面。

生产流程的效率可以从两个方面评价：一是流程总的产出周期，另一个是通流效率。前者是指从生产流程的开始到流程结束实现满足顾客需要的过程中所经历的全部时间，包括流程节点活动时间和节点的等待时间。流程节点活动时间是为了完成该流程节点的所有活动所必需的时间，它不包括活动中一些不必要的等待时间。

做任何事情都有一个过程。比如做五金件，可能需要先买紫铜，然后拉伸、下料、热处理、冲压、焊接、酸洗、组装、包装。在这个过程中，可能还要领料、日报记录、工艺记录、检验等，这些内容有的必须有先后，有的则可以穿插在其他内容之间。而在这个过程中，有供应商（原材料提供者），输入（原材料）、输出（成品）、过程（生产过程）、接收者（仓库），这些要素在一起就构成了流程，是典型的生产流程。

生产流程分析法是对企业整个生产经营过程全面分析，对其中各个环节逐项分析可能遭遇的风险，找出各种潜在的风险因素。

因为电子产品日趋重要的地位，电子产品的生产流程要求也变得更高，电子产品的生产流程并非一个简单、机械的过程，而是一个复杂、综合各项学科的严谨的过程。电子产品的生产流程主要包含6个阶段：前期规划、概念开发、系统设计、细节设计、测试与改进、产品推出。具体流程划分如表4-1所示。

表4-1 产品生产流程

	前期规划	根据项目明确设计内容制定计划市场调研与分析
	概念开发	构思和草图
生产流程	系统设计	方案深入、讨论定稿
	细节设计	效果图、流程图、开发
	测试与改进	是否达到设计目标
	产品推出	市场营销及推广

4.2　产品设计具体流程及分析

4.2.1　明确设计内容

当跟客户确定设计合作后，我们必须要跟客户沟通，了解设计的内容及设计所应实现的目标。根据客户提供的原始产品或产品功能模型，分析产品的功能实现原理、结构的变化幅度，确定产品的限制条件和设计重点。在对产品的概念定位后，与客户确定产品的粗略结构排布，分析技术的可行性、成本预算和商业运作的可行性，了解客户对产品的基本构思。还必须考虑到新产品开发的造型研究，考虑使用人群、人的情感需求、市场定位、产品与使用环境的和谐等问题，最后确定设计内容。

4.2.2　根据目标制定计划

在制定计划之前，首先要清楚地知道自己希望工作达到的目标是什么。最好能够精确地定义你的目标，这个定义要包括时间标准、最终目的、实现效果等要素。然后制定自己的设计计划，如前一周要完成什么任务，什么时候先完成市场调研，什么时候设计出草图等，只有合理的安排才能让自己变得更加胸有成竹。

4.2.3　市场调研与分析

市场调研是设计师设计展开中的必备步骤，此过程使工业设计师必须了解产品的销售状况、所处生命周期的阶段、产品竞争者的状况、使用者和销售商对产品的意见。这些都是设计定位和设计创造的依据。例如，指纹锁类产品，设计难度主要集中于外观的悦目性和形态定位的准确性，以及如何缩短设计周期来抓住变幻莫测的大众消费市场。因此，不仅要对这个产品有深刻的认识，包括对其内部结构的认识，还要分析竞争对手的产品、市场上的同类产品、加工的材料、工艺及成本等。

常见的市场调查主要可以分为以下内容：

（1）消费者调查：针对特定的消费者作观察与研究，有目的地分析他们的购买行为，消费心理演变等。

（2）市场观察：针对特定的产业区域作对照性分析，从经济、科技等有组织的角度来研究。

（3）产品调查：针对某一性质的相同产品研究其发展历史、设计、生产等相关因素。

（4）广告研究：针对特定的广告作其促销效果的分析与整理。

（5）网络浏览：针对相应的产品搜寻相关资料、图片。

把市场调查取得的大量资料整理分析，去其糟粕，取其精华，整合成利于自己产品设计的小资料库。通过前期调研的结果，了解其他同类竞争产品的缺陷和不足。总之，市场调研必须多角度、多方面，这样收集的数据才有较高的准确性和可信度，才能给我们带来较高的参考价值。通过前期调研的结果，在了解产品的缺陷及不足，内部的结构等方面的相关信息后，就开始画大量的创意草图，作功能、人性化、外观、结构等改进的方案。

总之，我们必须通过多角度、多方面的调查，这样收集的数据才有较高的准确性和可信度，也能给我们较好的参考价值。

4.2.4 概念开发

概念开发阶段主要是构思草图。构思草图的工作将决定产品设计70%的成本和产品设计的效果，因此草图至关重要。所以这一阶段是整个产品设计最为重要的阶段。通过思考形成创意，并加以快速地记录。这一设计初期的想法常表现为一种即时闪现的灵感，缺少精确尺寸信息和几何信息。基于设计人员的构思，通过草图勾画方式记录，绘制各种形态或者标注记录下设计信息，确定三至四个方向，再由设计师深入设计。

草图不是越多越好，必须要有精华。同时，设计者必须要具备一定的素质：具有较扎实的自然科学基础，较好的人文、艺术基础及正确运用语言、文字表达的能力；较系统地掌握本专业领域宽广的技术理论基础知识，主要包括设计表现基础、产品设计基础、设计理论、人机工程、产品制造技术基础、计算机辅助设计、产品包装装潢、广告、企业形象设计及企业管理等基础知识；具有新产品开发与研究能力，具有较强的设计表达技能、动手能力、创造性设计能力；具有较强的计算机辅助工程设计能力和外语应用能力等。只有这样才能设计出创新、美观、实用的产品来。例如图4-1是手机的设计草图。

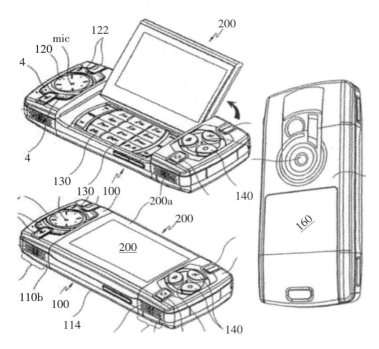

图4-1　手机的设计草图

4.2.5 系统设计

经过一段时间的方案思考，草图的设计，这时将方案集中起来，讨论并最终确定方案。这时的方案会比较细致，包括产品的系列化方案、颜色方案、使用界面（UI）方案甚至产品的爆炸图。结构工程师也会介入，就方案的可行性提出建设性意见，如脱模方面的问题、坚固性、内部结构与外形的匹配问题等。确定的方案要针对不足的地方作进一步的调整。

然后，完成产品2D效果图。2D效果图将草图中模糊的设计结果确定化、精确化。这个过程可以通过CAD软件来完成。通过这个环节生成精确的产品外观平面设计图，可以清晰地向客户展示产品的尺寸和大致的体量感，表达产品的材质和光影关系，使设计草图能够更加直观和完善地表达。图4-2是一款手机的二维效果图。

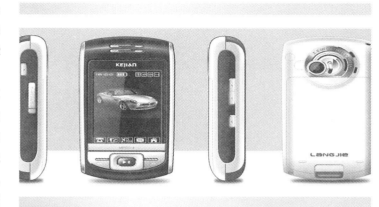

图 4-2　一款手机的二维效果图

接着要完成产品的3D效果图。三维建模，即用三维的语言来描述产品形态和结构的过程，它的最大的优点是设计的直观性和真实性，在三维的空间内多角度地观察调整产品的形态，可以省去原来部分样机试制过程，可以更为精确直观地构思出产品的结构，从而更具体地表达产品构思，提高产品设计质量。3D图有精确的图形比例关系和精致的细节设计，可以直观地与客户沟通交流。多角度效果图，给人更为直观的方式，可以从多个视觉角度去感受产品的空间体量。

接下来，还有产品的颜色设计，即通过计算机调配出色彩的初步方案，来满足客户对产品色彩系列的要求，满足同一产品的不同的色彩需求，扩充客户产品线。产品表面标志的设计和摆放将成为面板的亮点，给人带来全新的生活体验。

4.2.6　设计结束及后期工作

最后，设计产品的内部结构和产品的安装结构以及装配关系，评估产品结构的合理性。按设计尺寸，精确地完成产品各个零件的电子零件和零件之间的装配关系。分析零件之间的装配关系是否合理，是否存在干涉显现，分析各个部件的载荷强度，修改结构框图。

对结构设计中的问题修改和调整，确定最终的结构文件。模型样机制作，通过CNC（数控加工中心）或RP（激光快速成型）完成结构样机制作。样机调试将全部电路和各个零件装入样机模型，检验结构设计的合理性，体验设计产品的使用感受，对出现的问题作最后的调解，降低模具开发的风险。测试样机工作的可靠性，参加展览会，及时了解销售商的要求和意见，确定产品的上市计划。

最后完成产品设计，投入模具开发，大批量生产。值得一提的是，产品的研发过程中，始终要考虑市场上的同类产品、加工的材料、工艺及成本等。因为最终产品是要量产，所以加工工艺的难易及材料的价格都会直接影响产品的成本及价格，这也关系到产品的市场竞争力。

4.2.7　产品测试与验证

这个阶段的工作重点是测试和验收，活动包括企业内部的产品测试以及用户测试（B测试），甚至包括产品的小批量试生产以及市场的试销等。这个阶段仍旧需要更新财务分析报告。这一阶段的标志是成功地通过产品测试，完成市场推广计划，以及建立可行的生产和支援体系。

4.3　电子产品MP3生产流程分析

MP3发展至今，已有十多年的历史。MP3问世后，很快就成为年轻人趋之若鹜的数字音乐格式，曾有专业网站统计，一直以来MP3都是互联网上最热门的搜索关键词。随着社会生活质量的提高，对电子产品的要求也越来越多。对MP3也不例外，先是对其内存容量的需求，再是对其功能增加的需求，因而发展到现在，听歌、录音、听收音机、观看视频、观看图片、阅读小说、存储资料等一系列功能一应俱全，而且现在的MP3液晶显示屏图像分外逼真，这也吸引了不少顾客。而不同公司之间也以此为契机展开竞争，尽量夺得更加广泛的MP3市场。

4.3.1 MP3设计生产前的市场调查

1. 对现有MP3市场境况的调查

"知己知彼，百战不殆"。我们不仅要清楚自己MP3的各项指标，更要清楚了解对手对这一市场动态的了解，从而找出自己的不足之处，并加以修改，以提高自己的战斗力。

2. 从市场开辟角度来了解继续生产MP3的必要性

通过这一环节，可以清楚地知道MP3的发展市场和前景，从而确定公司是否有必要去争夺这一市场。如果有必要，则从消费者角度再更深入调查，若没有必要则无需继续下列工作。

3. 从消费者角度来展开调查

深入了解他们所需要的同类产品所要达到的功能指标等，对产品的市场调查问卷，大致由以下几个步骤构成：

第1步：根据前期对市场的了解设计调查问卷。

问卷的设计一般要从功能、价格、外观、人机关系等角度来设计，以达到最充分的信息资料，使设计生产出来的MP3更能赢得市场的喜爱，成为市场的宠儿。

第2步：确定问卷的发放对象。

问卷设计出来后，一方面是征得正在使用者对MP3今后发展方向的要求，另一方面则是希望通过此途径来吸引更多未使用MP3的人群，这样才能真正实现市场的开拓。因此，在发放调查问卷时要挑准对象，不要见人就发，这样既可以减少统计工作的工作量，还可以使统计结果更加面向使用者要求的范围，使数据更加的集中。

第3步：问卷的回收。

实践表明，发放的每一份问卷并不都可以收回，因此，要尽可能多地回收有效问卷，才能使调查问卷达到最高效率。

第4步：问卷结果的统计。

这一步骤包括对有效问卷的答案结果的统计，根据有效问卷和实发问卷的比例来换算，以提高问卷结果的精度。根据概率统计知识，不同的统计方式最后的结果也是不同的，因此在统计过程中要选择适当的方式统计，以满足最广泛顾客的要求。

第5步：对统计结果的分析。

对统计结果的专业分析，通过各种图表客观反映的市场需求方向，再将分析结果进一步整理，反馈给硬件和软件设计师，由他们来讨论设计方案，最终实现相应的功能。

4.3.2　MP3 外观草图的设计

随着社会的发展，用户对 MP3 的设计要求越来越高，也因为横向的比较太多，MP3 现在遍地都是，怎样才能使自己的产品立足于不败之地，在哪些方面可以更加吸引用户的眼球，便成了一个关键点。

设计师在设计 MP3 的外观时一般从下列几个角度出发：

（1）MP3 的体积。

（2）MP3 的色彩搭配。

（3）MP3 的按键设置。电容触屏、电阻触屏还是按键，按键设置的位置、大小以及其不同功能按键的形状。

（4）MP3 屏幕的大小设计以及材质的使用。

（5）MP3 底座的设计。

（6）耳塞插孔的设计。是数据端口和耳塞同端口还是耳塞单独分开，以及端口位置的设计。

（7）扬声器形状的设计。

（8）MP3 整体外观的设计。

（9）MP3 的投入成本与盈利之间的关系。

根据以上要求，设计师设计 MP3 外观并给出相应的设计草图，如图 4-3 所示。

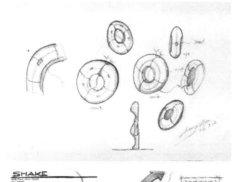
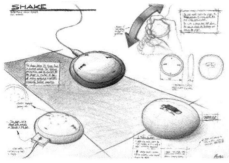

图 4-3　MP3 设计草图

4.3.3　MP3 的内部电路设计

在外观的设计之后，需要根据用户对 MP3 功能的要求进行内部软件部分的设计，以及电路硬件部分的设计。

其中软件部分的设计要求满足：

（1）基本的音乐功能的实现，网络音乐的下载。

（2）图片的存储及播放功能。

（3）视频的存储及播放功能。

（4）收音功能。

（5）录音功能。

（6）文字的存储及阅读功能。

（7）数据端口的链接。

（8）开关机以及暂停功能中断的设置。

满足这些的要求就要应用软件的编程以及芯片与其他硬件的选择。不同的芯片其实现的功能也不同，尽量选用功能较强、应用比较普遍的硬件，因为软件实现部分的代价是较大的。在某些情况下，需要对软件功能模拟，以达到所需功能的要求。图 4-4 是 MP3 放大电路图。

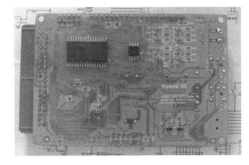

图 4-4　MP3 放大电路图

硬件电路部分的设计要求满足：

（1）根据外观的大小、形状搭建内部硬件电路。

（2）设计 MP3 的电路结构，使器件不易损坏。

（3）实现灯光的设置以及调节功能。

（4）音量大小的控制功能。

（5）输出音频的不失真度的保障。

（6）信号接收的天线的设置问题等。

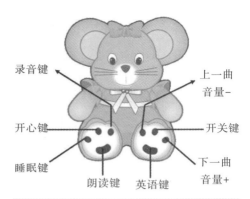

录音键
上一曲 音量-
开心键
开关键
睡眠键
下一曲 音量+
朗读键　英语键

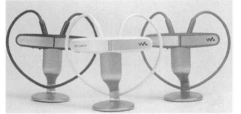

图4-5　MP3模型

4.3.4　MP3产品模型的制作

在以上系列步骤准备就绪后，就可以对产品进行模型制作。模型在一定程度上代表实际产品的功能特点以及外观需求的保证，因此在分步的设计之后将产品组装，形成一组模型，如图4-5所示的MP3模型。在模型制作过程中也可能会发现设计的不足之处，因此产品成型之前应该讨论并修改，给出最终的成品。

4.3.5　模型评估

该环节除了专家组对产品模型的专业评估之外，还要经过用户评估这一关。各方面的专家分别对其相应部件进行评估，最终汇总所有方面评估并找出不足之处加以改正。从专业角度得到满意的成果以后，再分派到一定数量的、不同层次的用户的手中，让他们通过实际应用来评估，待评估完成后进一步调试，以达到最好的效果。

4.3.6　MP3成品的定型

在以上系列评估完成后，根据不同方向的要求、建议以及意见，对模型从系统到细节的修改，以满足不同层面用户的需求。最终定型成为真正的产品流入市场。工厂生产制作MP3的基本流程如下：

来料检验（IQC）—上板（上板机）—印锡/点胶（丝印机/点胶机）—丝印/点胶检验（AOI）—高速贴片（高速贴片机）—多功能贴片（多功能机）—贴片质量检验（AOI/X_Ray）—回流焊接（回流焊机）—焊后检验（AOI/FJ/ICT）—下板（下板机）—插件（插件机）—波峰焊接（波峰焊机）—剪脚（剪脚机）—中检（FQ、ICT）—产品包装

4.3.7　同类产品的生产比较

在同类产品的竞争中，除了外观、功能以及人机关系的协调等方面外，价格也是一个不可忽略的因素。综合以上几点作为比较因素，从生产流程的成本投入对纽曼、魅族、Apple系列的MP3进行一系列比较。

如图4-6（a）所示，这一款纽曼的MP3，先从其键盘分析，其主要的键盘设计放在主平面上，其他的设置工作模式的键盘则放于侧面，这样的设计有利于用户的操作使用，不太繁琐的主界面也使其更美观、清爽、大方。此款MP3的主界面的面积比较大，可供用户观看电影，欣赏图片等，而且其像素较高，图像较为清晰。要使其播放功能的音效较好，则必须设计其选频范围以及功放的设置等，较同类MP3，其外观设计比较大方，一定程度上满足了人机关系的良好交互。

现在这款MP3的价格在400元左右，较其他简单功能MP3的价格偏贵，但是要实现如此多的功能，价格也算合理，而且大规模的生产和销售还可以降低生产成本，赢得更多的利润，其成本也不比普通的MP3多多少。

如图4-6（b）所示的这一款是魅族系列的MP3之一。其外观设计较前一款较花哨一点，该产品更注重外观设计，无论是外貌还是材质都较前一款舒服一些，在外观这一人机关系上交互性比较好。而其功能可能没有前面一款强大，无法满足功能高要求的用户。

不同的设计重点其生产流程中的侧重点也不同，而面向的使用者也不同。在制作流程中，把好质量关是最关键的步骤之一。使用的材质则是使

（a）纽曼 MP3

（b）魅族 MP3

图4-6　MP3产品

用者考虑的因素。

　　如图 4-7 所示的 Apple 系列的 MP3，虽然轻薄，但是其海量内存已经吸引了大量的用户，再加上其同一款式拥有多种不同的颜色可供挑选，且音质是同类中的佼佼者，因此其定价虽比前面两款高，但是注重品质的消费者依然会选择这一系列产品。而且其键盘是半触模式，操作便捷，更成为时尚界人士的宠儿。相对于前两者的生产流程，虽然过程一样，但是花在每个细节上的时间和精力明显不一样。针对不同的功能，设计师对于每个环节的设计的内容也有所不同。

　　MP3 生产的基本流程有流水线生产，也有分工团队合作，这样既能使流程规范化，又提高工作效率。在设计环节可以将所有方向的设计师合并在一起，展开一次头脑风暴，软件设计师可以听取外观设计师的意见和建议，使用高科技的材质结合软件编程，开发节能又美观，功能齐全又操作简单的 MP3。比如将 MP3 的外壳设计成具有太阳能发电的功能，则符合当今的绿色观念，也会赢得更多人的喜爱和青睐。

4.4　数码相机生产流程分析

4.4.1　市场调研与立项

　　在数码相机新产品开发前，做前期市场调研是非常必要的。一方面，数码相机的技术更新非常快，在做好自身研发与设计的同时，也要了解竞争对手对市场发展趋势的判断；另一方面，通过市场调研，了解消费者的需求，保证开发的产品的功能能够满足消费者的需求，让消费者用得方便、用得满意。

　　在做好市场调研之后，分析反馈的数据，着手制定产品的开发目标，正式立项并开始下一步的开发流程。

4.4.2　绘制草图

　　作为一个复杂的过程，相机本身的设计之初是有着大量方案的，通过各种形式的头脑风暴，设计人员才会最终将讨论的结果画进各种草图当中，如图 4-8 所示。其中，设计人员的经验非常重要，多方的讨论也是必要的，这样会使以后的设计少走弯路。

4.4.3　确认入选方案

　　画出草图之后，专业设计人员以及其他相关的部门会花费大量的工作来评估这些设计方案，通过评估将从中挑选出少数有价值的方案进入后期设计步骤，如图 4-9 所示。

4.4.4　制作初步模型

　　一个设计概念对人们产生最直接的影响，必须是真实存在的。这对经验丰富的设计人员同样适用。实际上，根据设计草图制作的模型（材质为轻木）是非常重要的，如图 4-10 所示，通过它，设计人员可以非常直接地评估设计的形状、外观、体积以及基本的可操作感。这些细节只通过设计草图来判断可行与否是非常困难的。

图 4-7　Apple 系列的 MP3

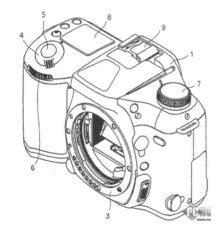

图 4-8　相机草图绘制

图 4-9　方案筛选

图4-10　轻木材质模型

评估手感以及基本操作性。对于具有影响力的厂商来说，产品的每个细节都是需要非常重视的。对于相机来说，手感的重要性更是不言而喻。优秀的握持感以及各种常用按钮的摆放都是非常讲究的，这也需要设计人员不断的试验。

4.4.5　3D建模

模型定型后，要将其转换成3D数据，以此获得的3D图像作为基本数据，如图4-11所示。数据确认后，相机设计工作大部分将在计算机内展开，这比制作木质模型要灵活得多，这些数据以后也可能为工程师所用。

图4-11　3D模型建立

利用3D CAD工具，可以非常方便地对模型、数据进行各种处理、调节，使设计工作更加直观和容易。实际上，3D CAD处理一直贯穿在整个设计工作中。

4.4.6　制作精确模型

这一步和制作初步模型比较类似，要求更加接近真实的最终产品。制作模型是一个用来评估外形、体积以及手感等细节的好方法。在后期，厂商往往是邀请专业的模型制造厂来制作精确模型。如图 4-12 所示的几个精确模型已经非常接近最终的成品了。

图 4-12　精确模型制作

4.4.7　用户界面

数码相机和传统相机不同，大部分人惯于使用 LCD 屏幕以及功能按钮来操作相机，因此为数码相机设计好用的菜单是非常有必要的。在这个设计阶段，GUI（图形用户界面）设计人员需进行用户界面测试，确保 GUI 与各种操作按钮完美地结合在一起。如图 4-13 所示，这是设计人员测试 GUI 以及控制按钮部分时的照片，在这里往往使用特殊的模型，既有效又容易实现。

4.4.8　上色及表面加工

在草图阶段，上色已经被考虑，如图 4-14 所示。在大多数的设计过程中，上色更多的是在外形等方面确定以再认真考虑的。然后制作一些金属、塑料等样品，以确定最后相机表面处理的外观。

采用改变模型照片的色彩来决定最后的颜色，这样比较简单，非常直观，图 4-14 就非常明显地让我们感受到这种好处。

图 4-13　用户界面的设计与测试

图 4-14　上色及表面加工

4.4.9　设计定型

经过一系列设计步骤（概念图、制作模型以及外观处理等），最终的设计已经临近，最后还要考虑到各个方面的因素，并且需要与工程部门的人员以及销售人员广泛沟通。

4.4.10 原型机制作

在设计工作大部分都结束后，仍有很多工作要做，主要是原型机制作，如图4-15所示。对原型机频繁测试是必不可少的，其间出现的问题必须尽快解决，为后续大规模工业化生产打下良好基础。

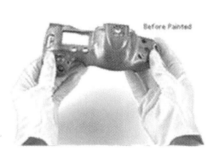

图 4-15 原型机制作

4.4.11 测试与试用

在数码相机基本开发完成后、投入大批量生产前，厂商还要对其做一系列测试，既包括功能、性能的测试，验证其是否达到设计目标，也包括相机的一些抗老化、温度和湿度等工作环境测试，如图4-16所示。

图 4-16 产品测试

在这一系列测试之后，厂商还会找一些消费者试用，听听消费者的反馈，根据这些反馈再做最后的改进，并确定最后机型以及推广策略。这样一台数码相机就呈现在我们面前，如图4-17所示的是数码相机生产线。

4.5 热水器产品工业设计流程实例分析

4.5.1 设计前期规划

1.设计目的

（1）面向目前家庭所用的热水器造型设计。

（2）关注家庭的细节生活品位，通过对日用热水器的造型设计，让操作不再枯燥乏味，温馨地融入家庭环境中。

（3）可以带来更愉快的人机交互体验。

2.具体的设计要求和设计依据

（1）热水器的设计不必受现有形式的束缚，可以在对未来人们生活方式的展望中任意发散思维，设计方案要有新意。

（2）可以新的使用方式、结构形式、造型变化、新材料的运用等方面作为切入点来设计。

（3）热水器的设计需能够满足洗澡（冲凉）需求、兼具听音乐等日常功能的使用。

图 4-17 数码相机生产线

（4）热水器要处理好漏电、漏水等安全问题。

（5）产品设计要尽量考虑实际使用情况，避免脱离实际的设计。

3. 设计任务

（1）改变产品造型，增加产品亲和力。

（2）随着现代设计的发展，人们对产品的要求不仅仅是功能上的满足，更追求精神和情感上的满足，这是指在产品使用过程中用户与产品信息的沟通互动以及获得的体验，即情感化设计。比如产品造型创新，给人一种新的生活体验。

（3）情趣性，可通过设计过程中对一些仿生元素的融合以及传统元素的添加，实现产品附加价值的提升。例如通过一个有趣的外形或有趣的操作方式，为使用者增添乐趣。

（4）协调性，这不仅要求外形的设计要与周围的使用环境相协调，同时要求热水器的使用要与消费群体的生活方式、价值观念精神需求相一致。这是未来设计的趋势。

4.5.2　系统开发安排计划书

具体计划如表4-2所示。

表4-2　设计计划表

设　计	详细设计	日程安排					
1. 市场调研	（1）消费者调查	前8周					
	（2）市场调查						
	（3）生产调查						
2. 资料分析	（1）分析调查资料						
	（2）设计创意						
	（3）设计定位						
3. 功能设计	（1）功能分区、组合		第9周				
	（2）初步设计构思、画草图						
4. 设计展开	（1）深入设计			第10周			
	（2）开展细部设计、画草图						
	（3）评价、反馈						
5. 设计优化	（1）产品可行性分析				第11周		
	（2）再设计、草图						
	（3）细节讨论						
6. 确定方案	（1）确定方案					第12周	
	（2）设计效果图						
	（3）工程制图						
	（4）三维建模						
	（5）渲染						
7. 设计评价	（1）整理						第13周
	（2）评价						
	（3）制作报告书						

4.5.3 市场调研计划书

1. 信息检索阶段

在这个阶段主要完成以下几个方面的任务：

（1）对现有产品的造型色彩外观作调查，该阶段主要调研手段为网上调研或通过书籍杂志搜集资料。

（2）通过对相关专业书籍和信息的整理，了解产品的工作原理和生产技术，确保设计的产品不与现实脱节。

2. 市场调研内容

（1）走访各大热水器商场或专柜，对现有的产品形态、颜色搭配以及制作材料和使用寿命进行调查。

（2）着重对畅销产品的分析，了解消费者的需求，提取其优秀设计元素。

（3）通过对产品使用过程的观察，和对部分产品的亲自操作，体验产品设计中的优缺点，并找出解决问题的方法。

（4）通过对消费者的观察和询问的分析，以预测未来10年的生活方式，掌握最新的消费需求和发展动态。

3. 市场调研问题的设计

图4-18是一份简易的家用热水器的调查问卷。

---

1. 性别：（　　）

  A. 男　B. 女

2. 年龄：（　　）

  A. 17岁以下　B. 18～25岁　C. 25～40岁　D. 40～55岁

3. 职业：（　　　　）

4. 文化程度：（　　　　）

5. 您常使用哪种热水器？（　　　）

  A. 太阳能热水器　B. 电热水器　C. 煤气热水器　D. 其他

6. 热水器的颜色您更倾向于哪一种颜色？（　　　）

  A. 银色系　B. 黑灰色系　C. 彩色系（红、橙、黄、绿、青、蓝、紫）

7. 您更喜欢哪一类型的热水器？（　　　）

  A. 节能环保　B. 外观新颖　C.智能显示　D. 人性化（亲切可人）易操作

8. 现在使用的热水器给您带来哪些麻烦？

9. 您希望今后的热水器还需作哪些改进？

图4-18　家用热水器的调查问卷

4. 实现手段和资料回收

调查的实现手段主要有三种方式：

（1）网上调查，在QQ好友上调查，所需时间较短，便于资料的回收。

（2）在贴吧中发表帖子调查，所需时间较长，但是调查的范围较广，可以分布在多个年龄层次、文化程度、经济水平上，返回的资料较少，但是具有一定的代表性。

（3）在街上和学校里发放调查问卷，资料获取更加广泛，有一定的参考价值。

4.5.4　调研报告的资料整理

1. 阶段任务

在这个阶段，小组以分工的形式分别完成热水器的信息整理的任务，并将各自所掌握的信息进行阐述，实现信息的交流和共享。

（1）信息汇总，在这个阶段各组员阐述自己整理的信息，然后共同商讨迅速获得有用信息。

（2）完成对信息的掌握后，小组成员研讨协商和分析，确定产品设计的创新方向和改进方向。方向确定后，小组成员集思广益，对产品的设计提交多组方案，经过小组分析商讨确定四组方案。

（3）细化设计。通过小组建议分析，对产品方案反复修改，最终确定产品方案。

2. 调研的资料分析

调研资料分析，如表4-3所示。

表4-3　调研资料分析表

	著名品牌	普通品牌
质　　　量	质量有保障，经过严格制件，有正规厂商和生产部门	生产加工欠正规，质量整体不够稳定
价　　　格	与同类产品相比价格稍高	价格较低
卖　　　点	造型独创性　信誉优良	吸引廉价用户
服　　　务	保修服务	无保修
造 型 色 彩	一些高端类型有着流行的弧形构造，色彩为稳重的银色、灰色、透明，体现一种档次	色彩鲜艳，但欠考究造型多为单一的长方体
新材料使用	合成塑料	无
寿 命 周 期	寿命周期较长	使用周期较短
风 格 潮 流	有较稳定的风格	风格不稳定

3. 调查问卷资料整理

在该阶段，主要采用先分组、再统计、最后绘制统计表的流程。通过对调查问卷的整理和统计，获得第一手的材料。明确设计意向的来源。

4.5.5　调研报告

通过市场调研和资料整理得出的产品市场分析和评价，包括市场前景评价、现有产品评价、社会评价三部分。

1. 市场前景评价

随着生活水平的提高，人们越来越注重生活质量的提高。具有亲和力的产品更容易为消费者所接受，满足消费者心理需求的外观设计将拥有广阔的市场前景。

2. 现有产品评价

结构单一、色彩单调、缺乏亲和力、与现代浴室设施的摆设缺乏协调性、一体性。

3. 现有产品社会评价

大众消费者对已有产品的满足及使用惯性，对热水器的上述表现不满足又无可奈何，只能被动接受那些产品。因此，热水器的革新将带来对人的深刻关怀。

4.5.6 产品设计的环境分析

环境分析包括产品的使用环境分析和使用者（即消费者）的生存环境分析两部分。

1. 产品的使用环境分析

（1）热水器仅限室内使用且应具有防潮功能。

（2）便于清洗，并具有自我协调能力。

2. 使用者的生存环境分析

使用者的生存环境分为社会环境和自然环境两种。自然环境是指使用者当前生存的客观自然状况，包括能源状况、污染程度、绿化水平，具体包括空气质量指数、水质状况等，这些都是使用者的客观自然生存环境，直接影响人们的生活方式和生活质量以及对产品的生理、心理需求。社会环境是指由人类主体聚集、汇合后所形成的社会状况和条件。传播活动的参与者是以个人身份同媒介环境、社会环境发生关系的。人既是自己赖以生存的社会环境的形成者，又是这一环境的受影响者。

（1）自然环境的分析。自然环境中与人类社会发展有关的、能被利用来产生使用价值并影响劳动生产率的自然诸要素，通常称为自然资源，可分为有形自然资源（如土地、水体、动植物、矿产等）和无形的自然资源（如光资源、热资源等）。自然资源具有可用性、整体性、变化性、空间分布不均匀性和区域性等特点，是人类生存和发展的物质基础和社会物质财富的源泉，是可持续发展的重要依据之一。

（2）社会环境的分析。社会环境的构成因素是众多而复杂的，对于影响人们生活方式的因素主要可以分为以下四个方面：政治因素、经济因素、文化因素、讯息因素。①政治因素包括政治制度及政治状况；②经济因素关系到经济制度和经济状况，如实行市场经济的程度、经济发展速度、物质丰富程度、人民生活状况、广告活动情况等；③文化因素是指教育、科技、文艺、道德、宗教、价值观念、风俗习惯等；④讯息因素包括讯息来源、传输情况、讯息的真实公正程度、讯息爆炸和污染状况等。如果上述因素呈现出适宜和稳定状态，就会对大众传播活动起到促进、推动的作用；相反，就会产生消极的作用。

4.5.7 现有产品分析

在本阶段主要针对现有产品的分析，包括功能分析，技术分析，操作界面的分析，造型特点的分析，市场定位的分析，以及调查群体的分析。以下为具体分析资料：

1. 功能分析

对现有热水器的功能分析可以分为两个方面：主要功能和辅助功能。主要功能是产品的主体使用功能，即洗浴的功能（洗浴时对人体舒服度的确定）。在市场调查和资料收集整理时发现热水器的主体功能存在如下问题：操作不方便、水量大小的制约（温度不稳）、人机界面不合理等。

2. 技术分析

对于热水器的技术分析，在一定的造型基础上，外观的材料基本确定了。因而要了解所用材料的物理、化学性质，并确保产品在成型加工过程中不会危害人体健康。

3. 造型分析

对于现有热水器的造型分析，经过小组商讨，决定从以下几个方面分析整合，在发现不足之处时提取优秀的设计元素。分别是从色彩方面，材料方面，形态的大小尺寸、线条的处理来分析。这里结合一些具体的设计案例分析。现有热水器造型方面一般多采用长方体造型，原因有以下几个方面：

（1）最大限度地提供安装方便，匹配周围环境。

（2）方便批量包装运输。

（3）简化造型降低生产成本。虽然有合理性，但也存在问题，即产品千篇一律的造型给人产生视觉疲劳，缺乏亲和力，更不要说人机沟通，只能说：这是一个合理的但是并不优秀的家电设计。该类产品中可取的元素是：便携、简单。

4. 色彩分析

颜色方面，现有热水器颜色比较生硬。对于设计的颜色问题没有定式的答案，没有确定的颜色适合某类产品，但颜色的搭配对产品的表现有着非常重要的意义。选用成功的配色方案可巧妙地表达热水器的功能。

5. 材质分析

材质方面，小组特意作了调查，发现现有热水器的外壳材质一律采用生硬的铁制品，采用金属的优点在于方便耐用，造价成本低，安全性能好，缺点在于亲和力弱，手感僵硬，给人冰冷生硬的感觉。

6. 线条处理分析

线条处理方面，综合现有热水器的特点，整体线条较硬。线条处理柔和舒适的，有比较好的亲和力。可取的优秀设计元素为：柔化线条，增强亲和力。

4.5.8　市场分析

现有热水器的造型千篇一律，缺乏新意，总给人一种距离感，很难融入家庭环境中。因此，设计一种造型能够让更多家庭接受和喜爱的家用电器，成为现在热水器的主流市场需求，通过成功的设计能更好地方便人的使用和日常生活。

4.5.9　市场定位

通过对调研资料的整理，在功能、技术、市场、操作、造型以及市场和消费群体方面作如下市场定位：

1. 功能定位

在热水器设计时，针对产品的主要功能和辅助功能进行分析和定位。在主要功能方面，增强材料安全性，提高热水器的使用寿命和使用安全度。

2. 技术定位

通过对现有热水器采用的核心充电技术的调研和分析，现有模型加工工艺的研究和热水器生产造价成本的调查，以及使用群体的经济状况和购买能力的分析，决定采用目前较为成熟的高分子材料。这种技术较为成熟，造价不高，不会对热水器的成本有很大的提高。

3. 操作定位

通过对现有热水器的操作体验，找到现有热水器需要改进的方面。在操作界面和操作步骤上作如下定位：操作界面应清晰明了，易于辨识和操作。

4. 造型定位

针对市场上现有热水器的造型分析，以及消费者对现有热水器的意见反馈，和对未来热水器的外观需求的造型的设计定位，主要是增强产品亲和力的造型定位，提出以下具体方案：情趣设计，包括通过仿生设计或益智游戏的整合；融合文化因素设计，利用中国传统元素如中国结或传统图案，设计或是整合电子时代的特殊的有代表性的符号设计；拆分组合设计，主要是从新的结构方式着手，通过结构美，以多种形式变幻的拆分组合实现，增强产品的造型效果。

5. 消费群体定位

设计主要针对家庭使用者设计，通过对这个消费群体生活方式的调查，得出这类消费群体对热水器的需求。他们的需求是方便使用的生活用具，因此要求产品具有亲和力，与家庭环境布置协调。

第5章 电子产品的绿色设计

我国是世界家用电器制造和消费大国，目前空调年产量约9000万台，冰箱年产量约7300万台，社会保有量空调约2.2亿台，冰箱约1.3亿台。同时，我国也已进入电子电器产品淘汰废弃的高峰期。每年估计报废500万台电视机，400万台冰箱，1000部手机，600万台洗衣机，电脑废弃量也高达500万台。这些产品在生命周期内消耗了大量的资源能源，报废后又对空气、土壤和水等造成不同程度的污染，既影响了人们的生活，又不利国民经济的持续健康发展。如何在保持电子产品制造业发展的同时，实现资源的持续利用，保护人类生存环境等问题也成为人们关注的焦点，电子产品的绿色设计是达到上述目标的因素之一。

5.1 电子产品绿色设计的概述

5.1.1 绿色电子产品设计背景环境

电子产品绿色设计，即电子电气产品的环境意识设计 ECD（Environment Conscious Design），也称环境化设计、绿色设计或生态设计，是指在相关产品的设计和开发过程中考虑环境因素的系统方法，减少产品对环境负面的影响，如图5-1所示。

在电子电气产品的设计中贯彻绿色环境的意识，已经成为当下世界不可逆转的技术潮流，绿色设计到底是什么？

未来考古学家也许会这样说："在20世纪末21世纪初期，这片大地上

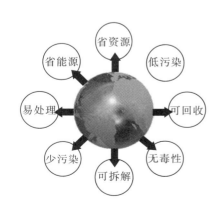

图5-1 环境化设计示意图

图 5-2　电子垃圾

满是一种新的有毒物质，那就是数码碎片，也叫做电子垃圾"。如图 5-2 所示。

高科技带来更多废物，40 年前，英特尔晶片制造商之一的戈登·摩尔说，计算机的发展速度几乎是每 18 个月就翻番。根据美国环境保护局的调查，约有 3 ~ 4 亿的私人电脑将在今后几年里"寿终正寝"。在急于被废弃的电子硬件中电脑并非唯一。

电子废物是怎么处理的？在美国，估计 70% 以上的废弃电脑和显示器，80% 以上的电视机最终是被填埋——尽管现在越来越多的州立法禁止倾倒电子垃圾。电子垃圾会泄露出铅、汞、砷、镉、铍和其他有毒物质。目前，只有少于 20% 的电子垃圾进入了宣称能回收利用的固体废物处理工厂，但现在的回收系统，把你废旧的电子产品丢给回收工厂或是回收站，并不意味着真正意义上的安全处理掉了。一些回收处理过程有监视器，负责查看是否有对环境或健康有害；但更多的是直接卖给中间商，转运到发展中国家，那里的环境保护力度相对较弱。

同时，欧盟要求工厂也要承担安全处理的重任。最近，欧盟又鼓励对电子产品"绿色设计"，并设定了铅、汞和其他含量的允许值。另外一项条款要求制造商建造收集电子垃圾的基础设施，并保证负责任的回收。尽管有这些保障措施，但仍有数吨电子垃圾被运出欧洲港口，开始它们走进发展中国家的旅程。

高科技废物从 20 世纪 90 年代开始进口到中国，在 2003 年达到高潮，回收者在山中村庄的房子里用镊子取出芯片和主板中的金属部分，买家将燃烧这些部分以便回收铜，造成在回收地区散发出的有毒气体，中国一定能成功制止电子垃圾的进口。但电子垃圾像水一样流动着，几年前运往广东或浙江的东西，也许就运往了泰国、巴基斯坦或其他地方。

如果把所有电子废物都记录在案，全世界每年约有 5 亿吨。随着全球环境问题的日益严峻，世界各国对电子电器产品环境性能的要求日益提高。欧洲已于 2006 年 7 月 1 日实施针对电子电器废弃物的两项法律指令，随后于 2007 年 8 月 11 日开始实施 "EUP 指令"以及"REACH"法规。欧盟对 2006 年之后进入市场的产品已作环保限制：只有符合绿色化要求的产品才准进入欧洲市场。这是我国电子电器制造业和我国政府必须面对的一个严峻的挑战。为了打破这个技术贸易壁垒，中国政府已制定法规，《电子电器信息产品生产污染控制管理办法》明确规定："电子电器信息产品制造业自 2010 年起按产品纳入目录管理，对已纳入管理目录的产品，投放市场时应对含有铅、汞、镉、六价铬、聚合多溴联苯（PBB）或者聚合二溴联苯乙醚（PBDE）等物质，要标明含量和贴环保标识等进行 3C 认证"。在这样的国际形势之下，电子产品的绿色设计逐渐成为一个炙手可热的课题。

5.1.2　绿色电子产品设计的概念

绿色设计是当代制造业的热点。新型材料的研发和应用是回收设计的前提，完整的产品回收体系是必要条件。一般意义上，把符合关于限制在电子电器设备中使用某些有害成分的指令（简称 RoHS 指令）的产品称为绿色产品。在欧盟最早发布的 RoHS 指令中，一共列出铅、汞、镉、六价铬、多溴联苯、多溴联苯醚六种有害物质。绿色产品的概念则涵盖所有交付最终用户的产品的每一部分都能够符合 RoHS 指令的要求，即产品所使用的部件、PCBA、外壳、组装用的紧固件、外包装等都能够达到要求。

对于应用电子工程师而言，"绿色设计"不仅仅意味着使用符合 RoHS 环保法规的元器件，更重要的是设计出工作稳定、性能可靠、功能强大、质量优良、经济耐用的电子产品，以减少电子垃圾和废旧电池，这需要新的"绿色设计"理念，电子设计同样需要倡导"绿色设计"。

应用电子工程师在实现绿色电子设计中，离不开低功耗的电子零部件，作为电子系统的核心部件，微控制器当仁不让地成为节能先锋。未来集成电路产业和科学技术发展的驱动力是降低功耗，不再仅以提高集成度即减小特征尺寸为技术节点，而以提高器件、电路与系统的性能与功耗比作为标准。

绿色智能小家电对电子控制部分 MCU 要求比较简单，不要求过强的运算能力，采用 4 位或者低端 8 位单片机即可。随着人们生活质量的提高，追求绿色环保和操作界面人性化渐成主流，即智能家电理念日渐成型且广为人们所接受。小家电未来一直朝着节能、智能化、多样化的方向发展。绿色环保的概念逐渐被倡导和接受，小家电也必须提高效能、节约能源。

改进现有产品在环境表现方面的不足还有许多工作可做。随着科学技术的进步，新材料和技术将被应用到产品的更新换代工作中去，使对环境有害的副作用进一步降低。但是，就更长远的目标而言，还有众多的难题有待于我们去寻找更具革命性的解决方法。

5.2 可回收与可再生的总体设计思想

减少环境污染和节省自然资源是绿色设计的根本目标，合理的回收和再生方法有利于这一目标的实现。比如，彩电等家电产品，社会拥有量巨大，更新速度很快，如何使废弃和被淘汰的家电得到回收和再利用，是一个重要的资源节约和环境保护问题。如果在其产品设计阶段就能同时考虑回收和再生，那么就可大大提高废弃产品的再生率，减少甚至消除产品废弃过程中直接或间接的污染。因此，在产品设计中，首先要树立可回收与可再生的总体设计思想，尽量避免使用各种不利于回收与再生的设计方法，更大限度地有效利用再生技术，设计出用户环境友好的绿色产品。

5.2.1 材料及元器件的选择

电子产品中的材料种类比较多，常见的有电材料、导体材料、绝缘材料等。材料的绿色特性，对产品的绿色性能具有极为重要的影响。因此，在选择材料时应注意以下几点：

（1）必须选用无毒、无污染、无腐蚀性的材料。

（2）首选可回收材料、标准化材料。

（3）同一产品单元尽量选用较少的材料种类。

（4）为便于回收，料上要标注出其型号、类、级等。

电子产品中的元器件种类很多，从绿色设计思想出发，选择器件时应注意以下几点：

（1）器件的规格种类应尽量少。

（2）尽量选用低功耗器件，特别是集成电路之类的。

（3）能通过集成电路插座来连接于电路中。

（4）选用的元器件应有清晰的标注，并尽可能选用标准元器件。

（5）交流供电的电子产品一般含有电源变压器和拟制工频辐射，应首选具有屏蔽壳的电源变压器。

（6）直流供电的电子产品一般用电池作为电源，用时应先尽量使用无毒材料制造的高能电池；如果限于条件所用电池含有有毒材料，则需对有毒材料作显著标注，便于用后处置。

5.2.2 部件的模块化设计

模块化是在传统设计基础上发展起来的一种新的设计思想，现已成为一种新技术，被广泛应用，随着信息时代电子产品的不断推陈出新，模块化设计的产品正在不断涌现。如何使电子产品的模块化全方位地满足市场的多样化需求，应当引起企业经营者、新产品开发人员及其标准化研究者的高度重视。模块化设计已被广泛应用于机床、电子产品、航天、航空等设计领域。

电子产品特别是一些结构复杂的电子产品，是由若干具有一定功能的部件组成的。设计时应尽可能将各部件设计成相对独立的功能模块，使各模块间及物理实现上都能较为方便地连接与分离，而使各个模块"独立成章"。这样，化整个产品的设计为产品的整机结构模块化，可重复使用或便于回收的功能部分具有物理结构上的独立性，便于整机产品的维修、回收或重复使用。

5.2.3 可拆卸性设计

良好的可拆卸性是产品可维护性、材料可回收性和可再生的重要保证。因此，产品设计阶段就要充分考虑产品废弃后能否方便地拆卸、回收和再生。首先，从观念上重视可拆卸性设计。设计人员应经常与用户、产品维护及资源回收部门取得联系。其次，拆卸子产品在整机设计时，要从结构上考虑拆卸的难易程度，制定相应的设计目标并提出结构方案。对模块间的连接方式等问题要细致研究与设计：要尽量避免采用不可拆卸连接方式，如焊接、粘接等；电路之间、印制版之间，避免用导线直接焊接、粘胶、铆接方式，应采用插头座的方式来连接等。

5.3 电子产品设计中存在的环境问题

自 2007 年 SAC/TC 297（即全国电工电子产品与系统的环境标准化技术委员会，主要负责电工电子产品与系统的环境保护及可回收利用等领域的标准化工作，对口国际电工委员会电工电子产品与系统的环境标准化技术委员会 IEC/TC 111）正式成立以来，我国的电子产品绿色设计还处于刚刚起步阶段，隐藏着勃勃生机。电工电子产品与系统的环境标准化技术委员会每年都发布新标准，为国内的环境保护及可回收利用等领域做出很大的贡献。但是与国外相比，仍然存在着一定的距离，主要表现在：

（1）国内已经制定了一些法律法规，但都是框架性的，配套技术法规文件不多。

（2）基础数据支撑较少，电子电气产品意识设计数据库研究处于项目研究层面，用于实际应用还要做许多工作。

（3）尚未建立统一的回收体系，电子废弃物处理技术处于较为原始的阶段。

（4）国内企事业单位参与国际标准制定等国际活动非常少，我国的产品生产和出口一直处于较为被动的地位。

（5）国内参与电子电气环境意识设计开发和研究的企业少，主要参与者是研究院所和高等院校。

（6）宣传力度不够，企业和消费者的环境意识还不明显。

在这样的大环境下，我国的电子产品绿色设计想要取得更好更快的发展，我们要作出改变，在法律法规的支撑和国家的引导下，学习发达国家先进企业的经验，尽快在企业内部实施环境意识设计。电子电气产品的绿色环境意识设计和电子废弃物的资源化，将成为一项生机勃勃的新兴产业，不仅可以为我们带来可观的经济效益，更具有意义深远的生态效益。

5.3.1　电子产品设计中废弃物处理现状

1. 国外的回收治理政策

近年来，随着全球环境的恶化，资源和能源严重短缺，各国对环境保护，营造可持续发展社会的重视程度空前提高。有些国家自 1992 年起就希望制定处理电子废弃物的法律法规，可以约束或指导废旧家电产品的回收再利用，而且可以产生持久的市场和竞争的压力。比如，荷兰健康委员会要求购买能够实施回收利用的厂家生产的电子设备，产品的回收再利用已经被赋予了竞争的优越性。有些国家或地区已经制定相应的法律法规，从表 5-1 中可以看出，国外部分国家已有较好的应对措施，而我国尚没有一部专门的法规来应对电子垃圾。例如，日本颁布的《家电再利用法》，消费者有义务把淘汰的家电还给销售方，销售方有义务把它还给厂方。消费者要为废旧家电的回收利用承担一部分费用，以家电四大件为例，报废空调要缴纳 3500 日元，电视机 2700 日元，冰箱 4600 日元，洗衣机 2400 日元。德国现有各类回收处理企业约 700 家，其中多数是人数 10～50 人的微小企业，能够提供废旧电器的分类、翻修和简单的拆卸服务。

表 5-1　国外废旧家电及电子产品的回收治理政策

时　间	国家或地区	政　策	主要内容
1994.3	奥地利	提出电子电器废弃物法草案	
1998	欧　盟	完成《废旧电子产品回收法》（草案）	要求绝大多数的电子产品回收与再利用率达到 90%。到 2000 年，禁止使用镉、铅、汞和卤化阻燃剂材料；到 2004 年，所有新电子产品使用的塑料中，至少含有 5% 的再生塑料。
1998	比利时	制定白色和褐色家电的法规	规定含铁金属、非铁金属及塑料的回收目标
1998.6	日　本	公布《家用电器回收利用法》	规定家电制造商和进口商回收和实施再商品化的义务
1999.7	荷　兰	起草《电子电器产品废弃物法》	规定 2000 年电冰箱、洗衣机的材料再利用率达到 90%

续表

时 间	国家或地区	政 策	主 要 内 容
2000.4	美 国	实施电子产品全程化服务活动项目（NEPSI）	目标是就美国废弃电子产品如何管理达成一致
2001.1	瑞 典	生效关于电子电器产品废弃物法令	规定制造商承担其商业活动中产生的废弃物的全部责任
2001.4	日 本	颁布《家电再利用法》	
2003.10	日 本	实施《主动收回和循环利用个人计算机的政法规定》	
2003.2	欧 盟	颁布《报废电子电器设备指令》和《关于在电子电器设备中禁止使用某些有害物质指令》	要求成员国确保从 2006 年 7 月 1 日起，投放于市场的新电子电器设备，不包括铅、汞、镉、六价铬、聚溴二苯醚和聚溴联苯等六种有害物质
2004.4	日 本	实施《家用电器回收利用法》	明确了"制造厂负责再资源化"，规定处理费由消费者负担，商店负责废家电的运输
2004.8	欧 盟	实施《废弃电子电器设备指令》和《关于在电子电器设备中限制使用某些有害物质的指令》	规定了电子废弃物的回收标准
2006.7	欧 盟	禁止在新电子产品中使用包括铅、汞、镉等在内的有害物质	

2. 国外的治理技术及现状

家用电器废弃物的处理技术，首推日本。日本家用电器协会于1995年在通产省的协助下开展"废旧家电一条龙处理系统"的开发研究，并于1998年3月在日本茨城县那珂町建成示范工厂，1998年近一年时间试验运行。该厂的处理能力为35台电视机/小时，25台电冰箱/小时，27台洗衣机/小时，17台空调机/小时。工厂设计的目的是使废旧家电回收利用过程既安全又高效，基本概念是强调有价物的高效回收及污染环境物质的解体分离和处理、粉碎，主要部件材料能一次分解是该厂的明显特点。处理过程中，对体积大的物件，在安全的前提下实现机械化和自动化。

此外，德国是欧洲废旧电器产出量最大的国家，占欧洲总量的近1/3。德国在循环经济和废物法管理下，电器废物回收处理成果显著，如人口密度最大的杜塞尔多夫回收率高达64%。德国废旧电器回收处理企业需要政府许可，由法定管理部门审核发证。另外，还有自愿性的认证活动，提供的证书证实该企业的技术能力，取得客户的信任。德国回收处理技术专业化程度很高，业务分工很细，技术路线主要取决于不同产品和专业处理方法（热处理或机械处理），如危险物质处理、R_{12}和机油的分离、CFC的裂解回收、冰箱壳体破碎处理等。加拿大、荷兰和英国，在旧家电拆解技术及回收工艺等方面也开展了大规模的研究和实践。

3. 我国的治理对策

我国与发达国家在这方面有一定差距，但是可以确信相关法律法规和政策的出台及实施必将规范我国电子电器回收、处理体系，做到有法可依，促进废旧电器资源化技术的发展。

4. 我国的治理方法

我国的废弃电子产品再生利用处置水平低,回收再利用率低,工艺相当落后,污染严重。对于大多数的旧家电,直接或者在经过简单的维修之后进入二手市场。对于废家电,主要通过手工拆解来回收原材料。对于那些不能直接通过手工拆解的部分,例如电路板和细电线,多采用酸溶、焚烧等方式,提取废弃电子产品中的金、银等贵金属,而将含铅、锡、汞、镉、铬等有毒重金属的废液排入周围的水体和土壤中,造成严重的环境污染,如图 5-3 所示是废弃电子产品的处理流程。而在国外只有一小部分塑料使用焚烧的方法处理,例如在欧洲有足够的废旧家电焚烧能力,已经达到能够承担现在及将来的废旧家电的处理水平,并且这种方法在远离居民的、局限的地方使用。我国与国外电子电器废物处置技术及设施相比,还有很大差距。

可维修设计方法设计出的电子产品在发生故障后,通过适当的维修可使产品恢复功能,从而延长产品的寿命,体现节能、节料、少废的绿色目标。为了便于维修,除产品整机结构要采用模块化设计、可拆卸性设计外,独立模块内部也要尽可能设计成各自可维修的。比如,对具有机械性构架的零部件或易耗易损的材质材料和器件,尽量将其设计得集中一些,便于装卸;相互连接部分,作专门的连接结构设计,预先试验,在维修或替换时,尽量不影响与之相连的单元构架,元器件及材料的型号和标称值要标注。另外,用标准化设计也是可维修设计的重要思路,有利于提高电子产品零部件的通用性、互换性,从而大大提高电子产品的可维修性,且还有助于产品零部件的重复使用及回收。再者,一些故障率较高,不易维修的电子线路结构部分,借助于容错设计技术,实现免维修设计。这种设计思路可从两方面展开:一是从软件设计角度的程序容错设计,二是从硬件角度的备份式设计,如工作备设计、余设计等。

5. 电子产品的废止方式

老旧的电子产品总要被淘汰。以下是一份关于废旧电子产品处理状况的调查报告,如图 5-4 所示。

我国自 20 世纪 80 年代末期以来,家用电器逐步普及,生产量持续增加。2002 年生产彩电 5200 万台,计算机 1463 万台,显示器 4927 万台。2003 年生产彩电 6521 万台,微型计算机 3216 万台,显示器 7326 万台;电视机、洗衣机、空调、电脑、复印机等电子产品的总产量为 1.8 亿台。随着电子技术的飞速发展,越来越多的技术尖端、性能更好的、功能更全的电子产品投入使用。电子产品的新应用领域也在不断地扩展,几乎涉及人们生活的各个方面。同时也导致废旧电子产品数量的极大增加,根据联合国环境总署报告,中国电子垃圾报废量,如图 5-5 所示。

废旧电子产品属于固体废弃物,它们不同于一般的城市垃圾。如果将这些垃圾掩埋在土壤中不做任何处理,其中的有害物质就会渗透出来,对土壤造成严重的污染。假如对这些垃圾进行焚烧,则会释放大量的有害气体,对空气造成污染,影响人们的健康。从表 5-2 中可以看出如果不合理有效地处理废旧电子产品将产生多么大的危害。

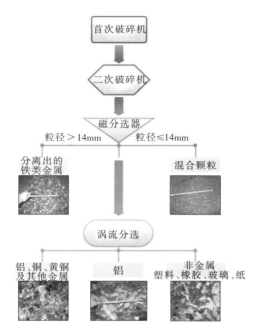

图 5-3　废弃电子产品的处理流程

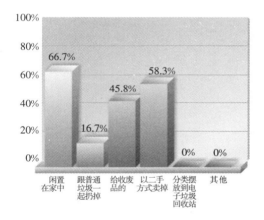

图 5-4　废旧电子产品处理状况调查报告

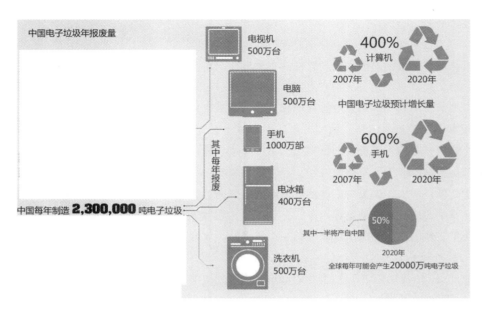

图 5-5　中国电子垃圾报废量

表 5-2　废旧电子产品中几种有害物质及其危害

名　称	用途/位置	主要危害
铅	金属接头，辐射屏蔽/阴极射线管，印刷电路板	会损伤中枢和周围神经系统，循环系统及肾脏；对内分泌系统有影响；严重影响大脑发育
汞	电池，开关/罩盒，印刷电路板	大脑、肾脏、肺及胎儿损伤；血压升高，心率加快，过敏反应，影响大脑功能和记忆力；可能是人类致癌物质
铬	装饰部件，硬化剂/（钢铁）罩盒	溃疡，痉挛，肝及肾损伤，强烈的过敏反应，哮喘性支气管炎，可能会引起 DNA 损坏；一种已知的人类致癌物质
铝	结构件，导体/罩盒，阴极射线管，印刷电路板，接头	皮疹，骨骼疾病，呼吸道疾病，包括哮喘；与 Alzheimer（老年痴呆症）氏疾病有关
溴化阻燃剂	机壳塑料、电路板	其中多溴化二苯醚（PBDE）——干扰内分泌并影响胎儿发育；多溴化二苯基（PBBs）——增加消化和淋巴系统患癌症的风险
氟利昂	制冷剂 CFC-12、发泡剂 CFC-11	破坏臭氧层

5.3.2　电子产品废弃物所造成的环境问题

电子废弃物虽然未被列为危险废物，但由于其中含有大量的重金属和多氯联苯、铅、汞等有毒成分，能够对环境和人体健康构成严重的危害。这些有毒有害物质既可以对生态环境造成直接污染，也可通过在土壤环境或水环境中富集，最终通过食物链进入人体，影响人类健康和生存。20 世纪 50 年代发生在日本的震惊世界的公害病——水俣病，就是由汞污染造成的，如图 5-6 所示的是汞污染示意图。有的物质由于生物降解很慢，或沉积在土中影响植物生长，或经过土壤长期的过滤作用，通过水体或生物链进入人类的生存环境。这一事件使人们进一步认识到电子废弃物对环境和健康的危害性。由此看来，如果对这些电子废物处理不当，将对大气、水源、土壤造成严重污染，其后果不堪设想。

5.3.3　电子产品设计中废弃物处理问题

电子垃圾，也称电子废物，已成为世界上增长最快的垃圾，其范围包

图 5-6　汞污染示意图

括所有的废旧电子产品，尤以废旧电脑危害最大。由于世界经济竞争的加速，全世界数量惊人的电子垃圾中，有 80% 出口至亚洲，这其中又有 90% 进入中国。电子垃圾已经成为困扰全球，影响我国环境安全的重大环境问题。

例如在广东贵屿镇，始于 1995 年的电子垃圾产业，每年处理逾百万吨来自美国、日本、韩国等地的电子垃圾。处理手段极原始，只能通过焚烧、破碎、倾倒、浓酸提取贵重金属、废液直接排放等方法处理，造成了非同寻常的环境污染。电子垃圾对人体健康的影响已经成为突出的社会问题。下面就当前电子产品废弃物处理的现状提出一些建议：

（1）严格立法。

（2）切断电子垃圾的海运链。

（3）电子废弃物实行召回制度，并且进行废弃物再利用。

（4）建立良好的回收体系。

（5）实行生产者延伸责任制度，加强无害化设计。

（6）加快电子废弃物回收产业技术的更新与发展。

（7）加强对公众的宣传。

5.4　电子产品设计中的电磁污染

5.4.1　电磁辐射及其屏蔽

在电子产品制造和使用当中，涉及漏电、触电、电磁辐射、电源短路等安全性问题。其中比较普遍的是有害电磁辐射对环境的污染。电磁辐射会给使用者及操作者的人身健康及生命安全带来不同程度的伤害。比如，手机的电磁辐射，引起人体产生比较严重的神经衰弱症候群，可引起头痛、头晕、乏力等不适，造成植物神经机能紊乱与心血管系统疾病。当前，国际卫生标准中规定的可以容许的电磁感应强度为 10 微特斯拉。大量调查分析的结果表明，1微特斯拉的磁感应强度就很有可能引起人体发生肿瘤病变。因此，一些国际权威人士提出，将国际卫生标准中规定的10微特斯拉修改为0.2微特斯拉，超过这个标准即为有害辐射。电磁辐射的功率越大，距离人体越近，持续时间越长，对人体造成的损害就越大。世界许多国家与地区已在这方面制定了较高的市场准入制度，以限制电磁辐射超标的产品进入其市场。因此，有害电磁辐射是一个非常重要的绿色设计问题，抑制它既是对电子产品安全性的要求，也是该类产品可持续发展的要求。电磁波是以无线电波的方式辐射的，根据电磁辐射的无线电波的频段可将电磁辐射分为两类，一类是诸如家电产品中的5Hz左右的工频电磁辐射，另一类是如无线电台、手机之类的无线电设备所发射的电磁辐射。两类电磁辐射对人体都有一定危害性，在实际设计中，根据其产生机理来抑制。

5.4.2 工频电磁辐射的屏蔽

为了减少这类电磁辐射对人体的损害，可采用如下两种方法：一种是设法使人体远离辐射源，另一种是设法把辐射源尽可能完全屏蔽。按照电磁波形成的性质，将电磁辐射屏蔽分为电屏蔽、磁屏蔽和电磁屏蔽三类，目前均有较为成熟的技术措施。

（1）电屏蔽设计要点：屏蔽体必须有良好的接地，正确选择接地点；尽量缩小屏蔽体的开孔面积、减少开孔数量；屏蔽体应选用良导体，高频时，屏蔽体表面应镀银。

（2）磁屏蔽设计要点：选用高磁导率的铁磁材料；注意屏蔽效果随材料厚度增大而增加，应随屏蔽体内空间的增大而减小；层屏蔽能显著提高屏蔽效果；尽量减小屏蔽体上接缝与孔洞出处的磁阻。

（3）电磁屏蔽设计要点：磁屏蔽壳体应采用高电导率材料；消除静电感应，通常电磁屏蔽体应具有良好的接地；壳体材料厚度要满足结构强度和加工工艺要求；壳体应尽量减小孔和缝，必不可少的孔和缝，尽量采取防护措施。

5.4.3 减少无线电发射设备信号辐射对人体的损害

无线电发射设备所发射的电磁波对接收机来讲是有用信号，因而不能采用完全屏蔽的方法来抑制它的电磁辐射。对此，可采用以下方法来减小其对人体的损害：减小发射设备的发射功率，如尽量提高接受设备的灵敏度；提高电磁波辐射的方向性，使人体所处区域的辐射量最小；设备工作时，使人体远离设备或使用防辐射技术进行隔离，减少有害辐射量等。另外，无线电发射设备所发射的信号中若含有较大的谐波及组合频率成分时，不仅对人体会产生一定的有害辐射，而且对正常无线电业务也将产生干扰，造成噪声污染。为抑制这种干扰与辐射，具体电路中应设计有性能优良的滤波电路。此外，射频负载应与射频输出端具有良好的阻抗匹配。

5.5 电子产品的绿色设计

在电子产品实际设计当中，设计师要对选用材料的特性、回收降解性、再利用性等方面进行考量，针对性设计。随着材料技术的发展，可降解回收的材料也在不断涌现，新材料的出现给设计带来充分的活力。

5.5.1　绿色设计的方法

1. 模块化设计

模块化设计是在对一定范围内的不同功能或相同功能不同性能、不同规格的产品功能分析的基础上，划分并设计出一系列功能模块，通过模块的选择和组合可以构成不同的产品，以满足市场不同需求的设计方法。模块化设计既可很好地解决产品品种规格、产品设计制造周期和生产成本之间的矛盾，又可为产品快速更新换代，提高产品的质量，方便维修，有利于产品废弃后的拆卸、回收，为增强产品的竞争力提供必要条件。

2. 循环设计

循环设计，即回收设计（Design for Recovering & Recycling），是实现广义回收所采用的手段或方法。在产品设计时，充分考虑产品零部件及材料的回收的可能性、回收价值的大小、回收处理方法、回收处理结构工艺性等与回收有关的一系列问题，以达到零部件及材料资源和能源的充分有效利用，环境污染最小的一种设计的思想和方法。

3. 组合化设计

设计时应尽可能将各独立电路设计成相对独立的部件，并使各部件都能较为方便地连接与分离。这样可简化整个产品的设计，使产品的整机结构部件化，使可重复使用或便于回收的功能部分具有电路结构上的独立性，从而便于整机产品的维修、回收或重复使用。

4. 可拆卸性设计

在产品设计阶段要充分考虑产品废弃后能否方便地拆卸、回收、再利用。为便于拆卸，电子产品在整机设计时，就要从结构上考虑拆卸的难易程度，提出相应的设计目标结构方案。

5. 易维修设计

容易通过适当的维修使产品恢复功能，从而延长产品的寿命，实现节能、省料、无废少废的可持续发展目标。为了便于维修，除产品整机结构要采用可拆卸性设计外，各独立部件内部也要尽可能设计成可维修的。

除此之外，还有绿色包装设计等，其基本内涵大致如上所述。

5.5.2　绿色设计的特点

（1）生态设计必须采用生态材料，即其用材不能对人体和环境造成任何危害，做到无毒害、无污染、无放射性、无噪音，从而有利于环境保护和人体健康。

（2）其生产材料应尽可能采用天然材料，大量使用无毒无害的废渣、垃圾、废液等废弃物。

（3）采用低能耗制造工艺和无污染环境的生产技术。

（4）在产品配制和生产过程中，不得使用甲醛、卤化物溶剂或芳香族碳氢化合物；产品中不得使用含有汞及其化合物的颜料和添加剂。

（5）产品的设计是以改善生态环境、提高生活质量为目标，即产品不仅不损害人体健康，而应有益于人体健康，产品具有多功能化，如抗菌、除臭、隔热、阻燃、调温、调湿、消磁、防射线、抗静电等。

（6）产品可循环或回收利用无污染环境的废弃物。

（7）在可能的情况下选用废弃的设计材料，如拆卸下来的木材、五金等，减轻垃圾填埋的压力。

（8）避免使用能够产生破坏臭氧层的化学物质的结构设备和绝缘材料。

（9）购买本地生产的设计材料，体现设计的乡土观念。避免使用会释放污染物的材料。

（10）最大限度地使用可再生材料，最低限度地使用不可再生材料。

（11）将产品的包装减到最低限度。

5.5.3　电子产品绿色设计的注意事项

（1）组成电子产品的材料和元器件种类繁多，且结构设计比较复杂，在材料和元器件选用上应当谨慎考虑。

（2）电子产品设计存在电磁兼容性设计问题，必须考虑防辐射设计，抑制有害电磁辐射。

（3）目前电子产品工作运行中的耗能主要是电能，设计应考虑电路结构以及充分节能性。

（4）电子产品在制造、回收过程中对环境的污染严重，电子产品设计应采用能清洁生产和无污染或少污染的创新设计。

5.5.4　电子产品设计应以自然为本

电子产品设计由遵从奢华转为重视内心情感、关注健康生活、强化家庭文化的自然主义潮流。设计师运用各种设计手法来使人们联想自然，感受大自然的温馨。电子产品设计以自然为本，体现在显露自然和尊重自然两方面。尊重自然更为突出。显露自然主要表现为电子产品的设计形式融入自然元素以及考虑电子产品的生态功能，让人人参与设计、关怀环境，这主要是在外观设计上突出生态特征和生态功能。尊重自然则是在内涵上体现以自然为本的设计思想。在电子产品设计中主要体现在以下方面。

1. 模拟自然界的物质循环规律

自然界的物质循环规律是：生产者把无机物转化为有机物给消费者消耗；消费者产生的废弃物及生产者的残体被分解者消化，又转化为无机物，返回环境，供植物重新利用。自然界物质循环的规律也正适合于电子产品设计从生产、使用、销售到报废整个生命周期的循环中。因此，在实际设计中，首先在观念上要树立可循环再生的总体设计思想，尽量避免使用各种不利于回收与再生的设计方法。最大限度利用有效的再生技术，设计出用户适用、环境友好的生态产品。

2. 材料的选择

电子产品设计要做到尊重自然，在材料选择上也应考虑把对自然的破坏降低到最低程度，须注意以下几点：

（1）首选天然材料，如竹子、木材、树脂等，天然材料可视为能与自然界共生的材料。

（2）尽可能选用无毒、无污染、无腐蚀性以及可降解的材料。

（3）选可回收材料、可再生、标准化材料。

（4）同一产品单元尽量选用较少的材料种类，尽可能使用同一种材料，减少材料型号的不同。

5.6　电子产品绿色设计的设计对策

随着 CAD 等计算机辅助技术的深入应用，给常规产品设计带来了很大的便利，同时也影响着设计者的设计方法和思路，绿色产品设计思想的实现也必须给设计者提供方便的、可操作的方法和工具。目前，支持绿色产品设计的方法和工具已成为研究重点。下面列举几种比较成熟的绿色设计方法。

5.6.1　节能设计

电子产品通过消耗电能来工作。为节省能源，目前许多个人计算机设计都有这样的功能：当计算机处于闲置状态时，自动切换到低能耗状态。一台个人计算机切换到低能耗状态，只需 6W 或 5W 甚至更少。节能设计一方面要从元器件上考虑，另一方面要从电路上考虑。从元器件上考虑，应尽量选用低功耗器件，CMOS 集成电路比 TTL 电路耗电小。从电路上考虑，首先要使产品具有在整机闲置时，能自动切换到低能耗状态的功能（如计算机的低能耗状态、无线电台的自动静噪接收功能等）；还应设法提高电路的电能转换效率，即使电路中的直流电源到交流信号的转换效率尽可能的高。这种设计方法，对耗电较大的电路特别重要，如高频功率放大器工作状态选择为丙类时的功放效率就比甲类或乙类的要高得多。

随着人们生活水平的提高，家用电器的增加，纷繁的电线让人苦恼，而且，大型家电的插头插到插座上，不会经常拔下来。电器在待机状态也会消耗电能，点滴的电能累计起来，能够节约不少电能。为了不拔插头就能切断电源，带遥控开关的节电插线板应运而生。

常用插线板也带有开关，但是大多是一个开关控制所有的插口。即使插线板为每个插口都单独配备开关，还有一个非常棘手的问题，为了美观整洁，人们都将插线板放置于桌面底下，如要切断电源不得不爬到桌子底下去关电源，带来很大不便，节电想法也难以付诸实施。

如图 5-7 所示的设计将插线板的主体分成了两部分：一部分专门用于路由器、无绳电话等需要一直打开的电器，另外一部分则是用于电脑、音箱、打印机等需要随手关闭的电器。它还特意设计了一个遥控开关，不必爬到桌子底下去关电源了。将遥控开关与灯具开关放到一起，还可提醒你不要忘记关闭电源。插座上还有独特的收纳槽，方便收纳电线之用。

这个设计在功能上，满足了人们对插座的基本要求，把人们的苦恼一扫而光，又满足了人们节电的要求，一举三得。

外观上简洁大方，小小的遥控开关没有笨重的感觉，反而很时尚。遥控开关这个创意更是把人们的生活带入自动化，插座也智能化了。遥控开关标识简单明了，一看到就知道如何使用。

5.6.2　重视生产制造过程设计

电子产品在制造过程中，会产生各种固体、液体或气体排放物，以及电磁辐射等污染。在设计阶段就要从工艺实现方法上予以考虑。消除这些环境影响因素，以减轻其环境污染性。对此，根据产品绿色设计目标重新设计生产系统，应采用环保技术改造工艺设备，积极推进清洁生产技术，

图 5-7　环保节电插线板

不断设计和开发新的绿色工艺方法。在环保生产技术创新的同时，全面加强企业环境质量管理，通过对企业环保质量的控制，减少生产过程中的环境危害。ISO14000是国际性环境质量标准，适用于各类企业的环境管理体系，设计人员应该熟悉，并在设计过程中自觉履行。

5.6.3 重视电子产品整个生命期的管理

绿色设计必须考虑一个产品在其整个寿命各个周期内对环境的影响，因此，其他一些环节如运输、销售、使用、废弃等对环境的影响，也必须在其设计过程中加以考虑。为减少电子产品在运输、销售过程中对环境造成的污染，应尽量采用"绿色包装"销售。要求是：

（1）包装与产品一体化，不会产生废弃物。

（2）不使用有毒性的油墨、粘接剂、安全剂等。

（3）使用单一种材料或复合功能的最少材料量。

（4）使用能再生、再利用、易处理、不会对环境造成污染的材料。

（5）标签、封缄等应能与循环再生系统相容等。

设计阶段还应考虑产品在其物质形态消耗过程中及废弃过程中对环境的影响：首先，对使用过程中可能出现的环境危害在设计中有预防措施，增强操作使用的方便性；其次，防止因产品使用不当、过早报废等造成的环境污染；再次，可回收部分产品要给予显著的标注及回收示范说明，引导使用者对废弃产品合理的用后处置。

绿色电子产品将成为21世纪世界市场的主导电子产品。如果不及时调整此类产品的设计方法与思路，以迎接绿色时代的挑战，就会成为落伍者，其产品在国际市场上将受到排挤甚至被禁止，终将为市场所淘汰。因此，尽最大努力减少环境污染，推进电子产品的绿色设计进程，促进其绿色性能的不断更新换代，具有非常迫切的现实意义和长远意义。

5.7 面向再生设计的实例分析

减少环境污染和节省自然资源是绿色产品设计的根本目标。合理的再生方法会产生巨大的经济和社会效益。然而，目前废弃产品的再生率并不理想。以汽车为例，目前全球的平均再生率在75%～80%之间，大大低于应达到的目标。造成再生困难的原因，一是缺少更有效的再生技术，二是产品的设计没有考虑其废弃后的回收和再生，比如产品很难拆卸和分类，在产品废弃时很难找到使用材料的资料，不同材料构成的组件不宜分离等。如果能够在设计时同时考虑回收和再生，那么就可以大大提高废弃产品的再生率，这样就产生了面向再生（DFR，Design For Recycling）的设计方法。

5.7.1 没有扇叶的电风扇

从电扇发明以来，我们的电扇，不管是吊顶的还是落地式的，都是通过电动机的转子带动风叶旋转来推动空气流通的。电机带动扇叶工作，电能利用率低，噪声大，给人们的工作带来一定影响。高速旋转中的风扇扇叶锋利无比，容易造成伤害，尤其是落地扇，若是大人照看不周，小孩误把手伸进电扇，后果不堪设想。因此，设计师设计了一款没有扇叶的风扇，风扇工作原理如图5-8所示。

这款风扇，从功能上改变了传统电扇的工作原理，用基座吸入空气，然后把空气导进圆环，从环上的1.33mm缝口喷出，空气强力喷出，带动周围的空气，平均每秒产生0.405m³、时速35km/h的凉风。风力可以随时调整，吹出的风比传统电扇更柔顺。通过图5-8的演示可知，传统风扇的风随着扇叶的旋转向四面八方散开去，而这款风扇的风则全部由圆形出风口传出，风力集中，带来的凉爽感受更加持久。并且，使用者可以调节风扇的角度，方便用户选择自己需要的风力方向。

这款风扇外观简洁大方，整体体积分布均匀，不像普通电扇那样前凸后翘，摆放时占用空间大，只要随意摆放在平坦的地方就可以使用。其最大的特点是没有扇叶，杜绝了扇叶对人体的伤害，即使家长不在身边，也可以放心给小孩用电扇。没有了扇叶，不仅安全，而且方便清洗，只要擦拭即可。同时这款风扇造型大方时尚，即使夏季已过，也可作为装饰摆放于屋内，增加屋内的时尚感，而传统风扇一般过季节还放在屋内显得与周围环境格格不入。

图 5-8　风扇工作原理

随着生活节奏的加快与全球温室效应的加剧，炎热夏季，越来越多的人整日呆在密闭的空调房内，很少出门呼吸新鲜空气，越来越多的人患上空调病，长此以往，将给身体健康带来很大危害。这款无叶风扇吹出的风更加自然，给人带去很好的凉爽体验，而且噪声小很多，不会打扰工作中的人。

如此高科技的产品，操作与传统风扇一样简单方便，用户一看到实物就会使用，而且按钮少，按钮上的标识符合人们日常认知，简单的操作给使用者带来愉悦的使用体验，很好地满足了工业设计中可用性要求。

综上所述，这款风扇实现了电子产品绿色设计的基本目标，也实现了绿色目标，即资源利用率高、生态环境影响小、产品使用安全，由于体积小，占用空间小，而且不需要任何化学添加剂，不会对环境产生有危害的废弃物及气体。

5.7.2　环保手机

手机已经成为人们生活中的一部分。手机在使用的过程中不仅排放出温室气体，而且对人体也会产生辐射。随着手机智能化的推进和CPU频率不断提高，耗电也随之增大，同时芯片散热增大，从而使寿命缩短。报废过后的手机如果处理不当将成为污染物。

这是传统手机设计中存在的问题，通过绿色设计，需要改善的参数有低碳性、节能性、安全性、持久性、可回收性。通过网上搜索，发现了一款很符合绿色设计概念的，如图5-9所示。

三星公司2010年推出的一款名叫Reclaim的环保手机，这个手机外壳有80%是用再生材料制造的，主要是玉米淀粉做成的生物塑料，连包装也是可回收材质，非常环保。一般手机报废后，手机的塑料外壳难以降解，给环境带来污染。而环保手机采用生物塑料外壳，手机报废后，容易降解，降低给环境带来的污染。同时，其包装盒采用了可回收的环保纸料，

图 5-9　环保手机

并且取消了随机附赠的纸质说明书。如果用户需要查看说明书可从网上下载，大大降低了纸张的消耗，减少了树木的砍伐和印刷过程中排放的有毒气体。

手机在功能上与传统手机类似，采用的是小键盘，按键设计比较直观，简洁大方，操作简单易学，属于傻瓜式操作，按照提示即可一步步完成需要的操作，操作方便。

其外观色彩鲜艳明亮，符合时尚流行。现代人越来越注重环保的概念，手机如果能够达到这个要求，大部分人会很乐意接受这种手机的。

手机的绿色设计不仅仅应该体现在外壳材料使用上，在电池待机时，手机辐射等方面也要改进。但是，能够在材料方面做到绿色设计也是值得赞扬的。希望今后，设计师能设计出满足多方面绿色要求的手机。

图 5-10　风力充电器

5.7.3　风力再生充电器

设计师 Lance Cassidy 通过一个能量转化器把风能转化为电能，并产生一个充电器，可实现短距离无线传输电力达到充电的效果；还有相应的应用软件，通过软件可以知道风力发电机运行的相关数据以及需要充电的时间，如图 5-10、图 5-11 所示。

在当今这个能源紧缺的社会，电已经变得越来越珍贵。拥有一个风力发电充电器，不仅能给自己省下一点电费，还能为节约能源献出绵薄之力，而且其拉风的外形和前卫的设计，更能给生活增加一点情调与乐趣。

精巧的设计上，它不仅是一个工业产品，更能为你的工作室、卧室等营造不一样的特色。

内外吸附式的设计让风力发电器能在更多的地方运用，特别是高层建筑的窗户上，让吹过的风都能变成手机的能源，更不用担心手机会从高楼的窗户上掉落。风力充电器的多样充电功能，多次重复的使用也突显出了绿色的设计理念。

图 5-11　风力充电器底座

5.7.4　纸质U盘设计

俄罗斯设计工作室 artlebedev 经常把一些信息数字元素，例如手动光标、电脑桌面文件图标或是像素化图像转化成真正的产品。有一种一次性使用的U盘"flashkus"，这种U盘是用硬纸板材料制作的，一套4个。使用者可以简单地将它们撕下、分离，以便单个使用。纸质的表面方便使用者在U盘上标记符号或名称，用来指示这个U盘中储存的文件内容。这套纸板U盘有4GB、8GB和16GB三种不同容量。如图 5-12 所示。

对于纸料的选择可以是废旧报纸，纸张等经过加工后用来制作U盘的主体，实现废物利用，环保简约。不同容量的产品也给消费者更多样的选择，简单的连接方式让消费者更方便地使用。

选用纸料作为U盘主体的另外一个原因是能方便的标记、分类。有别于以前样式单一的U盘，纸制U盘更加体现个性，不至于忘记存在U盘里的内容，还可以在上面绘出自己的个性图案。如图 5-13 所示。

报废后的纸制U盘，能更方便地处理与销毁，不至于对环境产生大的污染。

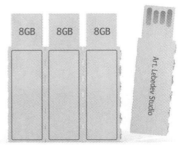

图 5-12　纸质U盘

5.7.5 水管中的发电站

水力发电站一定要建在大江大河中吗？未必！每天在世界各地的管道中流动的水（自来水、给花园浇水等），都可以用来发电。Great Barrier 就是这么做的，它是一个迷你型的水力发电装置，连接在水管中间，内有一个迷你螺旋桨。水的流动带动螺旋桨转动，从而带动发电机产生电力。电力储存在一个 AA 电池中。"聚沙为塔"、"不积跬步，何以成千里"。从小处做起，也可以成就大事。如图 5-14、图 5-15 所示。

图 5-13 与电脑的 USB 接口完美接合

图 5-14 发电水管的剖面图

图 5-15 发电水管的原理图

第 *6* 章 电子产品造型设计

近年来，由于产品同质化现象日益突出，产品造型设计能否在第一时间吸引顾客注意就显得至关重要。经验丰富的设计师往往能巧妙运用各种构成要素，借助恰当的比例关系、全面的应用功能、有创意的架构形式，使产品在造型设计上获得成功，从而在竞争激烈的市场上获得先机。本章通过研究手机的形态构成要素、各尺寸关系以及功能配备，探索产品造型设计中隐含的形式美法则和技术美要求。

6.1 电子产品造型设计中的形式美

电子产品的美有两个显著的特征，一个是产品外在的感性形式所呈现的美，称为"形式美"，另一个是产品内在结构的和谐、秩序所呈现的美，称为"技术美"。电子产品设计中形式美主要由产品的造型来表达，造型是形态美、结构美、材质美、工艺美的综合体现。

形式美是指构成事物的外在属性（如形、色、质等）及其组合关系所呈现出来的审美特性，它是人类在长期的劳动中所形成的审美意识。形式美的法则有统一与变化、对比与调整、比例与尺度、对称与均衡、稳定与轻巧、节奏与韵律等。电子产品的形式美的法则，主要研究产品形式美与人的审美之间的关系，以美学的基本法则为工具来揭示产品造型形式美的发展规律，满足人们对产品审美的需求。

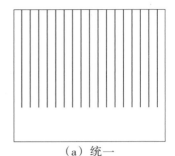

（a）统一

（b）变化

图6-1 统一与变化

图6-2 电子产品设计中的统一与变化

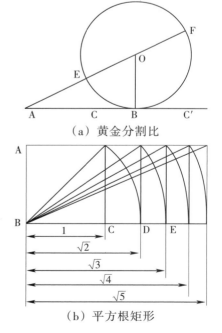

（a）黄金分割比

（b）平方根矩形

图6-3 黄金分割比与平方根矩形

事物的美往往也反映着事物的发展规律，人类在长期的社会实践中对事物复杂的形态进行分析研究，总结出形式美的基本法则，对形式美的研究，有利于人们认识美、欣赏美和创造美。

6.1.1 统一与变化

统一是指组成事物整体的各个部分之间，具有呼应、关联、秩序和规律性，形成一种一致的或具有一致趋势的规律。在造型艺术中，统一起到治乱、治杂的作用，增加艺术的条理性，体现出秩序、和谐、整体的美感。但是，过分的统一又会使造型显得刻板单调，缺乏艺术的视觉张力。

变化即事物各部分之间的相互矛盾、相互对立的关系，使事物内部产生一定的差异性，产生活跃、运动、新异的感觉。变化是视觉张力的源泉，能在单纯呆滞的状态中重新唤起新鲜活泼的韵味。但是，变化又受一定规则的制约，过度的变化会导致造型零乱琐碎，引起精神上的动荡，给视觉造成不稳定和不统一感。

统一中求变化，产品显得稳重而丰富；变化中求统一，产品显得丰富而不紊乱。统一与变化是事物矛盾的对立面，其相互对立、相互依赖，构成了万事万物的不同形态。统一与变化反映了事物发展的普遍规律，统一是主流，变化是动力，这也是衡量造型艺术形式美的重要法则，如图6-1、图6-2所示。

任何一个完美的产品必须具有统一性，这种统一性越单纯，越有美感。但只有统一而无变化，则不能使人感受到趣味，美感也不能持久，这是因为缺少刺激源。变化是刺激的源泉，有唤起兴趣的作用，但变化也要有规律，无规律的变化，必然引起混乱和繁杂，因此变化必须在统一中产生。

统一与变化的表现形式：

线条——粗细、长短、曲直……

形态——大小、方圆、规则与不规则……

色彩——明暗、鲜灰、冷暖、轻重、进退……

6.1.2 比例与尺度

美是各部分的适当比例，再加上一种悦目的颜色。比例是指事物中整体与局部或局部与局部之间的大小、长短、高低、分量的比较关系，在产品造型设计中，比例主要表现为造型的长、宽、高之间的和谐关系。

1. 黄金分割比

黄金分割比即1：0.618，是公认的一种美的比例法则，如图6-3（a）所示。

2. 平方根矩形

在造型设计中所使用的$\sqrt{2}$，$\sqrt{3}$，$\sqrt{5}$等矩形，其短边与长边之比分别为$1:\sqrt{2}$，$1:\sqrt{3}$，$1:\sqrt{5}$，如图6-3（b）所示。

尺度是衡量的标准。在更多情况下，它是指与人相关的尺寸，以及这种尺寸与人相比较所得到的印象。造型设计中的尺度，主要指产品与人在尺寸上的协调关系。产品是供人使用的，尺寸大小要适合人的操作使用。

任何一个完美的产品造型都必须具备协调的比例尺度。在产品造型中常用的比率有整数比、相加级数比、相差级数比、等比级数比、黄金比等。电子产品的设计的形式美法则，不能孤立和片面地理解，因为一个美的产品造型的设计，往往要综合利用多种法则来表现。这些法则是相互依赖、相互渗透、相互穿插、互相重叠、相互促进的，随着时代的变化，审美标准、设计手法也在不断改变。

6.1.3　对比与调和

对比即事物内部各要素之间相互对立、对抗的一种关系，对比可产生丰富的变化，使事物的个性更加鲜明。对比是差异性的强调。对比的因素存在于相同或相异的性质之间。也就是把相对的两要素互相比较之下，产生大小、明暗、黑白、强弱、粗细、疏密、高低、远近、动静、轻重等对比。对比的最基本要素是显示主从关系和统一变化的效果。

调和是指将事物内部具有差异性的形态进行调整，使之整体和谐，形成具有同一因素的关系。调和是适合、舒适、安定、统一，是近似性的强调，使两者或两者以上的要素相互具有共性。对比与调和是相辅相成的。在版面构成中，一般事例版面宜调和，局部版面宜对比。

对比与调和反映了事物内部发展的两种状态，有对比才有事物的个别形象，有调和才有某种相同特征的类别。对比是变化之根，调和是统一之源。

1. 线型的对比与调和

线型是造型中最有表现力的形式，主要有曲直、粗细、平斜、疏密、连断等，如图6-4所示。

2. 形体的对比与调和

形体的对比与调和主要表现在形状的大小、粗细、长短、曲直、高矮、凹凸、宽窄、厚薄，方向的垂直、水平、倾斜，数量的多少，排列的疏密，位置的上下、左右、高低、远近，形态的虚实、黑白、轻重、动静、隐现、软硬等多方面的对立因素上。在追求形态丰富的同时，要强化形态的主次关系；突出对比时要注意它的调和，强调调和时要辅以少量对比，使之形成对立统一的关系。例如矩形、圆形、三角形之间相互运用可产生丰富的对比与调和的关系。

图6-4　酒架设计

3. 色彩的对比与调和

人一般对色彩的认识有两个方面：一是色彩物理性质上的感受，二是色彩心理上的感受，两种感受所产生的对比与调和主要是通过色彩的相貌、明度、纯度、冷暖等关系表达出来的。

在电子产品设计中，对比与调和应用极广，如在大小、方向、虚实、高低、宽窄、长短、凹凸、曲直、多少、厚薄、动静以及奇数与偶数的对比。对比是产品取得视觉特征的途径，调和是产品完整统一的保证。

6.1.4　形式美的其他法则

1. 对称与均衡

对称即生物体自身结构的一种合乎规律的存在方式。对称具有稳定的形式美感，同时也体现着功能的美感。轴对称、旋转对称和螺旋对称，如图6-5所示。

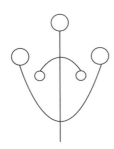

（a）轴对称

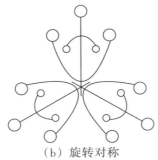

（b）旋转对称　　　　（c）螺旋对称

图6-5　对称

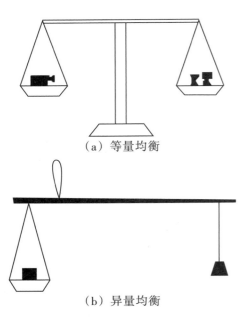

（a）等量均衡

（b）异量均衡

图6-6　等量均衡与异量均衡

均衡是指造型在上下、左右、前后双方在布局上出现等量不等形的状态，即事物双方虽外形的大小不同，但在分量上、运动的力上却是对应的一种关系。它比对称更富有趣味和变化，具有动静有致、生动感人的艺术效果。但是，均衡的重心却不够稳定、准确，视觉上的庄严感和稳定程度远远不如对称造型，因而不宜用于庄重、稳定和严肃的造型物，如图6-6所示。

除产品造型的均衡外，还有量的均衡、色的均衡，在产品设计时必须一一考虑，以追求视觉张力。

2. 稳定与轻巧

稳定包含两个方面因素：一是物理上的稳定，是指实际物体的重心符合稳定条件所达到的安定，是任何一件工业产品所必须具备的基本条件，属于工程研究的范畴；二是视觉上的稳定，即视觉感受产生的效应，主要通过形式语言来体现，如点、线、面的组织、色彩、图案的搭配关系和材料的运用等，以求视觉上的稳定，属于美学范畴。

轻巧是指在稳定基础上赋予形式活泼运动的形式感，与稳定形成对比。需要注意的是，轻巧在基本满足实际稳定的前提下，可以用艺术创造的手法，使造型物给人以灵巧、轻盈的美感。如果说稳定具有庄严、稳重、豪壮的美感，那么轻巧具有灵活、运动、开放的美感。

3. 过渡与呼应

过渡是指在造型物的两个不同形状或色彩之间，采用一种既联系二者又逐渐演变的形式，使它们之间相互协调，达到和谐的造型效果。过渡的程度不同会产生不同的效果，如果形体与形体的过渡幅度过大，则形体会产生模糊、柔和、不确定的特征；如果过渡的幅度不足则会出现生硬、肯定、清晰的特征，如图6-7所示。

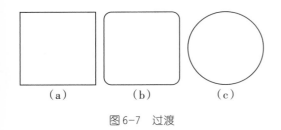

（a）　　　　（b）　　　　（c）

图6-7　过渡

呼应是指造型物在某个方位上形、色、质的相互联系和位置的相互照应，使人在视觉印象上产生相互关联的和谐统一感。在造型艺术的形式美中，过渡表现为一种运动的过程，而呼应则表现为运动的结果，如图6-8所示。从前侧看，腰线过渡相当流畅，一直延伸至于尾灯中线。尾门上有褶皱线，尾部褶皱线条与尾灯设计遥相呼应。

过渡是呼应的前提，呼应是过渡的结果。它们相互影响、互为关系，仅有过渡没有呼应使形体不完善，没有过渡则呼应缺乏根据，过渡与呼应即为统一与变化的关系。

图6-8　尾部褶皱线条与尾灯设计遥相呼应

4. 节奏与韵律

节奏即事物内部各要素有规律、有秩序地重复排列，形成整齐一律的美感形式，节奏体现事物普遍的发展状态，事物的发展虽是错综复杂的，但在一定的单位中还是能找到一定的规律，在错综复杂中有反复即形成节奏感。节奏可使艺术作品更具条理性、一致性，加强艺术的统一、秩序、重复的美感。

节奏有强弱起伏、悠扬缓急的变化，表现出更加活跃和丰富的形式感，这就形成了韵律。韵律是节奏的更高形式，节奏表现为工整、宁静之美，而韵律则表现为变化、轻巧之美，节奏是韵律的前奏，韵律是节奏的升华，如图6-9所示。

5. 主从与重点

"主"，即主体部位或主要功能部位，对产品设计来说，是表现的重点部分，是人的视觉中心。"从"，是非主要功能部位，是局部、次要的部分。

在工业设计中，主从关系非常密切，若没有重点，则显得平淡，若没有"从"，也不能强调突出重点。一般来说，产品的视觉中心往往不止一个，但必须有主次之分。主要的视觉中心必须最突出，最有吸引力，而且只能有一个，其余为辅助的、次要的视觉中心。

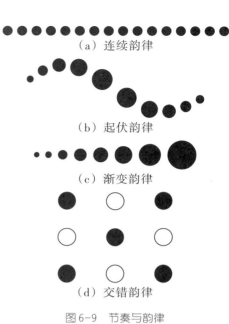

（a）连续韵律

（b）起伏韵律

（c）渐变韵律

（d）交错韵律

图6-9　节奏与韵律

6.2　技术美要求

与形式美法则相呼应，电子产品设计中技术美的要求也是十分重要的。技术美的要求包括功能、结构、工艺、材质等，技术美是科学技术与美学艺术相融合的新的物化形态。技术美是物质生产领域的直接产物，反映的是物的社会现象，艺术美是精神生产领域的直接产物，反映的是人的社会现象。

6.2.1　功能美

功能美是指产品良好的技术性能所体现的合理性，是科学技术高速发展对产品造型设计的要求。技术上的良好性能是构成产品功能的必要条件。

6.2.2　结构美

结构美是产品依据一定原理而组成的具有审美价值的结构系统。结构是保证产品物质功能的手段，材料是实现产品结构的基础。同一功能要求的产品可以设计成多种结构形式，若选用不同的材料其结构形式也可产生多种变化。结构形式是构成产品外观形态的依据，结构尺寸是满足人们使用要求的基础。

6.2.3　工艺美

工艺美是指产品通过加工制造和表面涂饰等工艺手段所体现的表面审美特性。工艺美的获得主要是依靠制造工艺和面饰工艺两种手段。制造工艺主要通过机械精整加工后所表露出的加工痕迹和特征。装饰工艺通过涂料装饰或电化学处理以提高产品的机械性能和审美情趣。

6.2.4　材质美

材质美指选取天然材料或通过人为加工所获得的具有审美价值的表面纹理，它的具体表现形式就是质感美。质感按人的感知特性可分为触觉质感和视觉质感两类。触觉质感是通过人体接触而产生的一种舒适的或厌恶的感觉。视觉质感是基于触觉体验的积累，凭视觉就可以判断它的质感而无需再直接接触。

形态作为手机功能信息的主要载体，以一种主动的情感张扬趋势感染着消费者，形态美是传达美的意象的第一要素。手机形态主要通过手机的尺寸、形状、比例分割、层次关系及细节表现等因素的协调，给用户以美的心理感受。例如：对称的手机形态易让人产生均衡、稳定的美感，而手机造型中特异的构成往往给人以强烈的视觉冲击，让人产生前卫、新奇的美感；圆润的手机形态能显示包容，给人以完满、活泼的意象美；自由曲线创造动态造型，营造出热烈、自然、亲切的气氛，创造出富有韵律的美。

6.3　手机的造型分析

6.3.1　手机中的统一和变化的运用

统一和变化是对立统一规律在艺术上的体现，是造型中比较重要的一个法则。统一，是指同一个要素在同一个物体中多次出现，或在同一个物体中不同的要素趋向安置在某个要素之中，统一的作用是使形体有条理、趋于一致，有宁静、安定感，它是为治乱、治杂、治散而服务的。

图6-10　手机中的统一和变化

变化，是指在同一物体或环境中要素与要素之间存在着差异性，或在同一个物体中或环境中相同要素以一种变异方法而使之产生视觉上的差异感。变化是刺激的源泉，能在乏味呆滞中重新唤起活泼新鲜的兴味。但是，变化必须以规则作为限制，否则必然导致混乱、庞杂，从而使精神上感觉烦躁不安、陷于疲乏。

在手机的外观形态上，按键要素很重要，它分为功能按键和数字按键，它们是由点的不同组合和排布构成的。譬如功能键中的"点"就常常是人们认知中的视觉中心。数字键中点的不同形状、排布构成不同的造型特征，常给人以不同的感觉。如图6-10所示，上边的数字键中，键的形状规矩，排布整齐，体现着平稳、严谨的意象；而下边的数字键形态富有张力，排列有秩序又不失变化，给人以活泼、有趣的韵律感。

6.3.2　手机中形式美的运用

1. 比例与尺寸

研究N700i的尺寸关系发现，许多重要尺寸之间的比例关系大都符合黄金分割比，即较短部分与较长部分之比等于较大部分与两者总和之比（约为0.618）。在形态设计中，只要能将合适的比例关系运用到造型元素的排列中，就能获得强烈的秩序感与条理感。

比例是指造型的局部与局部、局部和整体之间的大小对比关系以及整体或局部自身的长、宽、高之间的尺寸关系，一般不涉及具体量值。实际中运用最多的是黄金分割比例，此外还有均方根比例、整数比例、相加级数比例、人体模度比例等。

图6-11　手机中不均衡的比例

手机的设计中也有它特有的比例，手机的长宽高的比例体现，我们称之为机身比例。如图6-11所示，上边为三星U108系列，机身较薄、较纤细的手机，则体现高贵、典雅的美感；下边为诺基亚5300，机身较宽、较厚的手机体现稳重、敦实的稳定感。机身过长、过宽、过薄、过厚都是比例不协调的表现，会使得手机过于怪异，没有造型上的美感。

2. 均衡与对称的运用

均衡是一种视觉上的平衡，它给人沉稳又不失灵活的感受。对称就是完美、规则的均衡，N700i 手机使用轴对称设计，看上去坚固、稳重、和谐。但对称也容易因过于完美而缺乏生气与活力，所以 N700i 手机在产品设计中，在量感达到平衡的条件下，增加了一些装饰性的造型因素，增强产品的优美感，使之形象活泼、生动。

对称平衡法则，来源于自然物体的属性，是动力和重心两者矛盾统一产生的形态。对称和平衡这两种不同类型的安定形式，也是保持物体外观量感均衡、达到形式上稳定的一种法则。

3. 对比与调和的运用

（1）点的对比与调和。在 N700i 形态设计中，点是被运用得最多的设计元素。摄像头是圆点设计，饱满充实；音孔的多点设计与摄像头呼应；后面板接口的多点有序排列富有动感；主键盘在设计上的疏密变化具有立体感，十分醒目；听筒由多点巧妙排列，富韵律感。点虽是最小的形态构成要素，却能呈现出非常活跃的视觉效果。点越小视觉集中感越强，具有凝固视线的作用。此外，点还可通过改变自身方向、疏密、虚实及排列方式，表现出丰富且具魅力的感情色彩和视觉效果。

（2）线型的对比与调和。对比和调和的法则在自然界和人类社会中广泛存在着。它们在同质的造型中要素之间讨论共性或差异性。有对比，才能在统一中求得变化，使相同事物产生不同的个性；有调和，才能在变化中求统一，使不相同的事物取得类似性。

线型的对比能够强调造型形态的主次和丰富形态的情感作用，线型的调和是指组成产品的轮廓线、结构线、分割线和装饰线等线型应尽量协调。除了点的大量运用，线也是 N700i 形态设计必不可少的要素。感性、活泼的自由曲线被广泛运用，勾勒出了 N700i 手机的基本轮廓，定义了整个产品的风格基调，带来了自然、流畅的视觉感受。

诺基亚 8850 的机身上做了一些舒畅流利的线条分割，体现着典雅的意象；诺基亚 3250 则在中规中矩的长方体机身上做了些细微的圆角处理和分割处理，显得干净利落，简洁时尚，深受年轻人的喜爱；而诺基亚 7610 的外观造型是以对角线为对称轴对方体做了些菱角与圆弧的分割，突显出张力，让人体会出硬朗前卫的意象，如图 6-12 所示。

面的对比与调和。N700i 随意、自由的曲面设计，使机身更显生动、优美、柔和的曲面过渡，使产品充满生机，给人留下了极深的印象。

4. 节奏与韵律美的运用

N700i 手机在产品造型中，音孔的多点设计，大小不一，有规律地反复出现或排列，使产品呈现出一种赋有张力的跃动。渐变韵律能给人带来柔和优雅的感觉，最能体现出韵律感和节奏感，如图 6-13 所示。

6.3.3　手机中技术美的运用

1. 功能美

功能美，是指产品良好的技术性能所体现的合理性，亦是科学技术高

（a）诺基亚 8850　　（b）诺基亚 7610

（c）诺基亚 3250

图 6-12　诺基亚

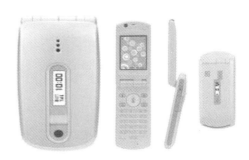

图 6-13　节奏与韵律美的 N700i 手机

（a）清新典雅型的外壳设计

（b）花吹雪主题面板

图6-14　手机的造型设计

图6-15　日本瑜珈小人U盘

图6-16　时尚型的手提包U盘

速发展对造型设计的要求。技术上的良好性能是构成产品功能美的必要条件，它反映的是人的社会现象。现代手机在功能上种类越来越多，一般手机都具有拍照功能、音乐播放功能、游戏功能，甚至有些可以播放电视。

N700i手机相较于其他型号手机，功能并无多大差异。但N700i的最大特点是拥有多款可换面板，主液晶屏幕是一款2.3英寸、240×345像素（QVGA+）、可显示65536色的TFT液晶，外屏显示器是一个约1.0英寸，120×30像素的STN液晶，操作系统采用的是Linux。

2. 工艺美

N700i手机的工艺美主要体现在手机外壳的表面涂饰，如图6-14所示。

6.4　U盘的造型分析

现如今U盘已经不仅仅是单纯的移动存储设备了。在容量越来越大，价格越来越低廉的同时，漂亮的外表和极具潮流感的设计也是选择U盘的一大考量要素。正因为如此，电子产品设计带来的效果就越发明显，人们已经不满足外表普通的U盘，愿意多花几块钱，买自己喜欢的U盘。怎样做到别出心裁，又能集功能与时尚为一身，成为了众多设计师们首要考虑的因素。

图6-15中是日本瑜珈小人U盘，是一款设计理念相当独特的最新最流行的U盘产品，该款U盘是日本SolidAlliance公司的最新产品。这款U盘被称为"Midori Otoko"，制作材料使用的是记忆铁丝包裹触感柔和的环保塑料并拥有1G/2G/4G/8G的存储空间，不同的鲜艳颜色可供选择。可以看到该款U盘的USB接口设置在了这个小绿人的头部位置，平时不需要进行数据传输的时候可以将其隐藏于身体内部。

如图6-16所示是时尚新宠型的手提包U盘，在上市时成为席卷时尚界的小旋风，完美时尚造型，它小巧精致，深受广大女生的喜爱。

如图6-17所示是施华洛世奇水晶U盘璀璨透明的水晶象征着纯洁与坚定，这些创意无限的时尚产品设计，以充满流行设计元素的链坠形象示人，加上融入简约设计及尖端科技，绝对是今季必备的潮流配饰。

如图6-18所示是苍耳U盘，您或许有这样的经历，忘记从电脑上拔下来，特别是在网吧等公共场所。图中的苍耳植物，长在草丛中结小球，球上有刺容易粘在衣服上，甩都甩不掉。设计师从苍耳身上找到灵感设计了这款仿生U盘。不用的时候还可以粘在头发上衣服上当装饰品。

6.5　老年人收音机造型分析

生活节奏的加快，对于老年人来说，收音机这个产品已经必不可少，因为空巢老人需要的不是短暂的天伦与团聚，他们更在乎长久的关注和欢娱。收音机深受老年人的喜爱。

如图6-19这款ECSUM R-333老年人收音机声音洪亮，外观端庄典雅，特设夜间照明显示并可定时开机，方便使用，灵敏度高，选择性好，可接短波广播，适合城乡使用，设有耳机插口，可用耳机收听。

如图6-20所示的辉邦KK-99老人收音机拥有6W强劲喇叭，声音清晰亮丽，音量高，收音自动搜索储存电台，也可手动调台。可插 TF 内存卡播放 MP3 格式音乐，机器小巧方便，锂电型，更经济实用。并且，它的颜色靓丽，适合时尚老年人的使用。

如图 6-21 所示的圣宝 SV932 收音机的外观设计，形状为边角圆润的长方体，收音机右上角有可以躺倒收起的收音机天线，产品颜色为鲜艳的红色，在开机后 SV932 的按键还会发出蓝色的 LED 光，看起来既美观又能很方便的让人识别各个按键的功能，设计的非常人性化。其正面左侧是音响单元，表面覆盖有白色的金属网罩，网罩上印有产品的品牌 LOGO，右侧上方有一个 LED 显示屏，可以用大字体显示出当前播放的曲目或是 FM 收音的频道，显示屏下方除了播放/暂停等操作按键外还有独立的数字按键，可以快速切换曲目或是挑选预存的 FM 电台。操作起来可以说是非常的方便。

图 6-17　施华洛世奇水晶 U 盘

如图 6-22 所示的金河 D90S 多功能收音机和普通香烟大小无二，携带十分方便，它具有超强收听 FM 收音机功能，可插 SD 卡或 U 盘直播 MP3，待机时间强悍；更为体贴的是金河 D90S 收音机配备了手电筒功能，方便老人夜间照明。所有的设计都为中老年人量身定制，金河 D90S 在外观设计上还是沿袭了传统收音机的造型，其复古的味道也贴合了老年人的怀旧审美观。D90S 收音机外壳选用 ABS 硬质塑料，表面经过钢琴烤漆打磨处理，质感非凡，在防摔落、耐磨损方面有着非常不错的表现。

图 6-18　苍耳 U 盘

根据问卷调查得出现今老年人对收音机的要求：

（1）外观：颜色上表现稳重，在造型上表现简洁、复古、轻巧、方便携带，在材质上要求安全，健康防滑。

（2）主要功能：听广播、听 MP3、手电筒等。

（3）操作：简单、以按钮为主。

图 6-19　ECSUM R-333 老年人收音机

图 6-20　辉邦 KK-99 老人收音机

图 6-21　圣宝 SV932 收音机

图 6-22　金河 D90S 多功能收音机

第 7 章 电子产品交互设计

随着电子产品在使用上的复杂程度和潜在功能空前提高，以用户为中心的产品功能服务被各产品设计和制造商所重视。交互设计的主要目的是整合人类心理学、人文科学、社会科学、工程技术、人机工程学、艺术设计等多学科专业，以用户为中心，研发有效、易用、使用户在使用过程中感到愉悦的产品。

交互设计在生活中的应用是无处不在的。对于人机交互来说，用户需要通过设计师所设计的用户界面（UI）来与机器交互，UI 的好坏直接影响着用户的体验。

交互设计借鉴了传统设计、可用性及工程学科的理论和技术。它是一个具有独特方法和实践的综合体，而不只是部分的叠加。它也是一门工程学科，具有不同于其他科学和工程学科的方法。文章用一些实例在交互设计方面作了对比，并对交互设计的问题进行思考分析，同时给出了自己的创新思想。

7.1 电子产品交互设计概述

交互设计（Interaction Design）作为一门关注交互体验的新学科，产生于 20 世纪 80 年代，它由 IDEO（公司名，由一群斯坦福大学毕业生创立于 1991 年）的一位创始人比尔莫格里奇提出。

在每天的生活当中，要和许许多多的产品交互。例如，早上叫你起床的闹钟、热早餐的微波炉、电脑、手机、空调、电视机、饮水机等。为什么提到"交互"，而不是说"使用"？因为，"使用"，是一种从人类出发的主动语态；而"交互"，就感觉是参与交互的双方更加对等。美国人普里斯古在《超越人机交互》一书中提到："把计算机的长处和人的长处相结合，而不是让计算机模拟人"。也就是说，让人做人擅长的事，而计算机做计算机真正擅长的事。对交互对象的重视有利于让人和交互对象的关系更加合理，从而得到人和交互对象相得益彰的相处方式。

交互设计是指设计人和产品或服务互动的一种机制。以用户体验为基础的人机交互设计是要考虑用户的背景、使用经验以及在操作过程中的感受，从而设计符合最终用户的产品，是最终用户在使用时感到愉悦、符合自己的逻辑、有效完成并且高效使用的产品。

简单地说，交互设计是人工制品、环境和系统的行为以及传达这种行为的外形元素的设计与定义。传统设计学科主要关注形式、内容和内涵，而交互设计首先旨在规划和描述事物的行为方式，然后描述传达这种行为的最有效形式。

7.1.1　交互设计的目的及内容

交互设计是指设计人和产品或服务互动的一种机制，要以用户体验为基础。在交互设计中，用户与产品的交互操作过程不宜太深，否则用户会在一层一层挖掘后，感觉焦躁，同时也容易迷失。用户与产品的交互操作过程中的信息量不宜过多，否则用户会觉得复杂，找不到自己想要的东西。

交互设计可以使系统变得简单易用，用户使用其工作的效率大大提高。当客户想要设计或者改进一个交互式系统，使用户与其交互的过程更加有效、易用，设计机构可以为其提供交互设计服务。比如某个交互系统，用户通过它来做日常工作，通过执行一系列的步骤来完成某项任务，使用户体会到产品有效易用，对产品产生依赖感，使用时对产品产生愉悦的心情。交互设计的目的是通过对产品的界面和行为的交互设计，让产品和使用者之间建立一种有机关系，从而可以有效达到使用者的目标。

交互设计是一门特别关注以下内容的学科：

（1）定义产品的行为和使用密切相关的产品形式。

（2）预测产品的使用如何影响产品与用户的关系，以及用户对产品的理解。

（3）探索产品、人和物质、文化、历史之间的对话。

7.1.2　交互设计的解决问题方法

从用户角度来说，交互设计是一种如何让产品易用、有效且让人愉悦的技术。它致力于了解目标用户和他们的期望，了解用户在同产品交互时彼此的行为，了解"人"本身的心理和行为特点。同时，还包括了解各种有效的交互方式，并对它们增强和扩充。

交互设计从以下四个方面的"目标导向"解决产品设计中的交互问题：

（1）形成人们所希望产品的使用方式，以及人们为什么想使用这种产品等问题的见解。

（2）尊重用户及其设计目标。

（3）对于产品特征与使用属性，要有一个完全的形态，而不能太简单。

（4）展望未来，要看到未来产品可能的样子，它们并不必然就像当前这样。

例如，在使用网站、软件、消费产品，各种服务的时候（实际上是在同它们交互），使用过程中的感觉就是一种交互体验。随着网络和新技术的发展，各种新产品和交互方式越来越多，人们也越来越重视对交互的体验。当大型计算机刚刚研制出来的时候，可能因为当初的使用者本身就是该行业的专家，没有人去关注使用者的感觉；那里一切都围绕机器的需要来组织，程序员通过打孔卡片来输入机器语言，输出结果也是机器语言，那个时候同计算机交互的重心是机器本身。当计算机系统的用户越来越由普通大众组成的时候，对交互体验的关注也越来越迫切了。

7.1.3 交互设计的价值

通过改进设计，使产品的使用者可以很好地学习、快速有效地完成任务、访问到所需的信息、购买到所需的产品，并且在使用的过程中获得独特的体验和情感上的满足。

交互设计的好坏会影响用户对产品的印象，同时也会影响用户对品牌的看法。好的交互设计会给市场带来增值、提高用户对品牌的忠诚度、促进销量，从而给公司业务带来良性循环。在中国，交互设计一词，推广及实践经验最多的是洛可可设计公司，在洛可可的实践经验中，界面包括产品外观和产品的交互行为。洛可可认为一个出众的界面也是杰出的长期投资，它将获得：

（1）顾客更高的工作效率；

（2）更高的用户满意度；

（3）更高的可见价值；

（4）更低的客户支持成本；

（5）更快、更简单的实现；

（6）有竞争力的市场优势；

（7）品牌的忠诚度；

（8）更简单的用户手册和在线帮助；

（9）更安全的产品。

不管市场上有多少种类产品，用户总是喜欢能和自己友好交互的产品，而用户喜欢的产品在他们心目中永远是第一位的。友好的交互设计能建立并巩固用户和产品之间的感情，如果你是认真为用户着想的公司，那么，何不让交互设计技术帮你再进一步。

7.1.4 用户体验

用户体验（User Experience，简称 UE）是一种在用户使用一个产品（服务）的过程中建立起来的纯主观的心理感受。因为它是纯主观的，就带有一定的不确定因素。个体差异也决定了每个用户的真实体验是无法通过其他途径来完全模拟或再现的。但是对于一个界定明确的用户群体来讲，其用户体验的共性是能够经由良好设计的实验来认识的。

用户体验主要是来自用户和人机界面的交互过程。在早期的软件设计过程中，人机界面被看做仅仅是一层包裹于功能核心之外的"包装"，而没有得到足够的重视。其结果就是对人机界面的开发是独立于功能核心的开发，而且往往是在整个开发过程尾声部分才开始的。这种方式极大地限制了对人机交互的设计，其结果带有很大的风险性，因为在最后阶段再修改功能核心的设计代价巨大，牺牲人机交互界面便是唯一的出路。这种带有猜测性和赌博性的开发几乎是难以获得令人满意的用户体验。至于客户服务，从广义上说也是用户体验的一部分，因为它是同产品自身的设计分不开的。客户服务更多的是对人员素质的要求，而难以改变已经完成并投入市场的产品了。但是一个好的设计可以减少用户对客户服务的需要，从而减少公司在客户服务方面的投入，也降低由于客户服务质量引发用户流失的几率。

现在流行的设计过程注重以用户为中心。用户体验的概念从开发的最早期就开始进入整个流程，并贯穿始终。其目的就是保证：①对用户体验有正确的预估；②认识用户的真实期望和目的；③在功能核心还能够以低廉成本加以修改的时候对设计进行修正；④保证核心功能与人机界面之间的协调工作，减少漏洞（BUG）。

1. 用户体验的量化方法

设计师应当特别掌握好用户体验的设计方法，以给用户提供积极丰富的体验，为产品提高利益。在用户体验方面，信息构建师 Peter Morville 设计出了一个描绘用户体验要素的蜂窝图，如图7-1所示。

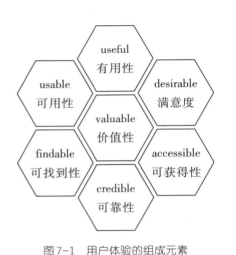

图7-1 用户体验的组成元素

该蜂窝图很好地描述了用户体验的组成元素，信息构建师在设计网站或其他信息系统时应当参照这个进行。蜂窝图说明了良好的用户体验不仅仅是指可用性，而是在可用性方面还有其他一些很重要的东西。比如对网站而言有：

有用性（useful）。它表示设计的网站产品应当是有用的，而不应当局限于上级的条条框框去设计一些对用户来说根本毫无用处的东西。

可找到性（findable）。网站应当提供良好的导航和定位元素，使用户能很快地找到所需信息，并且知道自身所在的位置，不至于迷航。

可获得性（accessible）。它要求网站信息应当能为所有用户所获得，这个是专门针对于残疾人而言的，比如盲人，网站也要支持这种功能。

满意度（desirable）。是指网站元素应当满足用户的各种情感体验，这个是来源于情感设计的。

可靠性（credible）。是指网站的元素要是能够让用户所信赖的，要尽量设计和提供使用户充分信赖的组件。

价值性（valuable）。是指网站要能盈利，而对于非营利性网站，也要能促使实现预期目标。

用户体验是一种纯主观在用户使用产品过程中建立起来的感受。影响用户体验的这些因素被分为三大类：使用者的状态、系统性能以及环境（状况）。针对典型用户群、典型环境情况的研究有助于设计和改进系统。

2. 用户体验的五个层次设计

在具体的实施上，用户体验是在开发过程中实施多次可用性实验、后期的用户测试、修改等。在设计—测试—修改这个反复循环的开发流程中，可用性实验为何时出离该循环提供了可量化的指标。

战略层——目标和用户需求。成功的用户体验，其基础是一个被明确表达的"战略"。知道企业与用户双方对产品的期许和目标，有助于确立用户体验各方面战略的制定。然而回答这些看似简单的问题却不如说起来那么容易。

范围层——功能规格和内容说明。带着"我们想要什么"、"我们的用户想要什么"的明确认识，我们就能弄清楚如何去满足所有这些战略的目标。当你把用户需求和产品目标转变成产品应该提供给用户什么样的内容和功能时，战略就变成了范围。

结构层——交互设计与信息架构。在收集完用户需求并将其排列好优先级别之后，我们对于最终产品将会包括什么特性已经有了清楚的图像。然而，这些需求并没有说明如何将这些分散的片段组成一个整体。这就是范围层的上面一层：为产品创建一个概念结构。

框架层——界面设计、操作设计和信息设计。在充满概念的结构层中开始形成了大量的需求，这些需求都是来自我们的战略目标的需求。在框架层，我们要进一步提炼这些结构，确定很详细的界面外观、操作和信息设计，这能让美色的结构变得更实在。

表现层——视觉设计。在这个五层模型的顶端，我们把注意力转移到网站用户会先注意到的那些方面：视觉设计，把内容、功能和美学汇集到一起来产生一个最终设计，这将满足其他四个层面的所有目标。

3. 用户体验的设计目标

（1）有用。最重要的是要让产品有用，这个有用是指用户的需求。苹果在 20 世纪 90 年代出来第一款 PDA 手机叫牛顿，牛顿 PDA 创造了科技的奇迹，它具有手写识别、全新操作系统以及许多其他高科技的优点。苹果似乎忘了自己是为了谁创新，造成新产品太过超前，消费者没有认识它的价值所在，是非常失败的一个案例。在那个年代，其实很多人并没有 PDA 的需求，苹果把 90% 以上的投资放到 1% 的市场份额上，所以失败是必然的。

（2）易用。其次是易用，这非常关键。不容易使用的产品，也是没用的。市场上手机有 150 多种品牌，每一个手机有一两百种功能，当用户买到这个手机的时候，他不知道怎么去用，100 多个功能他可能用的就五六个功能。当他不理解这个产品对他有什么用，他可能不会花钱去买这个手机。产品要让用户一看就知道怎么去用，而不要去读说明书。这也是设计的一个方向。

（3）友好。设计的下一个方向就是友好。最早的时候，如果想加入百度联盟，百度在批准后，会发这样一个邮件：百度已经批准你加入百度的联盟。批准，这个语调让人非常难受。现在说：祝贺你成为百度联盟的会员。文字上的这种感觉也是用户体验的一个细节。

（4）视觉设计。视觉设计的目的其实是要传递一种信息，让产品产生一种吸引力，这种吸引力让用户觉得这个产品可爱。"苹果"有这样一个概念，就是能够让用户在视觉上受到吸引，爱上这个产品。视觉能创造出用户黏度。

（5）品牌。前四者做好，就融会贯通上升到品牌。这个时候去做市场推广，可以做很好的事情。前四个基础没做好，推广越多，用户用得不好，他会马上走，而且永远不会再来。他还会告诉一个人说这个东西很难用。

用户体验设计经常犯的错误是，直接开发，直接上线。很多人说，互联网作为一个实验室，我一上线就可以知道结果了。这当然也是一个正确的理念。但是在上线之前有太多的错误，那么就会大大地影响事态结局。一开始就能很准确地作出判断，作出取舍，在互联网这个实验室里，才能够做得更好。

4. 良好的用户体验

作为设计师，我们总是希望使用户获得更好的体验，试着让他们喜欢我们设计的产品。在设计的开始，我们应该思考为什么要这个设计？设计要达到什么目的？这样的设计用户可以接受吗？用户会按照我们的意图去操作吗？我们需要不停地假设与验证，不停地优化、完善我们的设计。因此需要考虑下列方面：①分析产品需求；②产品用户体验设计瞄准具体的用户群体；③理解你的产品；④良好的用户体验，如合理的布局、赏心悦目的配色、用户友好的操作过程。

5. 自然化的人机交互

电子产品的设计其核心价值在于走向日益自然化的人机交互设计，只有这样才能从根本上减轻人们的认知负荷，增强人类的感觉通道与动作通道的能力。

任务本身：就是人的本位需求和消费体验。比如：通常在用笔写字时，我们的心智总是集中在写的任务上，而没有过多地意识到"纸和笔"等工具上。

关注点：这是认知学上的一个重要概念。即无论是通过你的感觉，还是通过你的想象，这个世界上所有你所感知的东西之中，你集中精力所在的最多只能是一个实体，无论它是一个对象、一个特征、一个记忆，还是一个概念。这就是你的关注点（Attention）。包括主动关注的情况，也包括被动地随波逐流的情况，或者仅仅经历了发生的情况。如：你无法用左右手同时分别画出方和圆一样，即你在同一时刻仅能有一个关注点，也就仅能处理一件有意识/无意识的事情。

感觉通道-动作通道：心理学将人接受刺激和作出反应的信息通路称为通道（Modality）。对应于接受信息和输出信息分别为感觉通道和效应通道。这里的效应通道等同于动作通道。感觉通道主要有视觉、听觉、触觉、力觉、动觉、嗅觉、味觉等。效应通道主要有手、足、头及身体、语言（音）、眼神、表情等。

自然化的交互设计要做到交互设计中三个层次的表达，即创意表达、真实感表达、正确表达。

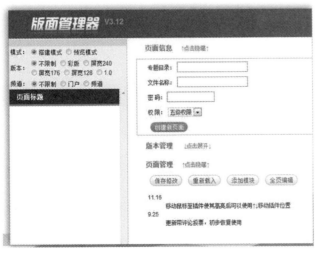

图 7-2　交互设计就近原则

7.2　交互设计的原则

从用户角度来说，交互设计是一种让产品更易用，让用户更愉悦的产品设计。它致力于了解目标用户以及他们的期望，了解用户在同产品交互时彼此的行为，了解用户心理和行为特点。

以下介绍在交互设计中的一些通用的原则。

7.2.1　就近原则

将同一类的功能都组织放在页面相同模块中，体现整体美学感，意味着信息经过良好的组织并且和视图设计一致。如图7-2所示，把功能类似的操作设计在相同的模块中。

7.2.2　容错原则

必须允许用户犯错，给予用户后悔的机会。提供充分的容错性以鼓励用户使用程序的各种功能——也就是说，大部分的操作都是很容易恢复的。如图7-3所示，用户很容易恢复原先的操作。

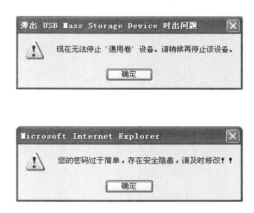

图7-3　交互设计中的容错原则

7.2.3　帮助原则

为用户提供适量的帮助，必须使用用户语言，不迷惑用户。如图7-4所示，在操作过程中可提供适量的帮助。

图7-4　交互设计的帮助原则

7.2.4　习惯原则

设计及功能尽量贴近用户的操作习惯，避免用户思考。用户界面应该基于用户的心里的模型，而不是基于实现模型。例如我们可以结合眼动仪，了解用户在查看某个界面过程中的视觉扫描路径，某些特点兴趣区被注视的次数，以及不同兴趣区间的注意的分配和转移来研究用户的操作习惯。如图7-5所示的为在输入用户名与密码时的"TAB"键、"回车"键的操作。

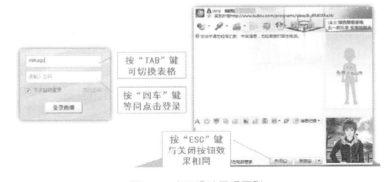

图7-5　交互设计习惯原则

图7-6　交互设计响应原则

7.2.5　响应原则

每次用户操作后，都需要给用户一个响应反馈，否则用户将不清楚自己的操作是否有效，从而重复操作，对产品甚至用户带来伤害。反馈和交互意味着通过合适的反馈以及和程序之间的交互从而让用户时刻知道现在发生了什么，而不仅仅是当事情出错时显示一个警告。如图7-6所示的操作与反馈信息。

7.2.6　精简原则

设计者需要常常扪心自问：是否做出很多用户不需要的东西？有时候，决定不要什么，比决定要做什么更重要。美国科学家研究发现，大脑会"优待"较常用的记忆内容和操作形式，有意抑制那些相似但不常用的内容，以便减轻认知负担，防止混淆。从某种程度上来说，习惯就是一种"熟知记忆"。可以不出现的内容尽量不出现，即使需要出现也要用最简洁的方式出现，做到简洁清晰，自然易懂。

7.3　电子产品中人性化交互设计

7.3.1　人性化交互设计

随着社会的进步和人们生活水平的提高，人们对一个产品的要求不仅仅满足于其使用价值，而越来越注重产品的附加价值——情感价值、美学价值、个性化价值等。一句话，人性化需求越来越高。从当代设计的发展趋势来看，人性化设计越来越受到重视。因此，对产品设计中人性化设计的研究不仅具有理论意义，还具有十分重要的指导意义。

产品都是为人而设计的。从设计的本质来说，在产品设计过程中，任何观念的形成均需以人为基本的出发点。如果设计师对物与物的关系过分重视，而忽略了物与人的关系，则设计可能会迷失方向，而与一般结构设计就没有什么区别。当然结构设计对产品设计的构造或功能的实现是必不可少的，也是很重要的，对一个设计师来说，并不是不去考虑这方面的因素，而是在设计理念上要更加强调人性化，后者较前者更为重要。因此，就产品设计的本质来说，以人性化为主应看做是首要的设计理念。注重人性化的设计，正是工业设计所追求的崇高理想，即为人类造就更舒适、更美好的生活和工作环境。

7.3.2　人性化交互设计的主要因素

设计人性化的要求是多种因素综合作用的结果，有社会的、个体的原因，也有设计本身的原因。归结来看，以下三个方面是其最主要的原因。

（1）人性化产品设计是社会经济和人类发展的必然结果，是人类需要阶梯化上升的内在要求，设计的目的在于满足人自身的生理和心理需求，因而需求成为人类设计的原动力。

（2）人性化产品设计是未来工业设计的发展方向。改革开放以来，随着社会主义市场经济的确立，中国的发展进入了一个全新的时代，国民经济高速增长，人民生活水平显著提高。人们对产品的质与质的需求提升到空前的高度，而且人们的需求越来越具体、个性化，而设计的目的是人而不是产品本身，既然人们对产品的需求越来越个性化，所以设计师应设计出更有个性的产品。总之，人性化设计是未来工业设计的发展趋势之一。

（3）如何实现产品的人性化设计？既然产品的人性化设计是一种必然的趋势，那产品的人性化设计是如何实现的呢？这在很大程度上取决于设计师。设计师通过对设计形式和功能等方面的"人性化"因素的注入，赋予设计物以"人性化"的品格，使其具有情感、个性、情趣和生命，最终达到产品人性化设计的目的。一个产品设计的几个主要要素就是产品的形式、功能、名称等，而人性化正是在这几个方面体现出来的。

产品任何一种特征内容或含义都必须通过产品本身来体现，要体现产品的人性化，就得从产品的要素着手，分析产品的各种形式要素。通过设计的形式要素——造型、色彩、装饰材料等变化来实现产品的人性化设计。

例如：TCL公司推出的老年人手机，它的功能有：大字体显示，短信朗读，整点报时，简化菜单操作，取消音量调节键，一键直达求救号码、亲情号码、FM收音机外放等，如图7-7所示。

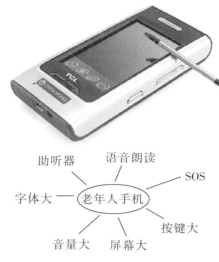

图7-7　老年人手机及其特征

7.3.3　消费类电子产品中的人性化交互设计

消费电子时代已迈向包括"整合性功能"、"技术商品化"与"消费者困惑"的阶段。我们在享受信息产品带来的便利时，也被各种不同的技术参数、专业术语和复杂的操作流程所困扰。比如，在现在的家庭中，男性家庭成员往往是新购置电子产品的使用学习者和"说明书"，这或多或少反映出电子产品的人机交流方面还有障碍，还没有真正做到"符合人性"。技术的交叉、融合使消费电子产品的功能多样化，如可上网的电视、可拍照的手机、可打电话的PDA等。具备多种功能的数字整合消费电子产品将会使交互的问题更加突显，界面设计（UI）也将越来越受到重视。

用户界面，是指人与物之间相互施加影响的区域。设计的界面存在于人与物信息交流的一切领域，例如，切菜时刀把手就是个界面，开车时方向盘、仪表盘、后视镜就是个界面，用电脑时显示屏、输入设备就是个界面。界面包含了硬件界面和软件界面两方面的内容。

从产品系统论的角度出发，界面主要有三种表现形式：图形用户界面（GUI）、实体用户界面（SUI）和声音用户界面（AUI）。它们刚好对应了人类感知外界信息的三种主要途径：视觉、触觉和听觉。良好的界面设计是自然的人机交互状态。用户不用花心思去琢磨产品的使用方式，这一特征在消费电子产品的发展过程中表现得尤为明显。从个人计算机早期需要用户记忆的DOS指令操作系统到苹果公司发明的图形界面，使没有学过操作系统的用户也能使用计算机。道格拉斯·恩格巴特发明的鼠标用一个按键动作替代了繁杂的键盘输入，使原本复杂的人机交互过程简单化。语音识别、动态交互、人工智能等，这些与计算机技术相关的科学进步，实际上反映的是科学家在数字化生存中最直接的人性化思考。产品设计者应该是人性化使用方式的发现者和加速器。运用产品语意学可以让产品的形态表述或暗示其功能或使用方式，有助于用户高效率地掌握和操作产品，避免因歧义而产生误操作。从认知角度讲，产品的外观设计给用户的体验是随使用时间递减的，而一个有良好交互设计的产品在这方面则是递增的，用户会随着对产品的熟悉从新手演变为中间用户，然后成为专家。一个成功的电子产品应该从外在形态到内在使用都具备良好的交互性。如果现阶段的技术还不能让用户达到"自由使用",那设计师就有责任让产品易于理解,使用的过程直观、新颖甚至有趣,从而增加用户的使用信心和兴趣。按键设计便是人机交互的一种体现,人们的操作过程不再是枯燥、机械的,仿佛使用者是和一个有感觉的物体在交流,每一次的操作都带有情感的反馈(当然,其操作的精确性还值得进一步改良)。消费类电子产品使用方式的改变也是构建良好交互性的一种体现。电子手表数字表示时间的方法是对传统手表刻度表示法的创新,傻瓜相机模糊控制的方式是对以前相机精确控制使用方式的创新,交互研究的目的是让产品适合人,而不是人去适应产品。

从长远看,任何与人们日常生活密切相关的产品加入了信息技术都将扩展为消费类电子产品,与传统家具和家居产品相结合的方式,如带通话功能的枕头、项链式 MP3、甚至集合多种功能的电子服装等,是赋予新科技熟悉的面孔,让使用者感觉亲切,唤起他们的使用记忆,从而引导正确、自然的使用流程。例如,利用感应和显示技术,英国的 digit 公司将酒吧台的桌面"人性化",任何压力可以在桌面以光的形式表现出来,压力越大光晕越强。酒杯在桌面的滑动,光线如影相随,不断地出现、消失、再出现,充满了情趣,普通的吧台也似乎拥有了个性。对交互的考虑已经不只是局限在狭义的软件界面领域,它渗透在消费电子产品的整个使用过程之中,甚至是使用前用户的心理期待和行为模式之中。随着产品非物质化进程日益加快,传统的"产品设计"将从造型设计更多地转向交互设计。人性化的交互设计是便利、有趣、惊喜或自然的。

人性化的另一个表现是个性化,针对不同的使用人群、不同的使用环境,消费电子市场的定位将更加细分。从产品系统设计的角度看,消费类电子产品的内部系统,即在产品生命周期中从原材料的提取到产品制造的形成过程(包含材料、结构、颜色、体量、机构等要素),将对产品的限制越来越小;产品的外部系统,即从产品流通到废弃物的处理、能源再生和再利用这一过程,对消费类电子产品的影响会越来越大。产品外部系统的因素是多方面的,像市场销售环境、消费者的状况(包括年龄、性别、消费理念、文化品位、风俗习惯等)等。产品形态的自由度空前广阔,起最终决定作用的是消费者的特定需求:或是唤起用户对产品功能的联想,或是方便消费者的使用,或是引发消费者的亲切感……由于每个消费者都是特殊的个体,人性化的最终体现应包含对个体需求的满足。例如为高端游戏发烧友专门设计的家庭游戏机,如图7-8所示。一个半封闭式的游戏空间给玩家以极致的游戏感受,在同一个操作界面上可以更换不同的游戏控制器以适应不同类型的游戏,并且,游戏过程中伴随着仿真的震动和音响效果。

因此,挖掘消费者的潜在需求是设计师的当务之急。目前,最科学、直接的方法是设计调研。这种调研不仅包含对用户的界定,如用户的年龄层次、文化背景、审美情趣、生理和心理需求等,也包含用户的使用环境。并且在设计过程中也应该让使用者参与,在不同的设计阶段对产品设计进行评估。这离不开心理学知识,设计师除了要了解造型、色彩、材质等产品构成要素对目标用户心理的影响,如浑然饱满的造型、精细的工

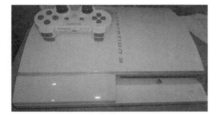
(a)PS3

(b)FRAGnStein FOR FPS

(c)声道耳机

图7-8 游戏机设备

艺、沉稳的色泽给人安全的感觉，柔和的曲线造型、细腻的表面处理、艳丽柔和的色彩给人女性化的感觉等，还应该掌握如何运用科学的方法诱导用户表达他们潜在的需求。传统消费观关注的是物，现代消费观关注的是人，人们不仅要求获得商品的物质效能，而且迫切要求满足心理需求。目前，产品设计主要利用的是心理学的实验方法和测试方法，设计越向高深的层次发展，就越需要设计心理学的理论支持，今后设计与心理学的结合将更加紧密。

7.4 电子产品人性化交互设计实例

7.4.1 手机键盘的设计

键盘用于输入，字符输入的研究需要考虑哪些字符是最常用的字符，因而从首字母的出现频率进行考虑。经公安部对全国户籍人口的最新（2007年4月）统计分析显示，常用的20个姓分别是：王、李、张、刘、陈、杨、黄、赵、周、吴、徐、孙、朱、马、胡、郭、林、何、高、梁。位列前100名的姓氏还有：谢、宋、唐、许、韩、冯、邓、曹、彭、曾、肖（萧）、田、董、袁、潘、于、蒋、蔡、余、杜、叶、程、苏、魏、吕、丁、任、沈、姚、卢、姜、崔、钟、谭、陆、汪、范、金、石、廖、贾、夏、韦、付、方、白、邹、孟、熊、秦、邱、江、尹、薛、闫（阎）、段、雷、侯、龙、史、陶、黎、贺、顾、毛、郝、龚、邵、万、钱、严、覃、武、戴、莫、孔、向、汤。其中再根据它们的首字母，画出如图7-9所示的直观图。

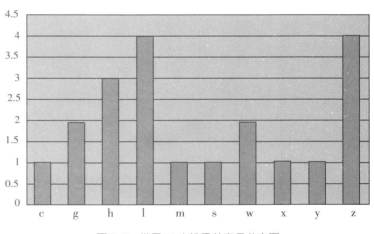

图7-9 常用20大姓氏首字母分布图

（1）过程分析。

从常用的20大姓首字母中选出出现频率最高的8个首字母，列于下表中：

常用20个姓氏首字母的前8强							
1	2	3	4	5	6	7	8
l	z	h	g	w	y	x	m

（2）接着，就公安部统计的100个姓氏按照首字母进行整理。

统计的数据虽均为出现频数，但由于此处的频率与频数成正比，所以，为了叙述方便和表述明确，以下均使用频率这个概念（为简化计算，使用频数的数值）。

为了更加直观地比较100个姓氏首字母的使用情况，根据表中数据画出，如图7-10所示。

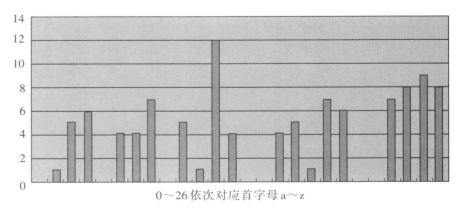

0～26依次对应首字母a～z

图7-10 常用100大姓氏首字母分布图

（3）将20个常用姓氏的首字母的前8个放在8个键位的第一位。剩余字母中，选出单个字母出现频率最高的字母（即在全部的26个字母中，单个字母出现频率排在第9位的字母），让该字母依次与上述8个按键中的首个字母（即单个字母出现频率排在前8位的字母）相交。比较相交的结果，从中找出所有相交的数值最小的。然后，将该字母放于与之相交所得数值最小字母的按键上，并排列在按键中的首字母之后，作为此按键的第2个字母。

字母组合	ls	zs	hs	gs	ws	ys	xs	ms
频　　数	84	56	49	28	49	63	56	28

发现最小的是gs和ms，但由于g的排名先于m，所以，应该取ms。同样的方法，来进行其他7个首字母的组合。

字母组合	lt	zt	ht	gt	wt	yt	xt
频　　数	72	48	42	24	42	54	48

最小为gt，所以，应该取gt。

字母组合	ld	zd	hd	wd	yd	xd
频　　数	72	48	42	42	54	48

最小为hd和wd，由于h的排名先于w，所以，应该取wd。接着，采用同样的方法将其余的首字母进行组合，最后，整理记录在下表中。

lp	zf	hc	gt	wd	yq	xj	ms

再从剩余字母中，选出单个字母出现频率最高的字母，让该字母依次与每一个按键上的每一个字母相交。分别统计该字母与每个按键上的字母相交之和，比较它们的和的大小，从中选出所交和最小的，并将该字母放于该按键所有字母之后。同理，排列好每个按键上的3个字母。

字母组合	lpr	zfr	hcr	gtr	wdr	yqr	xjr	msr
频　　数	24	32	35	24	42	27	40	28

最小为gtr，所以，应该取gtr。在通过同样的方法将其余的首字母进行组合直到姓氏为0时停止，最后，整理记录在下表中。

lpb	zf	hc	gtr	wd	yqk	xj	ms

下面的几个首字母在常见的100个姓氏中是没有的。

a	e	i	n	o	u	v

（4）考虑键位的置位问题，是要结合前面讨论过的那个结论：

键位的最佳点置位点是5，其次是左上角的1、2、4，最差置位点的点是0、9。所以，综合以上考虑，键盘的初步设想是如下表所示。

zf	hc	xj
gtr	lpb	ms
wd	yqk	

最后，还要将余下的字母填进去。考虑到在汉字里面n经常做首字母，所以将它放在zfn位置。o和u应该分开放置，同时他们也比较常用，

所以安排在 hco 和 wdu。v 在拼音里最少用，放在 msv。a 和 e 在汉字里不同时用，所以安排在一起，即 xjae。最后一个是 msiv。如图 7-11 所示。

7.4.2　网页设计中的交互性

网站具备用户的选择和主动性，这个特性对大多数媒体是不具备的，然而对缺乏交互性的网站，即使看上去非常漂亮也是缺乏生命力的。网站作为一种媒体，它的交互体现在网站将会对你的选择作出响应，然后访问者就可以循环似的选择，连接到其他的页面。重复地做这些，继续点击，用户的选择就可以及时从服务器得到响应，这是一个非常让人愉快的过程。

网页界面作为一个完全的交流媒介，最大的特点就是交互性，浏览者不仅可以自主浏览网上信息，而且可以通过网页界面实现在网上发布信息。

超链接是实现交互性的一个重要手段，超链接是互联网的灵魂。在网页界面中，最能体现交互性特性的区域是导航系统。浏览者通过导航系统可以获取想要的信息指引。导航系统越直观、越实用，浏览者的反馈信息就越多。网页界面设计的一个重要目标就是要提高浏览者对超链接的点击欲。因此，人们经常会看到在网页中需要浏览者点击的超链接被设计成按钮形式，或以动画效果吸引人们的注意，有的还通过对鼠标动作的响应来增强互动感。这种设计要注意得体规范，网页界面中动态太多和链接杂乱会影响界面交互性的效果。

增强网页交互性的另一个有效手段就是让浏览者有更多发表意见的机会。当浏览者在网页上留下他们的标记时，就已经成为了网站中很有价值的一个部分。他们会因为这种参与感而继续访问这个网站，甚至将其视为一个虚拟自我存在的场所。

网页界面的版式设计也对交互性有很大影响。从根本上讲，设计是为了方便人机交流，使浏览者更便捷地获取有价值的信息，"设计以人为本"这一基本原则在界面设计中同样重要。要达到操作中真正的人机和谐，实现人机系统中种种问题的完善处理和解决，就必须以更高层次的眼光来看待网页界面设计。这就要求设计师综合考虑到视觉流程、阅读习惯、接受心理、视错适应等多种因素，实现人机系统的宜人高效的目的，通过合理的版式设计来加强网页界面的交互性。

1. 网页交互性元素

因特网是双向交流的媒体，"交互性"是因特网媒体较之传统媒体的一大优越性，但目前有些网站缺乏"交互性"，或者说没有很好地利用网络的这一特性，体现它的交互性。为了更好地发挥因特网的"交互性"，应注意以下几个方面：

（1）资讯内容的交互性。交互性在新闻网站可以有多种表现。一个拥有资料库，可供读者查询他们所需的特定信息的新闻网站就具有交互性。例如，当地新闻网站的"犯罪档案"，读者输入某一街区的地址，就能查到该区的犯罪记录。还有选举结果资料库，同样的，网上读者只要输入地址，就可以查询该区的选举结果。

（2）网上调查、电子贺卡服务中的交互性。一个真正的交互性网站，应该实现网上读者之间的双向交流，把交互性建立在人们彼此的交流中，这是发挥网上媒体优越性的最重要而有效的方式。因特网显然是"双向"

1zfn	2hco	3xjae
4gtr	5lpb	6msiv
7wdu	8yqk	9
*	0	#

（a）新设计的键盘

（b）传统键盘

图 7-11　手机键盘

交流的媒体，因此网站实现最佳交互性，是让网上读者之间，读者与网站工作人员之间相互沟通。

（3）讨论区。讨论区的重要性不容置疑。你的网站如果没有讨论区，读者就会到别的网站去抒发己见，不再光顾你的站点。有些资讯内容，没有讨论区就不算完整。你所在的地区有职业球赛吗？如果有，就让球迷们在你的网站讨论，体育是新闻网站最适于讨论的话题了。

（4）聊天室。聊天室对新闻网站的重要性同样不需要强调。

（5）记者邮件地址。每一则新闻，最好都有作者的电子邮件地址，以便读者反馈。加上作者小传更好，可以让读者对你网站的采编人员加深了解，网站的交互性更强。

（6）稿评。真正的交互性新闻网站，在每篇文章之后，都鼓励读者加注评论文字。读者用填表的方式写读后感，发表在文章之后，或是将读后感集中放在另一网页上，在原文结束的地方加上链接。

（7）个人网页。让读者在你的网站建立自己的网页。网站提供表格式的网页制作工具，读者可以不必懂 HTML，只要输入简单文字及附上图片，就可以创建自己的网页。

（8）特色网页。从个人网页更进一步，可以开辟特区，让读者创建自己的特色网页。游艇网页，读者制作有关游艇的照片与文字。汽车网页，读者放入汽车引擎的声音。这才叫交互性，让大家展示他们自认为重要的事物（不论这些东西对专业出版人是多么平常），才能把网站与个人紧密连接在一起。

（9）专家评论与读者反馈。真正的交互性网站，会允许读者的意见与专家的评论一起刊出。某戏剧的专家评论，就可以邀请看过戏的读者提出自己的意见。电影的专家评论栏，也应该包含读者对这部电影的评论的统计资料，好让别的读者把专家的评论与读者的评论作比较。

（10）读者调查。网上调查容易误导结果，所以理想的方式，是用传统、科学化的做法（随机的电话采访），同时网上调查也用同样的问卷，然后把两种结果作比较。

2. 网页交互设计的信息构架与表达

网页中的交互设计通常是指通过对界面和操作行为的设计提高网站可用性。交互的工作大概分为两个部分，即信息构架和交互细节。

信息构架是组织信息和设计信息环境、信息空间和信息体系结构，以满足需求者的信息需求的一门艺术和科学，它包括调查、分析、设计和实施过程，涉及组织、标识、导航和搜索系统的设计。

为什么需要信息构架？因为互联网上的信息种类繁多、多媒体信息的内容特征多种多样，信息存储分散无序，加之超链接技术的广泛使用，互联网具有非常复杂的信息空间，用户在其中很容易迷惑和迷失方向。因此，互联网尤其需要信息构架成为信息序化和优化的思想和工具，以帮助人们在异质的信息空间中管理和获取信息。

信息构架的原则：

（1）获得和理解信息内容，并更好地组织信息。

（2）优化信息结构。

（3）面向用户传达信息内容。

（4）提供一个清晰的、易于信息获得的界面。

信息构架之后，需要将构架好的界面表达出来。这就是交互细节，页面表达的原则主要有以下几点：

（1）信息的表达应该清楚、明确、直接，尽量减少信息量。

（2）操作要简洁，易于上手，结构化形式要更易于理解。

（3）操作可识别，操作前结果可预知；操作时，操作有反馈；操作后，操作可撤销。

（4）让用户知道身处何地。

（5）重要的信息功能应更加突出，便于发现，避免内容看上去像广告。

（6）不提供多余的功能，相同的功能在不同的页面中应保持一致性。

（7）措辞统一。

网页的交互设计已经成为网页设计中不可缺少的一部分，随着互联网行业的不断发展，原有的以传统平面设计为参考的网页界面设计已经无法满足人们对交互体验的需求，只有对其重新认识才能设计出符合客户要求的网页界面。

3. 网站交互设计中细节因素

（1）同类型内容表达形式要一致，不同类内容不能在相近区域。

（2）合理使用页面的主体与次要位置。

最常见的页面结构，如图7-12所示。设计时保证主体位置的核心功能，不在主体位置是推荐功能。一般情况下，可认为左下方为左导航位置，页面右下侧为次要推荐位。

图 7-12　常见的页面结构

（3）关联内容间的功能，在页面中的鼠标移动跨度不宜太大。

（4）同一功能模块，不宜有太多的功能入口，至少保证用户通过主导航深入的路径通顺。

（5）同一功能模块，不宜有过多的不同表现形式，甚至有的地方功能多，有的地方功能少。

（6）保证主导航在各个页面功能入口的完整性，不能在某些页面出现主导航入口缺失。

（7）不轻易改变互联网上普遍遵循的几近标准的用户习惯。

（8）功能的入口层级不宜过深，一般控制在3级以内。

（9）不增加过程中不必要的点击，状态更新提示在页面中完成，不增加额外的确认点击。

（10）选择内容最适合的表达方式，不盲目占用不必要的空间，不盲目跳转不必要的页面。同时注意到留白、隔断等，不在狭小区域密集太多非必需功能。

（11）注重文字部分的表达修炼，力求文字简明、扼要、无歧义。力求合理的表达顺序，必要时配合图标，帮助诠释含义。

7.4.3　手机Web界面设计中的交互性

首先是对于人机交互来说，我们平时接触最多的就是手机了，现在手机对于我们来说是必不可少的，甚至是从不离身的。

1. 信息展现

在手机上浏览信息，存在着太多的局限，手机屏幕小注定了一页不能显示太多的信息，环境光线的变化注定页面设计不能过于花哨，流量限制注定不能有太多的图片和样式。如何调整信息展现方式，使内容能在小屏幕的手机上也更友好地展现呢？

首先，Ben Shneiderman 的交互设计 8 项黄金法则，这些法则也可适用于移动互联网的应用。8 项黄金法则要点如下：

（1）力求一致。

（2）允许频繁地使用快捷键。

（3）提供明确的反馈。

（4）设计对话，告诉用户任务已完成。

（5）提供错误预防和简单的纠错能力。

（6）应该方便用户取消某个操作。

（7）用户应掌握控制权。

（8）减轻用户的记忆负担。

其次，针对手机上的交互设计原则，还有以下注意点需要补充：

（1）尽量减少操作的步骤。

（2）尽量利用点击来代替输入。

（3）时刻让用户知道自己所处的位置。

（4）与 web 保持一致且数据同步。

（5）为输入法让出空间。

手机上的信息展现，一方面要有利于使用者找到需要的信息，另一方面要提供友好的方式阅读你需要的信息。为了在手机上有效地支持这两个任务，手机网站交互设计中的信息设计需要满足以下几条：

（1）摘要形式展现信息。

（2）导航和提示处于明显的位置。

（3）减少滚动。

摘要形式展示信息。因为手机上的信息展现和 web 上的信息展现都有一个共同的出发点——方便阅读，任何有助于用户迅速判断某条信息是否有价值的方式都可以借鉴，以防止用户花了大量的时间去阅读一些对他来说毫无意义的内容。因为 web 可以展现很详细的信息，而手机上显示一篇稍微长点的文章就需要好几页，所以不能把一篇篇文章直接适配到手机的版本，而是需要提供一个新的方式，让用户可以总揽全局，一下子看到所有的文章，这就需要把信息缩略成摘要的形式。

减少滚动。显而易见，用户在 web 上就很讨厌滚动操作，在手机上更是如此。我们面对的问题是，手机客户端需要把大量的信息整合到终端上展现给用户，势必造成一些不得不进行的滚动和翻页。为了减少垂直滚动，可以按照以下方式来布置内容。

（1）将一些导航功能（菜单栏等）固定的放在页面的顶端或底端。

（2）将十分重要的信息放置在靠近顶部的位置。例如，腾讯微博把"刷新"这个操作放在第一权重的位置上。

（3）减少每一页的信息量，让内容更简练而不冗长。

（4）重要的操作可以重复布置在页面的最底端。

2. 手机的横竖屏设计与使用场景

用户为什么会翻转手机？如果是一个正在输入地址的用户，他横过屏幕，很可能是为了让程序展现出更大的输入空间，以便更高效地完成输入任务；如果是一个正在阅读新闻的用户，他横过屏幕，很可能是为了在一屏内看到更大的字体，或者更多的内容，总之，一定是为了让阅读体验变得更好。如果是一个正在玩游戏的用户，他横过屏幕，很可能是为了两只手来协同操作游戏内容，达到沉浸式游戏的使用状态；如果是一个正在看视频的用户，他横过屏幕，目的无非是以更符合比例的方式浏览视频，在有限的屏幕内看到更大的视频显示区域；如果是一个正在图片浏览的用户，他横过屏幕，目的一定是看到更大画幅的图片，体验更加专注的图片浏览模式；如果是一个正在录音的用户，那么他横过屏幕（或者翻转屏幕），很可能是为了离麦克风更近一些，让声音被更清晰地录制下来。不同的使用场景，用户对横屏模式的预期是有所差异的，如果你所提供的横屏模式，不能在特定情况下给予用户他所预期的体验，那么不如不要提供横屏模式。用户在不同场景下的要求如下：

（1）游戏类——沉浸式体验。

（2）阅读类——更大字体。

（3）输入类——更方便的输入。

（4）视频类——更合适的比例。

（5）图片类——更大的画幅。

（6）语音类——离麦克风更近。

可以发现，用户在不同的使用情景、不同的应用类型下，对横屏的预期还是有所不同的。显而易见的是，横屏模式大部分情况要么是为了弥补竖屏的不足——字体小、键盘小、画幅比例不合适；要么是用户希望横屏模式下能提供更华丽、更花哨的感官体验，总之从竖屏到横屏的征途，并非那么易如反掌的。

3. 各个平台的横竖屏元素排列差异

（1）苹果 iOS 系统。横竖屏元素排列差异如图 7-13 所示，通过拉伸进行适配。

①工具栏和导航栏会被压扁。

②操作图标会被缩小。

③列表项可显示更多文字。

④地址栏控件自动隐藏。

⑤输入法键盘和表单辅助按钮压扁。

（2）Android 系统的手机界面。Android 是基于 Linux 开放性内核的操作系统，是 Google 公司在 2007 年 11 月 5 日公布的手机操作系统。它采用了软件堆层（software stack，又名软件叠层）的架构，主要分为三部分。底层 Linux 内核只提供基本功能，其他的应用软件则由各公司自行开发，部分程序以 Java 编写。首屏界面中横竖屏元素排列差异如图 7-14 所示。

①信息重新组织。

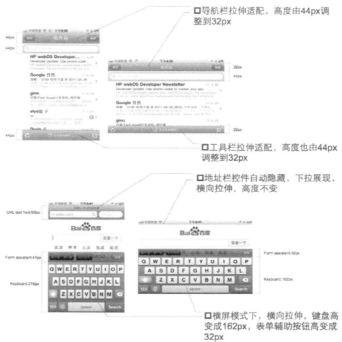

图 7-13　横竖屏元素排列差异

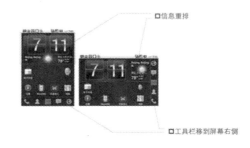

图 7-14　Android 系统的手机首屏界面的横竖显示比较

图 7-15　Android 系统的手机启动界面的横竖显示比较

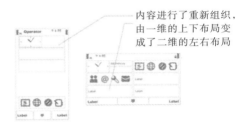

图 7-16　S60 手机横竖屏元素排列差异

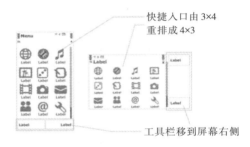

图 7-17　S60 手机横竖屏入口元素与工具栏元素排列差异

图 7-18　S60 手机横竖屏标签栏与状态栏元素排列差异

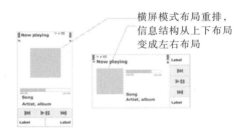

图 7-19　S60 手机横竖屏信息结构排列差异

②工具栏移动到屏幕右侧。

图 7-15 是启动界面横竖显示比较，它具有：

①Action bar 简单拉伸适配。

②快捷入口简单重排。

③次要内容布局转移。

（3）S60v5 操作系统手机。S60v5 是塞班公司推出的 S60 移动电话操作终端的第四个版本，是目前除 Symbian Anna 外最新的版本。同时，在 GUI 操作系统交互界面方面，也是迄今为止塞班公司最漂亮的手机界面。S60v5 在功能上具有下列特色：

①提供视觉吸引力。

②光线感应、重力感应、距离感应等感应器的应用让使用更人性化。

③提升网路方面的浏览体验。

④开放式标准的 API 的演进。

⑤与互联网广告和闪存相关应用的充分整合。

⑥与网路电话的 VoIP 和线上状态存在更全面整合。

⑦行动装置设计上有更多弹性。

⑧造型配置上有更多弹性。

⑨改善行动装置创造过程。

S60 移动电话操作终端界面中横竖屏元素排列差异有以下几点，如图 7-16 ~ 7-19 所示。

①v5 的屏幕比较细长，横屏模式下的纵向空间显得格外宝贵，一般要重新设计。

②带侧滑键盘的机型，和不带侧滑键盘的 v5 机型，在横屏策略上稍有不同。

③带侧滑键盘机型，展开侧滑键盘，工具栏还在屏幕下方。

④不带侧滑键盘的机型，横屏模式下，工具栏应该放在屏幕右侧。

4. 各个平台的横屏元素基本策略

（1）游戏类

制作优秀多媒体界面的挑战主要是编排不同元素，并使之成为一个连贯整体，既要在实质上又要在观念上实现这一点。从实质上讲，众多才艺、技能和感觉联合构成用户看到的实际内容；在观念上，用户界面反映了这些部分的总和而非这些部分本身。若多媒体产品意味着展示或传达许多不同的思想，那么用户界面就是使用所有这些思想的中心点。若多媒体产品传达或展示的仅仅是一种思想，界面须使开发中的所有元素为这一个目标服务。如图 7-20 所示的为游戏类横屏设计界面。

●游戏类的，如果是横屏模式下用户的游戏体验最好，不妨在游戏启动时，就直接切换到横屏。

●强制横屏，不需要提醒用户，只要用横向的启动画面引导。

●当用户看到启动屏幕是横向时，自然会知道屏幕翻转。

●如果默认横屏的话，最好把有实体按键的那一边放在右手侧，这样方便用户用它熟悉的那只手操作。

（2）视频类

●视频类的，当用户在点播放之后，以一个合适的引导动画效果，切换到横屏模式。

●如果用户已经锁定为不要旋转屏幕，就不要强制横屏。

●横屏模式下，如果是为了帮助用户关注到内容本身的应用，可以把导航栏和工具栏设置为透明的，或者让导航栏和工具栏可以自动隐藏。

●如果用户需要时，单击一下空白处，又可以唤起操作栏。

（3）图片类

●图片类的，如果是相册集，可以明确地知道横屏模式是最适合浏览的。

●在进入幻灯片模式之后，自动切换到横屏，可以默认全屏，只给出关键的操作图标。

●小部分用户视图翻转屏幕，切换回竖屏模式，对这部分用户，应该给他们提供一个锁屏功能。

（4）阅读类

●阅读类的，用户需要看到更大的字体，尽可能地提升阅读体验。

●为了把干扰降到最低，导航栏和工具栏是可以自动隐藏的，当用户需要时，再次轻触屏幕唤起导航栏和工具栏。

●尽量不要蛮横地遮住系统的状态栏，如果一定要全屏模式，可以在自己的界面内部给出系统状态——电量、信号和时间。

（5）工具类

●可以有自己独立的UI界面，如图7-21所示，横屏沿用竖屏的设计风格，只是布局作调整。

●注意结构的可识别性，横屏的结构要有利于双手操作，竖屏有利于单手操作。

5. 基于iPhone手机的微博界面比较

上述是对各个手机平台的对比。现在对流行的微博做一些交互设计上的比较，比较的对象是四大门户新浪、腾讯、搜狐、网易的微博。

（1）登录页

四款iPhone微博客户端从页面上看，只有网易和腾讯的支持记住用户名和密码，实际操作后就会发现，其实大家都是默认记录的。并且新浪微博支持多账户切换，默认记录为最后一个登陆的用户。外观上，除了新浪微博客户端增加了"微博广场"的内容推广对新用户有写引导以外，其他三家基本相同，如图7-22所示。

（2）注册

通过图7-23的截图不难看出，现在只有新浪微博客户端支持注册新用户；腾讯仍是点击注册转到QQ登录再注册；搜狐同S60客户端一样，发送XX到XX注册，不过iPhone版倒是不支持电信用户；网易并不支持客户端注册，想用网易先去登录网页吧。

（3）客户端首页

从图片上来看，搜狐和新浪的首页相似度极高，腾讯的首页放在图标的正中央，其他的相差无几。但是从使用上还是分出了区别。四款客户端都是通过向上向下的拉屏更新内容，新浪和搜狐的客户端是刷新后默认为

图 7-20　游戏类横屏设计界面

图 7-21　工具类界面横屏载入

图 7-22　新浪、腾讯、搜狐、网易登录页

图7-23　新浪、腾讯、搜狐、网易注册页

图7-24　新浪、腾讯、搜狐、网易微博发布界面对比

最新客户端，从屏幕上方到下方的阅读内容符合网页的使用习惯。腾讯和网易则是默认为现在正在阅读的内容。

（4）微博发布界面

微博发布，四个客户端在这个功能上都下足了功夫，看似相同，其实都别有洞天。相同点是都支持即拍即发，从用户相册上传图片发布。除网易的微博客户端外，其他三家都支持发布当时的地点，搜狐的客户端还加入了发布表情。当编辑内容不发布选择退出时，只有新浪和搜狐的客户端有保存功能。如图7-24所示。

（5）微博正文

新浪客户端的微博正文选项包括：刷新、评论、转发、收藏、更多，其中的更多包含分享功能。可通过短信分享、邮件分享、复制链接分享等方式，还可以举报该内容。简单的分享页面将信息快速优先的复制到好友处，大大地拉近了用户间的距离。

（6）搜索页面设计

四款客户端搜索和更多页面对比，直观感觉新浪做得中规中矩，但是很实用，在内容的推送上为用户准备了很多的内容，不愧为第一门户；腾讯则是以搜索为主打，页面做得很漂亮，且搜索时分门别类，体验不错；搜狐此项的功能相比新浪和腾讯并不差，只是隐藏太深，需要通过"围观"来找到推送内容；网易和搜狐相反，把搜索藏到里面，"热门转发"按时间分类，用户可以按需求获取想要的内容。

6. 手机界面格局和控制方式的用户体验

在讨论手机的交互设计之前，需要先对手机的用户使用习惯有一些基本的了解，需要对手机的用户体验信息作一些收集整理。

在确定目标用户群体时，应当选择两类人群，一类为具备该产品或系统的交互体验的用户，一类是没有体验的用户。选择具备该产品或系统的交互体验的用户，相比较于那些没有体验的用户，可以为设计提供更多更有效的信息。在理想的情况下，当用户体验产品的交互时，设计师可以通过某种技术或是研究方法获得用户的全部感官印象，掌握他们的情感体验。然而，这些主观的体验信息很难用实验室的方法收集或是客观的科学描述表达出来。因此，我们只能寻求贴近实际的近距离接触用户体验的方法，就是深入访谈和市场动态观察。

其次，需要考虑环境对用户操作的影响。例如，嘈杂的环境下提供震动提示方式，黑暗又需要保持安静的环境下选择指示灯闪烁发光的方式提示用户。同样需要考虑环境因素对用户的影响，利用机械结构多样化设计实现单手操作模式和双手操作模式的切换，需要设计切换的便捷方式、屏幕方向的变化和键盘的转换等硬件交互要素的变化。

（1）硬件体验

每个平台的机型都有自己的一套格局和控制方式。因为如何控制还受制于手机的硬件情况，所以每个平台也都会有各自的硬件配备。

手机设计的人性化已不仅仅局限于手机硬件的外观，手机的软件系统已成为用户直接操作和应用的主体。手机交互设计规范定义了一些常用控件、组件等的布局和响应方式，提炼设计中的公共部分，减少设计和开发的重复思考，并确保整个设计体系的一致性。手机交互设计规范不仅有着限定作用，它同时还是一个信息架构的体现、一个创新的过程，并且它还对后续的交互设计起到一定指导作用。iPhone 的无菜单的风格、各种操作手势、弹出框、标题栏和返回按钮，都是在这个阶段就需要定义好的。

　　S60 第 3 版有一套比较经典和严谨的规范。另外 S60 第 5 版虽然是触摸屏机型，但是对于交互设计师的工作来说两者区别并不巨大，只是把 OK 键替换成了点击，以及零碎的一些变化。

　　iPhone OS：iPhone 的出现一举打破了之前若干平台固有的设计定势，硬件和操作模式都精简了许多。不过其缺少固定的 menu 模式，这对第三方软件的设计来说是个巨大的挑战，要么需要很大程度上脱离 iPhone 自身的设计规范体系，要么就极端精简功能。

　　Android：跟从了一些 iPhone 中的经典手势，操作和页面布局风格上相对保守一点，保留了 menu 和 back 两个硬件，虽然不够独树一帜，但是在功能和设计之间作了一个不错的平衡；对于第三方应用来说，这是一个可以有宽广发挥空间的平台。

　　本节主要以 S60 第 3 版、Android、iPhone OS 为代表，来说明他们的特性和区别。如图 7-25 ～ 图 7-27 所示。

　　（2）软件体验——菜单

　　S60 第 3 版的菜单是由左软键或 OK 键调出，如图 7-28 所示。当聚焦到某一条目上时，按 OK 键是打开，但有一些内容包含几种看起来级别相当的操作，此时会弹出菜单选择，程序自适应不同分辨率时会出现图片拉伸、输入框或按钮长度改变、元素叠压、文字折行显示等变化。

　　Android 传统的菜单是由 menu 硬件调出，如图 7-29 所示。比较多的是2 ～ 3 行，每行 2 ～ 3 项，看起来像是一些按钮，所以里面的图标和文字都居中。如果菜单项稍多，做成一纵列的文字项从操作上来看也未尝不可，毕

图 7-25　S60v3 手机界面交互设计

图 7-26　Android 手机界面交互设计

图 7-27　iPhone 手机界面交互设计

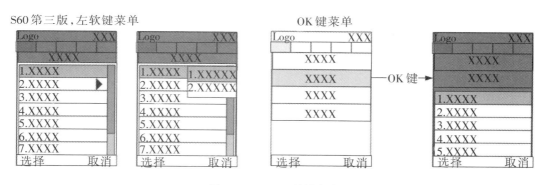

图 7-28　S60v3 菜单体验

竟用户刻意记住其默认的菜单形式也没有什么好处。只是仍然需要注意控制一下数量，如果需要二级，可以考虑做成弹出的，比如在一级项中选择"排序"，之后弹出选择框来选择。

　　iPhone 并没有一个明确和固定的菜单模式。一些类似菜单的操作通常是通过弹出选择，或者是拆分成几层，一次次点击进入更深层的页面去寻找按钮的形式来达成，如图 7-30 所示。所以要做 iPhone 平台的第三方应用应当提前做好准备，从产品策划开始就着手考虑这个问题。最有效的办法

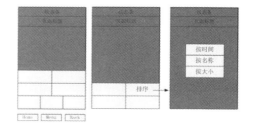

图 7-29　Android 菜单体验

为iPhone平台考虑的菜单形式

图7-30　iPhone菜单体验

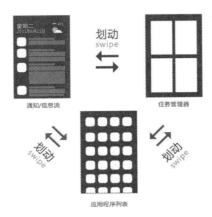

图7-31　N9主屏之间的切换

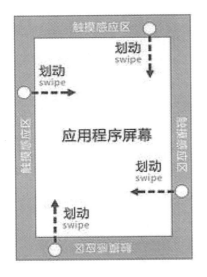

图7-32　通过从屏幕外触摸区滑动到屏幕内手势退出应用

是首先尽可能地缩减功能，其次尽可能地缩减操作方式。否则会发现，为了一些细枝末节的操作，还需要设定好几层页面。

触屏手机网站和非触屏手机网站的区别在于，前者使用手指点击注重点击体验，而后者是使用手机物理按键注重选取规则，触屏手机屏幕增大，可以显示更多的内容；但内容密度不宜过大否则不便点击，一般人的食指点击的区域约为7×7mm，拇指点击区域约为8×8mm，各大门户也分别推出适应触屏手机的高端版本。

为了适应不同大小的屏幕，增加阅读体验，各门户会设置重力感应效果，看到在重力感应状态下，新浪无自适应手机屏幕，网易和搜狐会有局部的适应，这样在单手操作时，左右区域会形成手指点击盲区，而3G门户炫版可以在响应的平行区域任意点击，更符合单手操作体验。

7. 诺基亚N9手机交互方式的思考和再设计

诺基亚主屏分为三个部分：信息流/通知、应用程序启动器/列表和任务管理器。左右滑动可以在这三屏之间切换，如图7-31所示，用户可以从这三屏之一进入应用程序界面，然后通过从屏幕外触摸区滑动到屏幕内手势退出应用返回主界面，如图7-32所示。

这样的设计的确是简单而高效的，但它需要硬件支持，假如你通过某些方式在其他手机（例如Android）上安装这个系统，由于Android手机本身是没有屏幕外触摸区的，就没有办法像在上面用这样的方式退出应用程序界面，只能转而使用主页键或返回键取代之。

另一个不足之处是，由于存在三种类型的主页，所以用户从应用程序界面退出返回主页时进入到哪一个主页取决于上下文环境，通常是从哪个主页进去就回到哪里，如图7-33所示。

如果要切换回正在运行的地图应用继续之前的查找，那么需要三个步骤，如图7-34所示。

（1）划动退出信息应用，会回到通知中心。

（2）向左滑动切换到任务管理器页面。

（3）点击任务管理器中的缩略图重新激活地图应用。

对比iOS/Android，在回复完消息后，要切换到打开的地图应用，只要两步，如图7-35所示。

（1）双击Home键调出任务管理器。

（2）点击图标切换到地图应用。

综合看来，无论是N9、Android还是iOS，现有的手机操作系统都存在以下三个基本区域：信息流/通知栏、应用程序列表/启动器、任务管理器。

设计良好的手机系统应该保证用户无论处于何种界面下，都可以快速访问这三个区域之一，例如在iOS系统中，无论用户是从通知栏、应用程序列表还是任务栏打开应用，用户都可以：

（1）下拉通知栏查看通知。

（2）单击Home键回到应用程序列表。

（3）双击Home键打开任务管理器。

虽然N9用屏幕边缘的触摸感应区替代了物理按键，那也只是操作方式的不同，不代表这三种类型的操作可以抛弃，就像用触摸屏上的虚拟按键替代删除键一样，删除操作本身还是要有的。对此，在 N9 现有的操作方式的基础上，建议增加以下操作类型，如图 7-36 所示。在应用程序界面下的操作具有：

（1）从屏幕外上方往下划动到屏幕内 1/3 处停留，快速查看应用程序通知。

（2）从屏幕外下方往上划动到屏幕内 1/3 处停留，浮现应用程序快捷图标。

（3）从屏幕外侧向左或右划动到屏幕内 1/3 处停留，打开任务管理器，可以快速切换或关闭应用程序。

改进后，就可以很好地解决上面提到的场景：快速任务切换。用户只需来回划动两回就知道如何使用，而一旦用户发现并掌握了这样的快捷方式，就可以更高效地达到操作目的。其中第二点其实 N9 已经实现了（但不能通过左右滑动显示更多），如果在三主屏的基础上增加一个"快速设置"屏幕，这样关闭 WIFI、蓝牙、USB 或 GPRS，调节音量和屏幕亮度就更加方便。

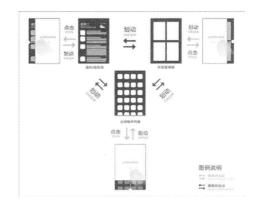

图 7-33　主屏整体交互逻辑

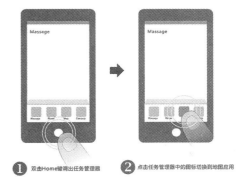

① 双击 Home 键调出任务管理器　② 点击任务管理器中的图标切换到地图应用

图 7-35　iOS/Android 两步可以完成操作

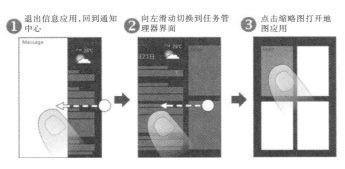

① 退出信息应用，回到通知中心　② 向左滑动切换到任务管理器界面　③ 点击缩略图打开地图应用

图 7-34　需要三步才能完成操作

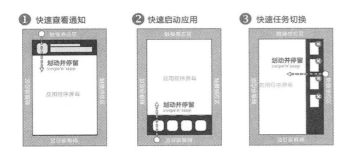

① 快速查看通知　② 快速启动应用　③ 快速任务切换

图 7-36　N9 设计的改进

第 *8* 章 智能化电子产品功能分析

不知从何时起，生活中有了智能冰箱、智能空调、智能手机、智能微波炉、智能电视，各种各样新颖的智能产品充斥着我们的生活。200多年前，英国人詹姆斯·瓦特（James Watt）发明了蒸汽机，引发了改变人类至今的工业革命。它使人类学会了转变并控制各种不同的能源，并使人类的生产力和物质生活都得到了极大的提高，也为智能化生活奠定了基础。

同时，你还将看到计算机网络为城市智能化提供了怎样的一个发展平台，人们通过互联网进行着广泛而有效的交流学习，它将人们引入了一种全新的"虚拟空间"，进而改善了社区间人与人之间的关系。

当然，智能化并不能代表城市生活发展的全部。正像一些专家们指出的，智能化生活无论发展到何种程度，决定人类生活的还是主宰这个世界的人类自己。

8.1　智能化电子产品概述

2011年1月6日，第44届国际消费类电子产品展览会在美国拉斯维加斯举行。此次展会上所展示的最新产品、技术、应用，预示了2011全球消费电子行业呈现智能化的趋势，世界正跨入一个智能化的电子消费品时代。

随着现代通信技术、计算机网络技术以及现场总线控制技术的飞速发展，数字化、网络化和信息化正日益融入人们的生活。双核智能手机、裸眼3D智能手机、不闪式全高清3D智能电视、智能平板、智能清洁机器人等层出不穷，如今的电子产品正越来越倾向于智能化。

智能的概念及智能的本质是古今中外许多哲学家、思想家及科学家等大家一直在努力探索和研究的问题，但至今仍然没有完全了解，所以智能的发生与物质的本质、宇宙的起源、生命的本质一起被列为自然界四大奥秘。

近年来，随着脑科学、神经心理学等研究的进展，人们对人脑的结构和功能有了初步认识，但对整个神经系统的内部结构和作用机制，特别是脑的功能原理还没有认识得十分彻底，有待进一步的探索。因此，就目前而言，很难对智能给出确切的定义。

现在科学研究领域一般认为，智能是指个体对客观事物进行合理分析，判断及有目的地行动和有效地处理周围环境事宜的综合能力。

8.2 实现智能化电子产品的必要部件

8.2.1 传感器

传感器的定义：传感器是一种物理装置或生物器官，能够探测、感受外界的信号、物理条件（如光、热、湿度）或化学组成（如烟雾），并将探知的信息传递给其他装置或器官。

传感器的作用：能对外界信号进行感知、分析。

常见的传感器有：

● 位置传感器、液面传感器；

● 热敏传感器、湿敏传感器、气敏传感器；

● 压力传感器（极化效应）；

● 颜色传感器（TCS230）。

8.2.2 控制器

控制器的作用：模拟人脑分析、判断、处理所检测到的信号。

常用控制器有：

● 计算机；

● PLC（可编程控制器）；

● 嵌入式微控制器，又称单片机（ARM等）；

● DSP（数字处理器）。

8.3 智能电子产品的分类

智能电子产品可分为家电产品、智能玩具及智能家居系统。

家电产品：智能电视、可视电话、智能冰箱、智能电灯、智能灯光控制、清洁机器人、智能指纹锁等。

智能玩具：语音识别玩具、智能机器人等。

智能家居系统：家庭影院、多房间音乐、智慧灯光、高级温度控制、安防与看护等。

8.3.1 智能家电产品

智能家电就是微处理器和计算机技术引入家电设备后形成的家电产品，具有自动监测自身故障、自动测量、自动控制、自动调节与远方控制中心通信功能的家电设备。

智能家电产品有：

● 智能电视、可视电话、智能冰箱、智能烤箱；

● 全自动洗衣机；

● 智能电灯开关、智能灯光控制；

● 智能清洁机器人、智能指纹锁，如图 8-1 所示。

图 8-1　智能清洁机器人与智能指纹锁

8.3.2　儿童智能玩具

如果用综合市场上大部分智能玩具功能的一些共性给智能玩具下一个定义的话，那就是：有动物或者娃娃造型、会说话、能与人产生一些简单互动的玩具。智能玩具已经把毛绒玩具、橡胶娃娃、芯片、数码技术等不同行业的一些产品整合在了一起，不仅孩子爱玩，还能达到很强的寓教于乐的效果。如图 8-2 所示的为智能化机器人。

儿童智能玩具有：

● 语音识别玩具；

● 玩具机器人。

8.3.3　智能家居系统

智能家居是利用先进的计算机技术、网络通讯技术、综合布线技术，依照人体工程学原理，融合个性需求，将与家居生活有关的各个子系统如安防、灯光控制、窗帘控制、煤气阀控制、信息家电、场景联动、地板采暖等有机地结合在一起，通过网络化综合智能控制和管理，实现"以人为本"的全新家居生活体验，如图 8-3 所示。

图 8-2　智能化机器人

智能家居功能如下：

● 家庭联网功能、远程控制功能；

● 防盗报警功能、防灾报警功能、求助报警功能；

● 场景控制功能、定时控制功能；

● 联动控制功能。

实例 1：当回到家中，随着门锁自动开启，家中的安防系统自动解除室内警戒，廊灯缓缓点亮，空调、通风系统自动启动，最喜欢的背景音乐轻轻奏起……

实例 2：在家中，只需一个遥控器就能控制家中所有的电器……

实例 3：每天晚上，所有的窗帘都会定时自动关闭，入睡前，床头边的面板上，触动"晚安"模式，就可以控制室内所有需要关闭的灯光和电器设备，同时安防系统自动开启处于警戒状态。

8.3.4　智能仪器仪表

智能仪器仪表是指含有微型计算机或者微型处理器的测量仪器与仪表，拥有对数据的存储运算逻辑判断及自动化操作等功能。智能仪器仪表的出现，极大地扩充了传统仪器的应用范围。智能仪器仪表凭借其体积小、功能强、功耗低等优势，迅速地在家用电器、科研单位和工业企业中得到了广泛的应用。工业用三大仪表：温度仪表、压力仪表、流量仪表。

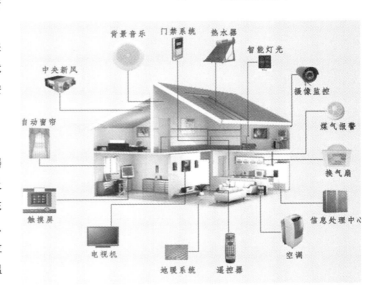

图 8-3　智能化家居系统

图8-4　智能化工业仪表

8.3.5　集散控制系统

DCS（Distributed Control System）分散控制系统，国内一般习惯称之为集散控制系统。DCS是一个由过程控制级和过程监控级组成的，以通信网络为纽带的多级计算机系统，综合了计算机、通信、显示和控制等4C技术，其基本思想是分散控制、集中操作、分级管理、配置灵活以及组态方便。

从结构上划分，DCS包括过程级、操作级和管理级。过程级主要由过程控制站、I/O单元和现场仪表组成，是系统控制功能的主要实施部分。操作级包括：操作员站和工程师站，完成系统的操作和组态。管理级主要是指工厂管理信息系统（MIS系统），作为DCS更高层次的应用，目前国内纸行业应用到这一层的系统较少。

8.4　智能化电子产品实例分析

8.4.1　智能家居系统

智能家居是利用先进的计算机技术、网络通讯技术、综合布线技术、依照人体工程学原理，融合个性需求，将与家居生活有关的各个子系统如安防、灯光控制、窗帘控制、煤气阀控制、信息家电、场景联动、地板采暖等有机地结合在一起，通过网络化综合智能控制和管理，实现"以人为本"的全新家居生活体验，如图8-5所示。

1. 智能家居系统控制方式

本地控制：是指可直接通过网络开关实现对灯及电器的各种智能控制。远程控制是指通过遥控器、定时控制器、集中控制器或电话、电脑等来实现各种远距离控制。

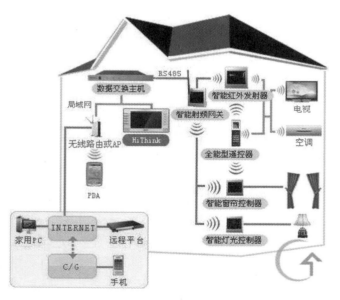

图8-5　智能化家居系统实例分析

远程控制：在办公室，在出差的外地，只要是有网络的地方，都可以通过Internet来登录到个人家中，在网络世界中通过一个固定的智能家居控制界面来控制家中的电器，并提供一个免费动态域名。主要用于远程网络控制和电器工作状态信息查询，例如当你出差在外地时，可以利用外地网络计算机登录相关的IP地址，从而控制远在千里之外你自家的灯光，电器，在返回住宅上飞机之前，将家中的空调或是热水器打开……未来的智能家居会把注意力放在暖气、热水器、空调、冰箱、洗碗机和烘干机这些能源消耗较多的家用电器上。例如当你从公司下班时，你可以在电脑上打开家中的天然气采暖炉（独立供暖系统），这样当你到家时屋里已经暖意融融了；如果你所在的地区实行峰谷差别电价，你还可以把洗碗机和洗衣机的工作时间定在电价相对便宜的夜间。

2. 智能家居的生活方式

智能家居系统让人轻松享受生活。出门在外，人们可以通过电话、电脑来远程遥控家居智能系统，例如在回家的路上提前打开家中的空调和热水器；到家开门时，借助门磁或红外传感器，系统会自动打开过道灯，同时打开电子门锁，安防撤防，开启家中的照明灯具和窗帘迎接主人的归来；回到家里，使用遥控器则可以方便地控制房间内各种电器设备，还可以通过智能化照明系统选择预设的灯光场景，读书时营造书房舒适安静的环境；卧室里营造浪漫的灯光氛围……这一切，主人都可以安坐在沙发上从容操作，一个控制器可以遥控家里的一切，比如拉窗帘，给浴池放水并自动加热调节水温，调整窗帘、灯光、音响的状态；厨房配有可视电话，可以一边做饭，一边接打电话或查看门口的来访者；在公司上班时，家里的情况还可以显示在办公室的电脑或手机上，随时查看；门口位置具有拍照留影功能，家中无人时如果有来访者，系统会拍下照片以供查询。

智能家居能做的事情还有很多，在此就不一一累述了。总之，智能家居系统能够让你有时间享受生活的舒适，同时更能节约用电。正如比尔·盖茨所言：在不远的未来，没有智能家居系统的住宅会像今天不能上网的住宅那样不合潮流。

3. 家庭智能化的好处

防盗：有人接近你的住宅时，系统会发出报警声，并可自动拨打电话报警。

方便：在家中任意位置都可控制灯光、家电、窗帘等设备。

舒适：任意调节家中灯光的明暗，只需轻轻一触，即可实现梦幻般的场景变化。

享受：无需起身，开门、关灯易如反掌。

超前：通过任何一台按键式电话对住宅进行远程控制。

舒心：你的住宅时时像有人居住一样，甚至是在外出的时候，提供安全感。

8.4.2　平安城市的安全系统

随着现代信息社会的发展，城市的交通、治安、流动人口以及社会突发事件等的监控，已受到各级领导的重视。所谓"平安城市"，就是要保证整个城市的安全，保证在这个城市里的人们工作与生活的安全。一个城市，不管经济多发达，如果没有安全感，这个城市就谈不上现代化，更谈不上文明城市。随着社会的发展和要求，今后安全技术防范在城市的覆盖率，必将成为衡量城市现代化的重要指标之一，它将同经济指标等一样重要。平安城市的功能如图8-6所示。

图8-6　平安城市的功能

1. 平安城市必须要有智能交通系统

一个城市的交通安全非常重要。因此，城市安防监控系统，首先必须要有智能交通（ITS）系统。这种智能交通系统，需具有以下几个部分：

（1）智能交通中的车辆检测、识别、跟踪与预/报警。

该项智能化功能，能识别车辆的形状、颜色、类型、车速、车流量、道路占有率等，并反馈给监控管理中心。主要用于高速公路、环线公路及城市交通干道上监视交通情况，并识别是否有非法停靠，是否有故障车辆等。

（2）平安城市交通拥堵检测及自动疏导系统。

该项智能化功能，能统计通过的车辆数、检测交通拥堵，并在十字路口自动控制红绿灯的转换时间等，并通过交通信息牌和无线台对交通进行自动疏导。

（3）车辆异常行为检测、识别、跟踪与预/报警。

该项智能化功能，能检测识别车辆的异常行为，如车辆驶入绿化草地、人行道、逆行、超速、行驶过程突然停下横挡后面车辆实施抢劫与绑架等，立即进行预报警。

（4）电子警察系统。

该项智能化功能，能检测识别车辆的违规，如闯红灯、超速、逆行与非法停靠等。

（5）道路治安卡口机动车视频检测系统。

道路治安卡口机动车视频检测系统一般用于城市道路或高速公路出入口、收费站及重点治安地段的治安卡口。该系统可自动识别过往卡口的车辆牌号与车牌特征，自动核对黑名单库，验证出车辆的合法身份。此外，还可对路口情况进行监控和管理，包含出入口车辆的采集、统计、存贮数据和系统工作状态，以便工作人员对道路交通安全进行监控、统计、查询和打印报表等工作。

（6）车牌识别系统。

该项智能化功能，能检测识别车牌号，如识别是遇盗或逃犯的车牌号，则立即报警。

（7）GPS定位控制与跟踪系统。

全球定位系统GPS应用于移动目标的监控有着其他监控手段无法比拟的优势。该系统采用世界领先的GPS全球卫星定位技术对移动目标进行实时定位；利用GSM全球移动通讯技术，即GSM数字移动通信网络进行实时数据传输；利用GIS地理信息处理技术，即以GIS电子地图和空间信息系统为支撑平台。同时，还采用大容量数据采集技术和大容量数据存储等计算机网络通信与数据处理技术，以尽可能多地采集并记录车辆行驶过程中大量的数据信息，自动生成图形和数据，进行统计、比较、分析、列表，从而提高车辆营运管理工作的效率。因此，能够实现对车、船等移动目标的精确定位跟踪、监控报警、反劫防盗、指挥调度和信息查询管理等。这种3G的系统具有定位精度高、稳定性强、使用效果好等特点。

（8）不停车收费系统。

该项智能化功能，主要用于高速公路、城市入口等收费站的不停车收费，以利于车辆通行，解决交通瓶颈问题。

2. 平安城市中人与物的异常行为的检测识别功能

一个城市的安防监控系统，还必须要有人与物的异常行为检测识别功能，只有有了这种智能化功能，就不会出现爆炸等事件。具体有以下几个部分。

（1）视频移动探测、跟踪与预/报警。

在某些监控的场所对安全性要求比较高，需要对运动的物体进行及时的检测和跟踪，因此运动检测是指在指定区域能识别图像的变化，检测运动物体的存在并避免由光线变化带来的干扰。在如雨雪、大雾、大风等复

杂的天气环境中，要能精确地探测和识别单个物体或多个物体的运动情
况，包括其运动方向、运动特征等。并且在探测到移动物体之后，要能根
据物体的运动情况，自动发送 PTZ 控制指令，使摄像机能够自动跟踪物
体。如物体超出该摄像机监控范围之后，能自动通知物体所在区域的其他
摄像机继续进行追踪。在平安城市建设中常用监控设备如图8-7所示。

BE-PTZ418WMP
CCD 网络高清高速球 130 万像素

BE-MPC200D
CMOS 网络高清半球 200 万像素

BE-MP200
两百万像素网络摄像机

BE-MP130
百万像素网络摄像机

BE-MP200/IR
百万像素红外网络摄像机

BE-MP130/IR
红外网络摄像机

BE-CL80HCS
超低照度防水电动调焦圆柱摄像机

BE-H93A
红外摄像机

BE-DC600
超低照度防爆电动调焦
半球摄像机

BE-BC560
超宽动态摄像机

BE-BC600
超低照度摄像机

图 8-7　常用监控设备

（2）人的异常行为的检测识别跟踪与预/报警。

在平安城市的监控中，必须能检测图像序列中人的异常行为，以维护
城市治安，保障人民生命和财产安全。如人翻越院墙、栏杆，或实施打
架、斗殴、抢劫与绑架等，均属异常行为，自动识别后，即锁定跟踪与预/
报警。该项智能化功能，能事先制止打架、斗殴、抢劫与绑架等犯罪行
为，即使来不及制止也能尽快破案。

（3）非法滞留物的识别、跟踪与预/报警。

该项智能化功能，能事先排除爆炸物等犯罪行为，这在平安城市的监
控中非常重要。实际上，它也是通过检测图像序列中物的异常行为，如箱
子、包裹、车辆等物体，放在敏感区域停留的时间过长，或超过了预定义
的时间长度等就产生预/报警。因为这种情况大多可疑是放置的爆炸物品，
应及时预/报警，并及时探视，如是爆炸物，就可及时排除。因此，有了该
项智能化功能的好处就可想而知了。其典型的应用场景包括机场、火车
站、地铁站等重要领域。

（4）人群及其注意力检测控制、识别与预/报警。

该项智能化功能，能识别人群的整体运动特征，包括速度、方向等，用以避免形成拥塞，或者及时发现可能有打群架等异常情况。其典型的应用场景包括超级市场、火车站、娱乐场所等人员聚集的地方。

此外，还可统计人们在某物体前面停留的时间。据此还可以用来评估新产品或新促销策略的吸引力，也可以用来计算为顾客提供服务所用的时间等。

（5）出入口人数等统计系统。

该项智能化功能，能够通过视频监控设备对监控画面的分析，自动统计计算穿越重要部门、重要出入口或指定区域的人或物体的数量。如用在军事设施、重要保密单位、重要科研与办公场所等。

这一智能化功能的应用，还可在服务、零售等行业用来协助管理者分析营业情况，或提高服务质量。如为业主计算某天光顾其店铺的顾客数量等。

3. 平安城市必须要有对通缉犯、嫌疑犯、惯犯等的检测识别功能

在平安城市中，为了能防止通缉犯、嫌疑犯、惯犯等再度犯罪，必须要有对他们检测识别的功能。不需要人配合的非接触式的人体生物特征识别技术，由面相、步态、声音识别三种可嵌入城市安防监控系统完成这一任务，现分述如下。

（1）人的面相识别、跟踪与预/报警。

人的面相识别，不像指纹识别与眼虹膜识别等需要人的配合，它可以在离摄像头有相当远的距离内在人群中识别出特定的个体。这种面相识别系统，可以在机场、火车站、汽车站、港口、各交通要道口、体育场馆等安防应用场景中发挥很大的作用。如追捕通缉犯、嫌疑犯与惯犯，可通过与数据库档案中的面像特征进行比较，来识别或验证是否该犯的身份。在识别出该犯后，立即预/报警，并跟踪锁定其面部，直到公安抓捕解除警报为止。

（2）人的步态识别、跟踪与预/报警。

人的步态识别，更适合于智能视觉监控的应用，因为它比面相识别的距离更远，并且人在任何方向行走均可识别，即使背对着摄像头也可。如追捕通缉犯、嫌疑犯与惯犯，可通过捕捉各要道口的人的步态，与数据库档案中的步态特征进行比较，来识别或验证是否该犯的身份。

该项识别系统，最好安置在银行、珠宝店、文物保管与重要机密保管地。这样，戴着面具的劫匪，还未实施抢劫，其行走的步态就已被识别出来，从而使罪犯的阴谋不能得逞。在识别出该犯后，立即预/报警，并跟踪锁定其步态，直到公安抓捕解除警报为止。

（3）人的声音识别、跟踪与预/报警。

人的声音识别，是通过所监听场景中的声音，记录与识别出特定的个体。如追捕通缉犯、嫌疑犯与惯犯，可通过与数据库档案中的声音特征进行比较，来识别或验证是否该犯的身份。在识别出该犯后，立即预/报警，并跟踪锁定其声音，直到公安抓捕解除警报为止。

4. 平安城市必须要有对城市灾害的检测识别功能

在平安城市的安防监控系统中，除了预防人祸外，还应考虑有对天灾

或者人为造成的灾害进行检测、识别、跟踪与预/报警的智能化功能。具体有下面几种：

（1）平安城市火灾的探测、识别、跟踪与预/报警。

该项智能化功能，是通过摄像头探测到以前没有而突然出现的一定的烟雾与火苗的情况，能及时预/报警，使消防队尽快赶到现场，以便及时扑灭火患。

（2）水灾水位与雨量的探测、识别、跟踪与预/报警。

该项智能化功能，是通过带十字标尺摄像头探测水域的水位、雨量及街道积水等情况。它是通过十字标尺所设置监控目标移动的刻度，来自动预/报警的。如划定十字标尺——警戒线，到达后即自动预/报警，以便采取措施，防止水害。

（3）风雪灾的探测、识别、跟踪与预/报警。

该项智能化功能，是通过带十字标尺摄像头检测识别风雪灾造成的情况，如十字标尺所监控的危险大树等欲倒、所下的大雪封路等，应自动及时预/报警，以便采取措施，防止风雪灾造成的危害。

（4）危房与堤坝的倾斜与倒塌的探测、识别、跟踪与预/报警。

该项智能化功能，是通过带十字标尺摄像头监控房屋、水库与江河堤坝倾斜裂开的程度，如到达十字标尺划定的警戒线，即自动预/报警，以便采取措施，防止灾害的发生。图 8-8 是平安城市建设中常用的监控平台，图 8-9 是应用于野生动物保护的一种典型的监控平台。

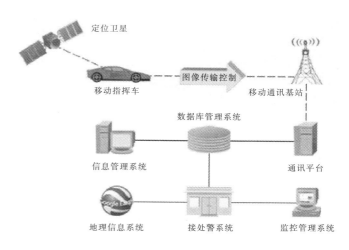

图 8-8　监控平台

8.4.3　智能保洁机器人 KV8

KV8 保洁机器人，如图 8-10 所示，曾被温家宝同志誉为"高科技民用化的代表"，是中国第一款自主研发的智能家居机器人，改变了无数忙碌都市一族的生活方式。按下 KV8 机器人的按钮，你会发现，原来下班后，还有那么多空余的时间等待你去尽情享受。

KV8 保洁机器人可谓秀外慧中，流畅时尚的造型，配上内置的计算机系统、记忆功能、自动导航系统、无尘袋等尖端科技，可以自行对房间做出测量，做到自动清洁、收集粉尘、记忆路线等智能清扫，可以有效地清扫各种木地板、水泥地板、瓷砖地板以及油毡、短毛地毯等。针对需要特别护理的木地板，可先用吸尘器的毛刷简单清洁过后，用匙羹将水蜡泼到地板上，重新开动吸尘器，就可以自动将地板进行打蜡，还你一个一尘不染的明亮之家。

KV8 保洁机器人非常聪明可爱，不仅清扫效果一流，还能通过红外判断，自动躲避墙壁和楼梯。即使你把它放在桌子上或楼梯上，它也不会往下掉，但却能灵巧地进入床底、桌底、沙发底等一切人工难以打扫的角落，而不会碰伤家具。它的操作也非常人性化，不仅能记忆路线、定时打扫，还具有独特的虚拟墙发射技术，如果你不想让它走入家中"禁地"，只

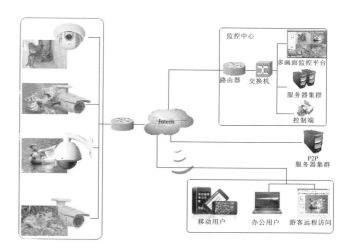

图 8-9　应用于野生动物的一种典型的监控平台

图 8-10　智能保洁机器人

需使用前设置好即可。如果机器的电量用完了，它独特的回充系统也完全无须人工干预，自动充电完成后，机器人会继续回到工作岗位完成之前设定的任务。无论何时何地，你都可以进行清洁，不用再烦恼浪费时间和精力。

清洁并不是 KV8 保洁机器人的全部，它的智能在于能帮你解决一切卫生问题，包括你呼吸的空气。KV8 保洁机器人随机配有大容量垃圾箱和超强活性炭，能轻松收纳脏物和碎屑，告别粉尘飞舞带来的不洁，不仅卫生，还能有效避免二次污染。与此同时，活性炭也能在清洁时发挥强力吸附作用，有效净化空气，使家人时刻都能呼吸到新鲜空气，远离亚健康。

1. KV8 保洁机器人路径规划原理

KV8 保洁机器人通过电脑芯片控制机器人的左右轮转速，实现圆弧形清洁路线。当圆弧的半径拓展到 7.5m 的时候，芯片程序会控制机器人离开当前路线，在 7.5m 远处再次执行圆弧清洁路线。大量的圆弧对地面实行无缝覆盖，从而达到全面清洁地面的目的。

2. KV8 保洁机器人自动充电原理

在机器人电量快要耗完时，KV8 保洁机器人顶部的红外线发射头会发射出无电信号，当充电基座上的两个红外线接收头接收到此信号时，机器人便与充电基座取得了联系。通过两个红外线接收头对机器人的引导，使其慢慢靠拢，最终实现对接。

3. KV8 保洁机器人防跌落原理

在机器人底部前段，安装了 4 对红外线感应头，每一对感应头包含一个发射头和一个接收头。红外线发射头发射的红外线经地面发射后，被对应的接收头接收。如果机器人底部距离地面的高度超过 5mm，电脑芯片便会控制机器人，使其后退并调整行走方向，从而避免从高空跌落。

4. KV8 保洁机器人虚拟墙工作原理

KV8 保洁机器人虚拟墙在开启之后会向左右各 0.5m，前方 3.5m 处发射红外线，机器人机身上的 21 个红外感应头在接触到由虚拟墙发射出来的红外线后，就不会继续进入到该区域内打扫。

功率：机器 23W，充电器 8W。使用镍铬充电电池，外观材料为 ABS 工程塑料。虚拟发射器电源：两节一号 D 型电池或两节 1.5V 干电池（两节一号电池），用最大功率档（距离最远）72 小时，如果每天工作 1 小时，可用 6 个月。

8.4.4 智能机器人

目前为止，在世界范围内还没有一个统一的智能机器人定义。大多数专家认为智能机器人至少要具备以下三个要素：一是感觉要素，用来认识周围环境状态；二是运动要素，对外界做出反应性动作；三是思考要素，根据感觉要素所得到的信息，思考出采用什么样的动作。

感觉要素包括能感知视觉、接近、距离等的非接触型传感器和能感知力、压觉、触觉等的接触型传感器。这些要素实质上就是相当于人的眼、鼻、耳等五官，它们的功能可以利用诸如摄像机、图像传感器、超声波传感器、激光器、导电橡胶、压电元件、气动元件、行程开关等机电元器件来实现。

对运动要素来说，智能机器人需要有一个无轨道型的移动机构，以适应诸如平地、台阶、墙壁、楼梯、坡道等不同的地理环境。它们的功能可以借助轮子、履带、支脚、吸盘、气垫等移动机构来完成。在运动过程中要对移动机构进行实时控制，这种控制不仅要包括有位置控制，而且还要有力度控制、位置与力度混合控制、伸缩率控制等。

智能机器人的思考要素是三个要素中的关键，也是人们要赋予机器人必备的要素。思考要素包括有判断、逻辑分析、理解等方面的智力活动。这些智力活动实质上是一个信息处理过程，而计算机则是完成这个处理过程的主要手段，如图 8-11 所示的是智能机器人。

根据其智能程度的不同，智能机器人又可分为三种。

1. 传感型机器人

又称外部受控机器人。机器人的本体上没有智能单元只有执行机构和感应机构，它具有利用传感信息（包括视觉、听觉、触觉、接近觉、力觉和红外、超声及激光等）进行传感信息处理、实现控制与操作的能力。受控于外部计算机，在外部计算机上具有智能处理单元，处理由受控机器人采集的各种信息以及机器人本身的各种姿态和轨迹等信息，然后发出控制指令指挥机器人的动作。目前的机器人世界杯小型组比赛使用的机器人就属于这样的类型。

2. 交互型机器人

机器人通过计算机系统与操作员或程序员进行人机对话，实现对机器人的控制与操作。虽然具有了部分处理和决策功能，能够独立地实现一些诸如轨迹规划、简单的避障等功能，但是还要受到外部的控制。

3. 自主型机器人

在设计制作之后，机器人无需人的干预，能够在各种环境下自动完成各项拟人任务。自主型机器人的本体上具有感知、处理、决策、执行等模块，可以就像一个自主的人一样独立地活动和处理问题。机器人世界杯的中型组比赛中使用的机器人就属于这一类型。全自主移动机器人的最重要的特点在于它的自主性和适应性，自主性是指它可以在一定的环境中，不依赖任何外部控制，完全自主地执行一定的任务。适应性是指它可以实时识别和测量周围的物体，根据环境的变化，调节自身的参数，调整动作策略以及处理紧急情况。交互性也是自主机器人的一个重要特点，机器人可以与人、与外部环境以及与其他机器人之间进行信息的交流。由于全自主移动机器人涉及诸如驱动器控制、传感器数据融合、图像处理、模式识别、神经网络等许多方面的研究，所以能够综合反映一个国家在制造业和人工智能等方面的水平。因此，许多国家都非常重视全自主移动机器人的研究。

图 8-11　智能机器人

8.4.5　智能汽车

1. 智能驾驶控制系统

智能驾驶控制系统是一种全新的、简单、安全和方便的未来驾驶概念，属于自动化、信息化驾驶系统的范畴，某些高级轿车和概念车上已经配备了这项最新的科技。

2. 防碰撞系统汽车自动防撞系统

Automatic Bump—Shielded System Of the Automobile 是智能汽车的一部分，它可以减小车祸的损害程度。包括3个部分：信号采集系统，数据处理系统和执行机构。

3. 智能交通系统（ITS）

智能交通系统就是以缓和道路堵塞和减少交通事故，提高交通利用者的方便性和舒适性为目的，利用交通信息系统、通信网络、定位系统和智能化分析与选线的交通系统的总称。它通过传播实时的交通信息，使出行者对即将面对的交通环境有足够的了解，并据此作出正确选择；通过消除道路堵塞等交通隐患，建设良好的交通管制系统，减轻对环境的污染；通过对智能交叉路口和自动驾驶技术的开发，提高行车安全，减少行驶时间。

4. 智能"黑匣子"

汽车智能"黑匣子"能客观地记录机动车发生车祸前驾驶员的操作过程，有效地记录驾驶员在事故发生前作出的种种反应。这种黑匣子里有可以储存、收集和传输数据的蜂窝电话，其外部有保险装置。车祸发生后，该黑匣子会自动打开，利用传感器记录下汽车的行驶速度以及出车祸时汽车的撞击位置，然后将这些信息传输给中央通信系统。黑匣子内嵌有全球定位系统，具有数据处理与传输功能。

5. 智能轮胎

轮胎内装有计算机芯片或芯片与胎体相连接。计算机芯片能自动监控并调节轮胎的行驶温度和气压，使轮胎在不同情况下都能保持最佳的运行状态，既提高了安全系数，又节省了开支。更为先进的智能轮胎还能在探测出结冰的路面后变软，使附着力更好；在探测出路面的潮湿程度后，还能自动改变轮胎的花纹，以防打滑。

6. 智能钥匙

当今，大多数私家车的标配是电子钥匙，其基本功能是启动汽车和遥控开关车门，开锁落锁过程"手动"变为"自动"，使用起来更加简便。同时，由于其匹配的是电子式防盗锁系统，用了发动机芯片锁止技术，大大提高了车辆的安全性。

7. 智能空调

智能空调系统能根据外界气候条件，按照预先设定的指标对安装在车内的温度、湿度和空气清洁度传感器所传来的信号进行分析、判断，及时自动打开制冷、加热、去湿及空气净化装置，调节出适宜的车内空气环境。在先进的安全汽车上，空调系统可以配合驾驶。当驾员精神不集中或有瞌睡迹象时，能自动散发出使人清醒的气味。

8. 智能玻璃

汽车智能玻璃是由美国汽车公司研制的，这种玻璃表面涂有一层氧化锡，下面有一层更薄的含水氧化镍。当电流正向流动时，透明的两层氧化镍可氧化成颜色较深的三价氧化物，使车窗玻璃变暗；当电流反向流动时，车窗玻璃变亮。且按着外面光线的强弱自动控制玻璃的明暗度。

9. 智能安全气囊

智能安全气囊是在普通安全气囊的基础上增设了传感器和与之相配套

的计算机软件。其质量（重量）传感器能根据质量感知乘客是大人还是儿童；红外线传感器能根据热量探测座椅上是人还是物体；超声波传感器能探明乘客的身体质量、所处位置和是否系安全带以及汽车碰撞速度及撞击程度等，及时控制气囊的膨胀时机、膨胀速度和膨胀程度，使安全气囊为乘客提供最合理和最有效的保护。

10. 智能悬架

智能悬架系统由电子装置控制，可根据路面情况，调节悬架弹性元件的刚度和减振器的阻尼，使振动和冲击迅速消除；还可以自动调节车身的离地高度，即便是汽车在崎岖不平的路面上行驶，也会使乘客倍感平稳与舒适。

8.4.6　常用智能控制器与智能小产品

对智能电子方面的创新思想，首先必须要有一种分析事物的能力，就是一种把事物的整体分解为若干部分分别进行各自的研究的技能和本领。然后还要有一种综合能力，就是能把事物的各个要素，层次和规律性用一定线索把他们联系起来，从中发现它们的本质关系和发展规律。最后，就是一种想象能力，缺乏想象能力是很难从事创新工作的。

比如上面提到的智能交通系统和智能机器人，把智能机器人融入进交通系统中，将大大减少人力所需要付出的金钱和精力，而且机器人无论是在监控，报警，追踪，安全防范领域都可以做到人力所不能达到的效果和准确度，这大大增加了城市的安全。机器人还可以在某些紧急时刻，起到第一时间应急的作用，这也是人所不能及的。例如常用的智能控制器有：

1. 遥控控制器

可以使用遥控器来控制家中灯具、热水器、电动窗帘、饮水机、空调等设备的开启和关闭；通过这支遥控器的显示屏可以在一楼（或客厅）来查询并显示出二楼（或卧室）电器的开启关闭状态；同时这支遥控器还可以控制家中的红外电器诸如电视、DVD、音响等红外电器设备。

2. 多功能语音电话远程控制器

具有高加密（电话识别）多功能语音电话远程控制功能，当你出差或者在外边办事，可以通过手机、固定电话来控制家中的空调和窗帘，灯具和其他电器，使之提前开启或关闭。

3. 定时控制器

你可以提前设定某些产品的自动开启关闭时间，如：电热水器每天晚上20：30分自动开启加热，23：30分自动断电，保证你在享受热水洗浴的同时，也带来省电，舒适和时尚。当然电动窗帘的自动开启、关闭更不在话下。

4. 集中控制器

你可以在进门的玄关处就同时打开客厅、餐厅和厨房的灯光和电器，尤其是在夜晚你可以在卧室控制客厅和卫生间的灯光和电器，既方便又安全，还可以查询它们的工作状态。

5. 场景功能控制器

只需轻轻触动一个按键，数种灯光和电器在你的"意念"中自动开启，使你感受和领略科技时尚生活的完美和简捷高效。

6. 网络远程控制器

在办公室，在出差的外地，只要是有网络的地方，你都可以通过Internet登录到家中，在网络世界中通过一个固定的智能家居控制界面来控制家中的电器，提供一个免费动态域名。主要用于远程网络控制和电器工作状态信息查询，例如你出差在外地，可利用外地网络计算机，登录相关的IP地址，就可以控制远在千里之外的灯光、电器，在返回住宅之前，将家中的空调或热水器打开。

7. 网络视频监控器

在任何时间、任何地点直接透过局域网络或宽带网络，使用浏览器（如IE），进行远程影像监控、语音通话。另外还支持远程PC机、本地SD卡存储，移动侦测邮件传输、FTP传输，对于家庭用远程影音拍摄与拍照更可达成专业的安全防护。

8. 安防报警控制器

当有警情发生时，能自动拨打电话，并联动相关电器做报警处理。

9. 影音设备共享控制器

家庭影音控制系统包括家庭影视交换中心（视频共享）和背景音乐系统（音频共享），是家庭娱乐的多媒体平台，它运用先进的微电脑技术、无线遥控技术和红外遥控技术，在程序指令的精确控制下，把来自机顶盒、卫星接收机、DVD、电脑等的多路信号源，根据用户的需要，发送到每一个房间的电视机、音响等终端设备上，实现一机共享客厅的多种视听设备。你的家庭就是一个独特设计的AV影视交换中心。客厅的DVD影碟机、数字电视机顶盒、卫星电视接收机等任意4种视听设备共享到5个房间观看并可以遥控（卧室房、卫生间、书房等房间任选其二加上客厅），为你家中的CD/TV/FM/MP3音源或数字电视机顶盒、卫星电视机顶盒、IPTV、网络在线电影、DVD等音频、视频设备解决共享问题，为你解决音频、视频设备的异地遥控、换台、音量操作，如同你在卧室安装一个数字电视机顶盒（VCD、DVD）卫星电视机顶盒一样的效果，极其方便。

10. 背景音乐控制器

就在任何一间房子里，包括客厅、卧室、厨房或卫生间，均可布上背景音乐线，通过单个或多个音源（CD/TV/FM/MP3音源），可以让每个房间都能听到美妙的背景音乐。

11. 数字家庭客厅娱乐系统

"数字娱乐"则是利用书房电脑作为家庭娱乐的播放中心，在客厅或主卧大屏幕电视机上播放和显示的内容来源于互联网上海量的音乐资源、影视资源、电视资源、游戏资源、信息资源等。安装"数码娱乐终端"后，家庭的客厅、卧室、起居室等地方都可以获得视听娱乐内容。安装简单，用网络面板和一根超五类线连接设备。

12. 综合布线系统

通过一个总管理箱将电话线、有线电视线、宽带网络线、音响线等被称为弱电的各种线统一规划在一个有序的状态下，以统一管理居室内的电话、传真、电脑、电视、影碟机、安防监控设备和其他的网络信息家电，使之功能更强大、使用更方便、维护更容易、更易扩展新用途，实现电话分机，局域网组建，有线电视共享。

13. 指纹锁

你一定有过这样的尴尬：由于某种原因忘记带了家中的钥匙，或是客人造访，你不能立即赶回等。如果这个时候能在外地用手机或是电话将房门打开，该多么方便呀！并且在单位或遥远的外地用手机或是电话"查询"一下家中数码指纹锁的"开关"状态，是不是让你更感到安全。世界顶尖生物识别，指纹技术与密码技术的完美结合，三项独立开门方式：指纹、密码和机械钥匙，安全方便。

14. 新风空气调节方案

有一种设备，不用整日去开窗（有的卫生间是密闭的），就能定时更换经过过滤的新鲜空气（外面的空气经过过滤进来，同时将屋内的浊气排出去）。

15. 宠物保姆

设计人员研制开发出了具有高科技水平、操作简易的电话远程控制，自动定时控制，遥控控制的宠物喂食机等。只要拨通家里的电话，就能给自己心爱的宠物喂食，还能听到它的声音，这该是多么富有情趣和时尚的生活！

8.4.7　智能产品存在的常见问题

综合起来，现有智能产品存在很多问题，具体如下。

1. 开放性差

局限于"专用计算机、专用机器人语言、专用微处理器"的封闭式结构，封闭的控制器结构使其具有特定的功能、适应于特定的环境，不便于对系统进行扩展和改进。

2. 软件独立性差

软件结构及其逻辑结构依赖于处理器硬件，难以在不同的系统间移植。

3. 容错性差

由于并行计算中的数据相关性、通讯及同步等内在特点，控制器的容错性能变差，其中一个处理器出故障可能导致整个系统的瘫痪。

4. 扩展性差

目前，机器人控制器的研究着重于从关节这一级来改善和提高系统的性能。由于结构的封闭性，难以根据需要对系统进行扩展，如增加传感器控制等功能模块。

5. 缺少网络功能

现在几乎所有的机器人控制器都没有网络功能。

总起来看，前面提到的无论串行结构还是并行结构的机器人控制器都不是开放式结构，无论从软件还是硬件都难以扩充和更改。例如，商品化的 motoman 机器人的控制器是不开放的，用户难以根据自己需要对其修改、扩充功能，通常的做法是对其详细解剖分析，然后对其改造。

第 9 章 儿童智能产品的分析

众所周知，不同年龄段儿童的心理特征、生理特征、认知特征、智力发育特征是不同的。因此，儿童产品应该根据不同年龄段儿童特征来开发，使产品针对某一年龄段儿童的生理、心理发展需要的目的性与适应性更强，以更好地训练儿童的手眼协调能力、身体控制能力、团体协作能力、逻辑思维能力等。随着新时代的到来，儿童产品也要体现"科技性＋互动性＋艺术性＋趣味性"，把多种优点与性能集于一身。在儿童智能产品的设计中，人体工程学原理，语音识别技术等得到了充分的运用。

9.1　儿童智能产品的概述

随着信息技术的高速发展，儿童将要怎样面对这个信息与科技交融的时代呢？社会各界均应该思考摆在眼前的这个现实问题。要想在21世纪云云强国中使我们的民族不落后，从儿童出发不失为一个明智之举，这也可以说是我们"科教兴国"的人才战略之根基。

优秀的儿童产品应使儿童增长知识、开发智力，激发孩子了解未知事物、了解外部世界及产品自身的知识性，其操作要具有一定多变的操作步骤，让儿童更具创造性。这里所说的知识性，即儿童产品自身的文化含量。21世纪儿童产品将被打造成人类的朋友，娱乐性与教育性的完美结合，让儿童在潜移默化中"寓教于乐、健康成长"。它有"思想、性格、情感"等类似于人类的特征，它不会给儿童带来乏味和厌倦，相反会带来无穷的乐趣与刺激。无论是外观造型还是内部功能、音乐、光感、图文的设计上，均充分考虑宜人性与互动原则。交流与互动结合的儿童产品设计将广泛应用于儿童教育或娱乐系统。

　　智能玩具是玩具类别的一个细分市场，把一些IT技术和古老的玩具整合在了一起，是一种有别于传统玩具的新型玩具，在最近几年逐渐流行开来。而将人工智能引入玩具产品设计，使得玩具具有人机交互的能力；而通过互联网技术，在线提供可更新的信息与创意，并可根据用户的需求进行定制。这种全新的玩具设计方案将会是玩具业在技术上的又一次飞跃，使得寓教于乐成为可能。儿童玩具产品将保持两大发展趋势：一是益智、创意及有益身心发展的玩具，包括电子、机械和两者兼备的玩具；另一方面，智能玩具方兴未艾，智能化、人性化并具备图文识别、语音、传感等技术的产品会大受欢迎。如果综合市场上的大部分智能玩具的功能及一些共性给智能玩具下一个定义的话，那就是：有动物或者娃娃造型、会说话、能与人产生一些简单互动的玩具。智能玩具已经把毛绒玩具、橡胶娃娃、芯片、数码技术等不同行业的一些产品整合在了一起，不仅孩子爱玩，而且能达到很强的寓教于乐的效果。智能玩具游戏不只是玩，而是对孩子进行教育的好形式。智能玩具游戏能培养婴幼儿良好的性格，是对幼儿进行思想品德教育的有效手段。幼儿在游戏中可以通过玩具智能的功能来模仿和认识事物，体验着人们的思想感情，可以逐步认识社会的道德行为准则和风尚。

9.2　儿童智能产品的设计原则

　　儿童益智产品不同于普通的产品，不仅要包含玩具产品功能，也要注意适用对象是儿童，要针对儿童的生理和心理特点进行设计，最好还要有寓教于乐的效果，锻炼提高儿童思维能力、记忆力、耐力、意志力等。因此，儿童智能产品的设计应当根据儿童的发育特点，有针对性地设计出适合儿童各年龄段的产品。儿童智能产品的设计应在年龄段上有所细分，运用科学的原理与方法，应用网络和数字技术，建立相应的标准，融入现代声光电科技元素，设计出真正为少儿喜爱，适应儿童的儿童智能产品。

　　首先，要对儿童智能产品进行实例分析就要了解儿童智能产品的设计应该遵循的规则。

9.2.1　安全性原则

　　安全性一直是产品设计的重点，任何儿童产品设计都应符合相应的设计检测安全标准才能进入市场。在儿童产品的设计中，安全性设计指的是儿童在正常使用产品的过程中，不受到来自产品方面的任何伤害，即使在无意识中进行了错误的操作，也能将伤害降到最低限度，从而保证儿童的安全。之所以把安全性原则放在首位是因为儿童的生理特征决定了他们比一般年龄的人更容易受到外来的意外伤害，他们的生理、心理发育尚不成熟，对事物的认知也不完全，缺乏自我保护意识，他们在使用产品时，任何潜在的问题都可能造成严重的后果。因此，安全性原则是儿童产品体现人性化的首要条件也是最基本的条件。一方面，儿童产品在造型上、色彩上和材料使用上，都不应该给儿童造成任何身体上或心理上的伤害。如一些产品的零配件，除了注意转角部分是否尖锐容易误伤儿童外，还要确定产品的尺寸不应过小，以降低误食或误插入口的几率。在色彩上，应用色彩的象征意义以确保产品的安全使用，如红色有警示作用等；在材料使用上，应使用无毒材料。另一方面，采用一些约束条件来避免儿童进行误操作。如采用物理结构约束方法，能有效地控制可能的操作方法，至少将正确的操作方法突显出来，从而达到安全使用的效果。而在儿童益智产品设计中倡导安全性的绿色设计，对于儿童的使用效果及我国产品市场的健康发展都具有深远的意义。

9.2.2　易用性原则

儿童的耐心常常不足，如果一件产品的界面设计过于复杂，使儿童望而生畏，或者操作起来比较繁琐，他们往往会转移注意力、甚至产生挫败感，不再愿意亲近该产品。要提高儿童产品的易用性，这就需要在力求产品操作界面简洁化的同时，巧妙地对产品符号进行视觉化。简洁的东西让人一目了然、一看就懂、一学就会，一个按键就可以完成的工作，不必设计成两个或者更多个按键，这样的产品往往也是用起来十分方便的东西。而视觉化的产品符号比较直观，方便了操作，同时也可以引起儿童的联想，提高儿童的想象力和创造力。易用性的儿童产品展现了良好的产品人机界面的人性化交流和沟通，使产品不仅易于学习使用，而且能够满足他们的生理和情感的需要，如图9-1所示的儿童智能手机。

9.2.3　创新性原则

儿童益智产品的设计应该与时俱进，在材料、包装、造型、功能上不断吸收、融合新的元素，表现科技与时尚的概念。所以要求设计师具有创新精神，而创新又是建立在强烈的敏锐感受能力、探索和追根究源的能力、发明创造能力以及审美能力之上的。并且产品设计师应具备人文关怀的精神，具有产品设计理念的科学知识。同时，产品设计创新的过程也就是创造品牌的过程。而我国产品产业照单生产，缺少对新产品尤其是儿童智能开发产品的创新开发，成为制约我国儿童智能产品发展的瓶颈。因此，我国要建立儿童智能产品的生产经济规模，必须培养设计队伍，提升儿童智能产品的整体设计和技术水平，不断创新，增强自身的核心竞争力。

9.2.4　益智性设计原则

儿童产品使用者虽然是儿童，但购买者却是家长。人性化的儿童产品不仅要满足儿童的心理，还要满足家长的心理。当今的家长愈来愈重视儿童的早期教育和智力投资，如果一件产品能获得儿童的认同，让儿童在使用过程中得到快乐，同时又能开发他们的智力和创造力，得到家长的赞许，不失为一件好的人性化的儿童产品，儿童智能产品的因素如图9-2所示。

如现在市场上推出的一款儿童洗衣机，全塑红色大辣椒造型，体积小、操作方便、安全系数也高，比较适

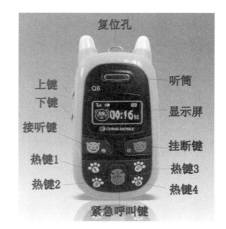

图 9-1　儿童智能手机

图 9-2　儿童智能产品的因素

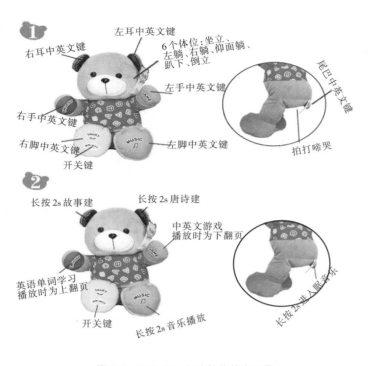

左耳中英文键

右耳中英文键

6个体位:坐立、左躺、右躺、仰面躺、趴下、倒立

左手中英文键

尾巴中英文键

右手中英文键

左脚中英文键

右脚中英文键

开关键

拍打啼哭

长按2s故事建

长按2s唐诗建

中英文游戏播放时为下翻页

英语单词学习播放时为上翻页

长按2s进入睡音乐

开关键

长按2s音乐播放

图9-3 智能化、趣味性的儿童产品

合儿童自己动手帮妈妈洗衣服,一方面可以帮助孩子从小就养成爱劳动的好习惯,培养其独立生活能力,一方面也给家人增添了一大乐趣。因此,相信成功的儿童产品必须是设想周全、制作严谨精密、充满乐趣,以及具有教育意义的。

9.2.5 趣味性设计原则

人性化设计要满足人的情感需求。因为人是有感情的,在使用产品时,人们希望能和产品进行良好的沟通。对于儿童来说,儿童天生情感丰富,他们喜欢接近一些宜人性或具有亲和力,或是充满生命力的趣味产品。因此,一些色彩绚丽、造型夸张、卡通化或模仿动物造型的儿童产品,通常容易吸引儿童的注意力,能使他们获得精神的愉悦,满足他们的心理需求。如海尔公司推出的"青蛙王子"彩电,就是采用青蛙造型,在外观和功能上充分考虑了儿童的需要。世界著名青蛙公司设计的一款儿童鼠标器,看上去就好像一只真老鼠,诙谐有趣,逗人喜爱,让小孩有一种亲切感,图9-3所示的为智能化、趣味性的儿童产品。

9.2.6 科技与互动特征

随着新时代的到来,人们审美等各种意识不断提高,更多更新的"新时代产物"将取代以往那些糟糕的儿童产品。"新时代产物"的明显特征是"科技性 + 互动性 + 艺术性 + 趣味性","新时代产物"会把多种优点与性能集于一身。由于可伸缩、可转换、可回收等新型材料的使用,加之安全因素的充分考虑,使得"新时代产物"对儿童更具亲近感与诱惑力。21世纪儿童产品将被打造成人类的朋友,娱乐性与教育性的完美结合,让儿童在潜移默化中"寓教于乐、健康成长"。它不会使儿童产生乏味和厌倦,相反会带来无穷的乐趣与刺激。无论是外观造型还是内部功能、音乐、光感、图文的设计上,均充分考虑宜人性与互动原则。交流与互动结合的儿童产品设计将广泛应用于儿童教育或娱乐系统。以科技与互动为特征的儿童产品的社会意义在于使儿童能够在成长过程中顺利地过渡到这个高科技时代。

9.2.7 年龄特征

众所周知,不同年龄段儿童的心理特征、生理特征、认知特征、智力发育特征是不同的。因此,21世纪的儿童产品应该根据不同年龄段儿童来开发相应产品,使得产品针对某一年龄段儿童的生理、心理发展需要的目的性与适应性更强,以训练他们的手眼协调能力、身体控制能力、团体协作能力、逻辑思维能力等。例如儿童在3~4岁期间,是最爱模仿的时期,也是进行语言教育的最佳时期。一些炊具、家庭用品、医药用具等模型玩具,可让儿童在"过家家"、当"医生"的角色游戏中学会用语言表达一些情节和内容。未来儿童产品的设计研发中将充分考虑到年龄特征,不会再出现多大的孩子都在用同一件产品的遗憾。同时还会适当考虑一些产品设计的性别特征方面的问题。对于儿童产品的包装设计我们不主张那种通过文字标注的方式，而通过一些巧妙、意会、人情味十足的方式暗示家长和孩子们将会更好。例如，对于面向各年龄段孩子们的食品，在包装盒的背面可以展示这一年龄段孩子所喜爱的活动或宠物图片等。另外，随着年龄增长，儿童记忆容量也在增加，在做益智类儿童产品设计时更应充分考虑其年龄特征。

（1）1~3岁。处于此年龄段的孩子体格开始发育，活动能力开始增强。因此相应的儿童智能产品应注意激发幼儿的思维，但是他们又尚不具备长时间的注意力，因此设计师们不应该在玩具或书籍中掺杂太多经验和理想化的东西，而更应该开发允许孩子有随意发挥空间的产品。例如：适合此阶段玩的智能玩具"艾力克"智能犬。如图9-4所示，智能"艾力克"脖子上的那条丝巾点缀出高雅，粉红色的毛绒衬托出华贵，别具特色的语音、语调是它的标志。"艾力克"是条名副其实的智能仿真贵宾犬，集多项高科技成果于一身，能歌善舞，声音低沉沙哑、充满磁性，语言滑稽而幽默，并能与朋友们互动在一起讲故事。它外表极具宠物狗的仿真度，从体型、质地、神态都经过悉心思量、考究做工以及精雕细刻；内部拥有极为强大的模糊语音识别超大规模集成电路，依据生物仿真学原理，能用标准的普通话回答人们的问话，自然语言多达几百句；能用幽默诙谐的语言讲一段完整的故事，唱动听的歌曲，尤其对于牙牙学语的幼儿可矫正其发声吐字。艾力克会主动与人搭讪，更具互动性。

图 9-4　智能艾力克儿童玩具

（2）3~6岁。3~6岁的孩子在运动能力和体能方面得到进一步的发展。对于这个年龄段的孩子来说，小幅度的运动变得更精巧，因此玩具不需要体积太大，并且可以让他们以正确的姿势拿蜡笔和铅笔，鼓励培养他们的绘画技能。为了增加他们对身体的控制能力，可以开发一些产品鼓励孩子跑步、跳高、单脚跳等；他们能够意识到并重复一些模式和节奏，因此在这一时期，培养孩子的艺术才能是十分重要的，可以提供一些供孩子进行描摹和复写的产品；同时眼手的协调一致性开始增强，因此智能的棋盘游戏或拼盘、串珠等小游戏都是可以采用的。例如图9-5所示的是适合于3~6岁儿童的玩具。

图 9-5　适合于 3~6 岁儿童的玩具

（3）6~7岁。6~7岁的孩子特别活跃。个体表达（包括身体、语言、艺术、情感上的）占据了他们大部分的时间。他们对于小的动作技巧更加灵活，所以摁按钮，画蜡笔画，对付一些机械装置如曲柄、杠杆、小玩具等对他们来说特别简单。这个年龄段的孩子不擅长阅读，但他们理解符号语言的能力和认识色彩的能力正在迅速发展。

这一年龄段的孩子们更喜欢用明快的颜色制作图案，会选择使用图形结构和对比鲜明的色彩来表达自己。他们喜欢有规律的东西，比如睡觉前读的书。他们喜欢说话，喜欢随音乐歌唱，因此把音乐记录下来的玩具很受孩子的欢迎。

（4）8~9岁。随着数学知识的增加，孩子的空间思维能力开始发展。在设计方面，他们能提出自己的想法，参与这项复杂的活动。这个年龄段的孩子们也积累了一定的文化信息，这使他们具有幽默感，并能欣赏一些另类的东西。

8~9岁的孩子手部肌肉开始增强，因此可以在产品设计中加入一些按钮或使用方法与纽扣类似的小玩意儿。尽管孩子们非常活跃，但也需要休

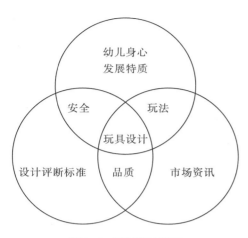

图9-6 玩具设计要素

图9-7 儿童故事机

息时间，因此设计中可以加入他们喜爱的活动，或者在产品外观设计中加入类似滑板、足球等元素。

9.3 儿童智能产品的年龄特征

9.3.1 适合1~3岁幼儿的智能产品

幼儿期随其动作、口语及感知觉迅速发展，开始了最初的游戏活动，并出现最简单的想象，记忆思维也较婴儿期增强，这个时期是幼儿声音辨别、动作、口语、模仿、计数等能力发展的关键时期，因此，进行益智游戏，利用游戏和玩具，并通过科学的训练和学习方法，向宝宝输送精神营养，能较大限度地开发孩子的脑部潜能，提升孩子的智力。

学前儿童玩具的设计可以依据机能性、造型性、独创性、安全性、耐久性、实用性、启发性、调和环境、合理价格、低公害、高设计品质、人因工程、生产效率、材料及文化背景等方面加以探讨，设计构想的展开必须考量幼儿身心发展特质、游戏玩法、设计评断要素三者间之平衡性，如图9-6所示。

适合这个年龄段的儿童玩具多种多样，如益智积木，此类玩具能够培养孩子的空间想象能力及精细动手操作能力，能加深儿童对时间、动物、交通工具和房屋形状、颜色等方面的理性理解；又如数字算盘文字类，这类玩具在训练孩子镶嵌能力的同时，进行大动作的练习，训练幼儿的精细动作，启发孩子对形状、数、量的准确理解，同时锻炼肌肉的灵活性。

儿童玩具主要是从外观形状方面设计从而培养孩子的动手能力想象能力等，如图9-7所示的儿童故事机，这类产品采用了最新语音识别系统，专门为培养孩子的语言表达能力和思维能力设计，玩具机器人可以听懂普通话和英语，用语言就可以控制和操作故事机，另有设置各种学习目录激发儿童的思维能力和语言表达能力，还可以自己定义对话的内容，对孩子的教育更加个性化，可设置多种教育模式，给孩子学知识提供最好帮手，智能语音控制的故事机能更好的激发少儿参与和互动、表达自己的想法、进行对话训练，让孩子不再只是当听众，故事机专为促进儿童语言表达能力和思维能力而设计，"语言能力"和"思维能力"对于孩子将来步入社会谋求发展是具有远大意义的。

儿童故事机的外形设计也尤为重要，具有鲜艳色彩和具有童趣的外形设计能更好地吸引儿童，如图9-7所示的这款故事机的设计就非常突出。

9.3.2 适合3~6岁儿童的智能产品

从3岁到6岁，儿童智力发展方面的主要任务是学习和掌握各种符号。这个阶段的儿童，由于其大脑未发育完全，导致其注意力容易分散，无法长时间的对一件事物保持兴趣，因而在游戏中，通过各种实践活动，保持儿童对于学习的乐趣才能较好的学习成长。这与我们成人不同，对一个成年人来说，学习得最好的时候，常常是静静地坐着倾听的时候，比如听老师讲课或者自己看一本书。孩子却不能以同样的方式进行心智活动或思维。他们只能通过对事物进行实际操作来学习，不管这些活动是搭积木、玩洋娃娃还是过家家。意大利幼儿教育家蒙台梭利说得好，"游戏就是儿童的工作"。在游戏中，儿童从事各种实践活动，这些活动又慢慢地被内化为思维活动。相反，让儿童静静地坐着学习，对他们的成长不会产生持久的作用。只有让儿童通过积极应付环境而获得的东西，才能长久地得到保持。

一位著名心理学家认为，3～6岁儿童的主要任务，是通过游戏活动，亲身体验他们将来想成为什么样的人，培养一种目标方向感和自主性、创造性。因此，设计合理的智能产品对于这个年龄段的儿童来说至关重要，好的玩具、游戏能很好地激发儿童各方面的能力，如动手能力、语言表达能力等等。由于这个年龄段的儿童已经具有自我意识，也是一个叛逆期，因此产品设计外观设计显得十分重要。

此年龄段的儿童适合的玩具如拼板玩具类，这类玩具由各种形状各异、内容丰富的拼板组成，在儿童对图形的组合、拆分、再组合有一定认知的基础上，锻炼独立思考的能力，同时培养他们的耐心和持之以恒的精神。

再如电子玩具类，如智多熊早教智能玩具，如图9-8所示，此玩具采用了儿童非常喜欢的外观毛绒熊，首先在外观上就深受儿童的喜爱。它将4种产品合而为一：一个功能创新的智能玩具、一只懂喜怒哀乐会说话的玩具熊、一部有情感交流的早教机以及一个卡通造型的儿童音箱。通过人工智能技术，让孩子在与智多熊的交流互动中获得快乐、提高智商。

智多熊早教智能玩具的声音系统能还原真人标准普通话录音，音质甜美、发音亲切，可以让孩子模仿、学习标准的普通话。它还通过内置的方向感应器，能自我感知坐立、趴下、仰面躺、右侧面躺、左侧面躺和倒立等体位变化。

它对儿童的教育作用主要分为5个模式：

模式一（基础模式）的教育作用。本模式除了好玩，还能有效帮助儿童记忆身体各部位的名称，培养对左右方向和6个体位的逻辑思维。智多熊身上的小按键和体位功能会吸引孩子去按或摆弄智多熊，可以提高孩子精细化操作能力和上肢力量。还会教宝宝唱经典儿歌，儿歌是非常好的早教素材，不仅帮助孩子矫正发音和学习说话以提高语言表达能力，内容好的儿歌还可以帮助孩子形成良好的性格和习惯。

模式二（中文游戏模式）的教育作用。本模式可以以互动游戏的形式巩固模式一的教学效果。唐诗也是非常好的早教素材，可以有效训练记忆力。孩子如果每次能按智多熊的指令正确游戏，智多熊就会教孩子背唐诗。从生理上来看，因唐诗具有音乐性，节奏鲜明，对听觉器官具有一种良性刺激作用，并通过大脑产生生理效应。朗读诗句是一种口腔运动，而口腔运动具有健脑作用。此外，反复吟诗，可使大脑皮层的兴奋、抑制过程达到相对平衡，血液循环加速，体内的生化代谢更加旺盛，能增加一些有益的激素及活性物质的分泌，这些物质能使血流量、神经细胞的兴奋趋于最佳状态，十分有益于体力和智力的发育。

模式三（英文游戏模式）的教育作用。该模式是对中文游戏模式的升级，在孩子熟练掌握模式三的基础上培养其英语语感和兴趣。

模式四（助眠模式）的教育作用。助眠模式有助于孩子安静下来欣赏音乐或者帮助其睡眠。

模式五（MP3外接模式）的教育作用。智多熊本身就是一个儿童音

右耳键　　　　　左耳键

胸口切换键（启动）　　　6个体位：坐立、左躺、右躺、仰面躺、趴下、倒立

右手键　　　　　左手键

右脚键　　　　　左脚键

图9-8　智多熊早教智能玩具

箱，使用创智者提供的连接线把MP3或MP4播放器（需自备）的耳机接口和智多熊外接接口连起来，智多熊就变成一个高品质的音箱。利用可爱的智多熊给孩子放歌曲、唐诗、故事或儿歌等内容，孩子的学习兴趣会更浓，因为孩子喜欢充满童趣的东西，好玩的智多熊是孩子从小玩到大的玩伴，孩子更喜欢和亲密的玩伴一起玩一起听，学习效果会事半功倍。

9.3.3 适合6～14岁儿童的智能产品

6～14岁儿童的注意力不稳定、不持久，难以长时间地注意同一件事物，容易为一些新奇刺激所吸引。凡是生动、具体、形象的事物，形式新颖，色彩鲜艳的对象，都比较容易引起儿童的兴趣和吸引他们的注意。6～14岁儿童记忆发展的特点是从无意识记向有意识记发展，从以具体形象思维为主要形式向以抽象逻辑思维为主要形式的过渡，他们的抽象逻辑思维在很大程度上仍然是直接与感性经验相联系，仍有很大的不自觉性和具体形象性。因此，在此年龄段培养孩子的思维能力尤其重要，此年龄段的儿童智能产品设计主要从以下几方面着手：①培养孩子独立思考、独立解决问题的能力。②提高孩子的语言表达能力。语言是思维的外壳和工具，思维过程离不开语言，家长要引导孩子正确使用词语，训练儿童养成把话说完整的习惯，并培养孩子的朗读、默读和复述的能力。③教给孩子科学正确的思维方法，包括分析、综合、比较、抽象、概括等。

适合此年龄段儿童的智能产品如磁力棒，因其强大的造型构建能力而受到国际顶级儿童教育专家的极高评价。在这构建的过程中，需要孩子认真的动脑和对所要实现模型的受力分析和构思的分析，对于孩子的智力开发极为有益。

比如火车、汽车等交通玩具类产品，提高儿童对事物的认知，训练其组装、整理的能力，提高他的动手能力和动脑能力。

比如儿童点读机，通过人机对话，鼓励孩子大胆开口，锻炼表述能力，等等。如图9-9所示的步步高点读机具有：一体式外观、点读学习、互动测试、课文播放、单词背诵、趣味宠物学习、智能辅导、MP3播放等功能。

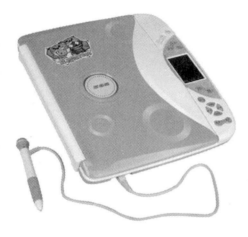

图9-9　步步高点读机

9.4　儿童电子产品设计中应注意的问题

9.4.1　有压抑感、头痛感、陌生感的设计不可取

儿童是个天性活泼、好动的群体，儿童的内心世界是相当丰富精彩的，他们具备超乎常规的想象力，他们对万物充满了好奇，哪怕是一块斑斓的色彩、一个古怪的图形、一根弯曲的线条，都会令他们驻足半晌，想象联翩。从儿童心理学及发展心理学方面的知识我们已经得知不同年龄段的儿童具有不同认知心理与审美特征，因此，在具体的设计实践中，千万不能走"以成人的观点去主观臆测"的错误之路。成功的儿童产品应最大限度满足孩子的好奇心，这样才会使孩子插上理想的翅膀，给孩子创造更大的发挥空间。

9.4.2　繁琐复杂的设计不可取

对于儿童来讲，由于其自身诸多因素影响，实践证明那种太富于理性化的产品并不会引起儿童的兴趣，相反会使其无从下手而产生厌烦心理。因此，作为设计人员应把握"删繁就简"的原则，尽量避免繁冗的设计，尽量使儿童在简单愉快的操作中培养自身的认知能力、判断能力和思维延展能力。

9.4.3　缺乏趣味性的设计不可取

大多数儿童产品都应以趣味性为前提，我们始终应抓住儿童好动且注意力易涣散的特点，将趣味性有机地融入产品之中。要想使孩子身心愉悦地在产品中找到乐趣，这不但要求产品外观有足够的吸引力，而且要求产品具有一定的传递性、层次性、发挥性和模仿性等特点。据儿童心理学人士研究，95%的儿童均能在玩耍娱乐的氛围中领会更多知识。由此可见，儿童玩具的开发应将各领域知识巧妙地融入结合，寓教于乐。

9.4.4　安全性

生活中的大多数产品都涉及安全性问题，由于儿童自我保护能力较弱、易受伤害，儿童产品更应注意安全性问题。有专家统计：儿童游戏中所发生事故有50%是因为不慎而造成的，16%是由于玩具结构的不合理性所致。因而在儿童产品设计的安全性方面，生产商和设计师要考虑以下几个方面：儿童玩具的材料要具有无毒性；外形结构要圆滑无尖锐形态；结构合理、牢固；最大承受力、安全电压等方面，均有必要进行多次调试。忽略安全意识的儿童产品设计是不可取的，其背后必将隐藏巨大的隐患和不可估量的经济损失。

（1）大多数的智能产品由于和现代化科技相结合，都会用上金属小部件，然而这些小部件一旦脱落或者形成尖锐的边缘，很容易被儿童吞食或者伤到孩子，这是一个长期以来一直没有解决的问题，因为需要将各个零部件结合起来，必须要用到螺丝等连接用的工具。如果需要解决这个问题，那要求设计人员设计一种全新的结合零部件的方式，不要用到多余的、容易松动的结构，这样可以大大降低儿童误食金属零件的概率。

（2）许多儿童智能产品为了顺应幼儿的需要，将产品的外围做成毛绒玩具的样子，尽管毛绒玩具看上去很适合幼儿玩耍，不会对儿童有很大的伤害，但是实际上，毛绒玩具由于比较容易藏尘，藏菌，会使比较敏感的儿童引发过敏，或者呼吸道感染，所以我们需要经常清洗毛绒玩具，但这又是一项比较难完成的任务，另外，毛绒玩具比较容易掉毛，会使儿童在不经意之间吃入或者吸入，引发疾病。总的来说，现阶段材料的毛绒玩具并不适合儿童玩耍，应该要开发一种新型材料，既柔软，也不会引发各类疾病。

（3）因为考虑到儿童的身材比较小，所以很多玩具为了更适合儿童玩耍，将玩具制造成较小的形状，虽然这样比较适合儿童随身携带和玩耍。但是与此同时，儿童爱玩、爱动的天性也促使他们会将这些东西不小心吞咽，或者啃咬，比如幼儿风铃等，万一有脱落或者松动，极有可能被孩童误食，因此，此类玩具应该放在儿童触碰不到的地方，供孩子们远观。作为商家，也应该在设计时，有意识的增加这类产品的结构牢固性。

（4）现在很多儿童智能产品都和高科技相互融合，例如简单的电动玩具。由于所有的电动玩具必须有足够的电力驱动，有些产品在设计时没有考虑到电池的摆放合理性，经常将电池放到比较难取放的地方，使儿童比较难完成这一操作，还有要考虑到放电池的小盒周围是否平滑，以免割到儿童的手。并且，一些赛车的玩具在起动时，发动机会有比较高的转速，所以一定要有一个保护盒，避免手指被割伤或者缠绕住。

（5）还有一些儿童玩具以变色和变化的香味来取悦儿童，但是这类玩具一定是有一定的化学成分。在设计时，如果将化学产品直接暴露给幼儿，则会对幼儿的嗅觉等感觉器官产生很大的影响，特别是遇到刺激型气味的时候。另外，化学成分在遇到可反应的其他化学成分时会进行反应，这样的化学反应很可能会产生比较刺激的产物，所以，在这类智能产品进行设计和生产的时候，要注意将化学成分稳定地包裹在一定的容器内，保证这样不会导致泄漏或者外溢，以保证对儿童的安全。

9.4.5　绿色设计

21世纪应该是一个绿色、环保的时代，看看隐藏在我们背后诸多的文化垃圾、经济垃圾、社会垃圾、工业垃圾等，我们不允许更多的产品垃圾出现。因此，21世纪的儿童产品开发应该走可持续设计之路。

可持续设计之路表现在三个方面：

（1）选用材料上尽可能采用可回收、可降解的材质。

（2）提高产品的使用周期。儿童产品的使用周期往往不是很长，随着年龄段的增长，就要更换新产品，因此，如何提高使用周期显得更有意义。例如采用智能升级程序、组合模块等方面的设计，这将大大拓宽产品的使用周期，从而为国家与社会节省更多的能源与材料。

（3）建立相应的儿童产品保养及回收机构。对于正在使用中的儿童产品，维修站将负责产品的维护、翻新和保养等售后服务，这无疑也提高了产品的使用周期。环顾我们身边家庭，几乎每个家庭都会存有一些童年期过后的儿童产品垃圾，对于社会来说这是一种有形的物质浪费，产品回收机构主要负责以废弃物为材料的回收再利用处理，为社会节省不必要的能源消耗，使产品真正意义地走上"循环利用"之路。

9.4.6　产品包装设计

对于儿童产品的包装设计我们不主张那种通过文字标注的方式，而是通过一些巧妙、意会、人情味十足的方式暗示家长和孩子们将会更好。例如，对于面向各年龄段孩子们的食品，在包装盒的背面可以展示这一年龄段孩子所喜爱的活动或宠物图片等。另外，随着年龄增长，儿童记忆容量也在增加，在做益智类儿童产品设计时更应充分考虑其年龄特征。

9.4.7　地域性特色设计

不同的国度及地域有不同的习惯与特点，因此，地域特征不可忽视。作为开发商还可以根据不同的地域特征开发相应的产品。

9.5　儿童智能产品设计实例分析

9.5.1　儿童筷子

许多家庭买来一把筷子后，直到筷子越来越少，变得破旧不堪，才会想起再到超市去买一把新的回家。而超市货柜上的筷子又是五花八门，有纯竹的、彩漆的、象牙的、银质的，也有一对的、一把的，该挑哪种好呢？而且使用合适的筷子，能够使孩子变得更聪明，你知道这是怎么一回事吗？

著名教育学家苏霍姆林斯基说："儿童的智慧在手指头上。"科学家研究证实，人的大脑皮质和手指相关联的神经所占面积最广泛，大拇指运动区相当于大腿运动区的 10 倍，可见手和大脑有千丝万缕的联系。有位对手脑关系作过多年研究的学者指出，要培养聪明伶俐、才智过人的儿童，就必须让他们锻炼手指的活动能力。因为手指活动能刺激大脑皮质运动区，促使某些特殊、积极而富于创造性的区域更加活跃，进一步增强大脑的思维能力。手脑并用的结果使儿童心灵手巧。

婴幼儿时期是大脑发育最快的时期，皮质细胞在 3 岁时已基本分化完成，所以这个时期是儿童智力发育的关键时期。儿童心理学家和教育学家介绍，应对 3 岁前幼儿开展早期教育，以便更好更快地促进其身心全面发展，开发智力。让儿童学习使用筷子，可以作为训练手脑并用的内容之一。然而有些家庭迟迟不让孩子用筷子进餐，主要因为孩子用筷子不熟练，边吃边掉饭粒，吃得太慢，于是家长老是让孩子用小勺进餐，其实这是无益处的。

对于父母来说，选一双可以吸引孩子而又健康无害的筷子是很重要的。用筷子吃饭对幼儿的大脑和手臂是一种很好的锻炼。日本医学家经过多年的研究观察，发现用筷子夹食物可牵涉肩部、手掌和手指等三十多个关节和五十多块肌肉的运动，而且和手脑神经也有着密切的联系。因此，用筷子吃饭夹食，还能训练大脑。倘若幼儿一次进餐半个小时，一日三餐便是一个半小时，这对幼儿的大脑实在是一种很有利的训练。

这款产品分为左手练习筷子和右手练习筷子，如图 9-10 所示。大部分家长认为，孩子"左撇子"是不好的现象，其实不然。一般来说，左脑是理性脑，称为"学术脑"，右脑则是感性脑，称为"艺术脑"，当我们通过图像、声音、故事情节、躯体运动进行大量超速的学习时，大多运用的是右脑。国外神经学家认为，世界上大多数人只是用左脑来活动，如果能够同时运用到左右脑，那么完成的工作量可以达到惊人的程度。大多数家长都知道的一点就是"活动右手，开发左脑；活动左手，开发右脑"。智能学习筷，恰好弥补了这一个空白，开发了左手练习筷子，这样可以大大提高孩子们的左手动手能力，从而达到开发右脑的目的。

智能学习筷满 2 岁就可以直接使用。小时候多使用手指，有助于智能开发。儿童觉得有意思，有助于形成自信心，不会错过最佳教育时期，而且就餐以外也可以将其作为玩具。

为帮助不会使用筷子或使用姿势不正确的满 2 周岁以上的所有儿童，智能学习筷就是能让孩子在直接使用过程中学习其使用原理的教育性专利产品。它是让儿童很容易接受筷子的使用方法，对筷子感兴趣，达到手指动作和抓住物体的集中力、适应力开发的新概念儿童餐具。

这个产品教小朋友在吃饭的过程中扮演了很重要的角色，可以帮助小朋友学习使用筷子的指法。不过这款产品对于小朋友使用筷子的手法太局限了，可能过早地局限了小朋友的创造力和想象力，如果固定手指的环可

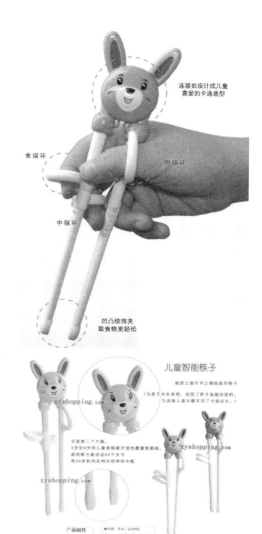

图 9-10　儿童智能筷子

以在筷子上自由移动，可能可以更好地发挥这双筷子的功能。

9.5.2　儿童趣味拼图木书

这本木书共分6幅拼图，描绘的是小熊一天的生活，每幅图上还有时间表，提示着这个生活段小熊在做什么，每页所搭配的颜色也不一样。这是一款用进口椴木和环保漆设计的简单的儿童智能产品，重在培养儿童的时间观念，养成合理安排时间的好习惯。

1. 小熊一天

如图9-11所示，表示小熊的一天生活。

2. 产品功能

（1）动手拼搭，帮助宝宝提高手眼协调性，拼搭成功提高宝宝自信心；

（2）学会搭配，培养孩子对自己喜好的认同感；

（3）拼图色彩绚丽，能从感官上刺激宝宝对色彩的敏感性；

（4）益智玩具有助于提高孩子的创造力和探索力；

（5）培养宝宝语言能力、寻找物体的交往能力以及自理能力；

（6）增加了幼儿对生活常识的认识，潜移默化地培养了幼儿的自理意识，从小养成良好的生活习惯。

3. 产品外观介绍及人性化设计

产品的外观如图9-12所示，有以下特征：

（1）这款产品的长度和宽度都适合儿童掌握；

（2）采用原料为玩具专用环保漆和进口椴木夹板，使家长可以放心地让自己的孩子使用；

（3）设计简单大方，又富有童趣，非常容易引起儿童对它的兴趣；

（4）书本周围的椴木打磨光滑，没有毛刺毛边，不会引起不必要的伤害；

（5）其中在封面右上方设计了时间表，对培养儿童的时间观非常有帮助。

4. 产品的不足之处

（1）这款产品虽然能够立即引起儿童的兴趣，而且入手极快，但不足之处在于产品设计过于简单，儿童在熟悉掌握玩法以后会很快失去兴趣。

（2）产品是拼图玩具，采用的是椴木原料，为了防止引起儿童误食拼图元件，所以不适宜年龄较小的孩子。

5. 产品的创新建议

如果使该产品结合现在的科技，利用USB数据传输线，使实体拼图转换为数码拼图。这样每隔一段时间，家长可以为自己的孩子从网上下载全新的拼图故事，定期更新。采用这种数码拼图，既不会有儿童误食拼图元件的危险，又延长了该产品的使用寿命。

9.5.3　儿童钓鱼游戏盘

1. 产品简介

该产品在木板上有几只可爱的小鱼，如图9-13所示。在小鱼的嘴上都装有吸铁石，只要将小钓竿上的正极和小鱼的负极相吸，就可以将小鱼钓起来。这款玩具可以锻炼宝宝的手脚协调性和宝宝对待事物的耐性，当一只只小鱼被钓起来，宝宝的开心是无法形

图9-11　小熊一天的生活

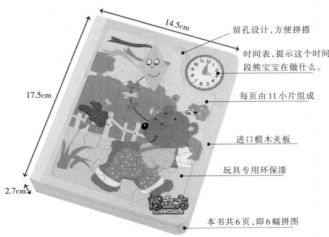

图9-12　产品外观介绍及人性化设计

容的。

2. 产品功能

（1）游戏趣味性强，难度高，是一款开发手、眼、脑相互协调，锻炼平衡能力的玩具；

（2）让孩子自由发挥想象力是对孩子的精细动作和空间敏感期的锻炼；家长和孩子可以一起玩，是很好的亲子教育游戏。

该产品可训练儿童动作的准确性和手眼的协调能力。这款产品设计合理、造型独特、可玩性高，如图9-14所示。可让儿童在游戏中寻找自信，激发儿童对新事物的正确认识，伴随儿童快乐成长，是儿童学习成长中的必备品。

3. 产品外观介绍及人性化设计

（1）材料天然环保。木板的材料全是从天然的树木得来，种类各式各样，深受各地欢迎。家长在选择时，环保因素也占着非常重要的一环，亦表达了他们对大自然环境的一份承担。

（2）教育设计概念。具有大自然的色彩纹理的木制玩具，使儿童有更多的机会接近大自然的产物，能教导他们爱惜我们的大自然，尤其在城市里长大的小朋友，深有感受。

（3）耐用卫生，安全可靠。树木是坚硬且柔韧性高的质料，所以木制玩具是非常耐用的。

天然的木材天生独有抗菌成分，细菌不易生长，且对人体绝无伤害。选用的木材全都经过多次的烘烤以达到防潮去菌的目的。烘烤过的木材会被去除尖角及利边，再采用无毒性的水漆及NC漆上色及加以保护，整个过程全部达到甚至超越欧洲EN71和美国ASTM安全标准。

该产品均使用进口天然木质材料——欧洲的榉木，泰国的橡胶木，新西兰的松木；油漆及填料均选用无毒、无污染的环保产品，胶水甲醛含量达到国际标准，对儿童的身体不会造成任何伤害。该产品安全性全部通过德国莱因检测中心认证，达到欧共体、CE标准。

4. 产品的不足之处

（1）产品的零件较小，容易造成儿童误食。

（2）这个产品相对而言规模较小，鱼的种类数量等都太少，儿童玩一段时间后容易玩腻。

5. 产品的创新建议

建议可以把产品中的鱼类立体化，这样不但不容易造成儿童误食，还能激发儿童更强的好奇心和求知欲。

同时，可以在每条鱼的内部放入小纸条，每张小纸条都介绍了该种鱼的名称和特点。家长在和孩子一起玩的时候就可以考考孩子对不同鱼的了解。

9.5.4　贝贝熊儿童智能手机

1. 产品简介

该产品是一款具备"亲情按键、远程监听、远程关机、绿色环保、超低辐射、紧急呼叫"功能于一体的适合儿童使用的智能手机，如图9-15所示。

2. 产品功能

（1）亲情按键。一键联系家人，随时随地用一键就能分别联系到最重

图9-13　儿童钓鱼游戏盘

图9-14　儿童钓鱼游戏盘的游戏

图9-15　贝贝熊儿童智能手机

要的人。

（2）手机设置亲情号码。可通过短信进行亲情号码设置，既方便快捷，又能防止小孩拨打其他号码。

（3）远程监护。采用高科技智能监听系统，不打扰监护终端，同时能够清晰分辨孩子附近的声音。

（4）紧急呼叫，一键SOS。当出现紧急情况时，只要长按SOS键3s，手机即自动循环拨打亲情号码，防止无人接听，直到对方接通电话，同时自动发送位置信息到亲情手机号。

（5）电话受控，只能拨打亲情号码。防干扰功能，拒绝陌生电话，只能拨打4个亲情号码和接听10个亲情号码，让家长省去话费的担忧。

（6）智能终端控制系统。电话短信智能控制，根据设定，家长可限制每次通话时间的长短和每日短信发送数量，告别电话粥和短信海聊造成巨额话费。

（7）智能定位。产品采用高端定位功能技术，实现精准定位功能。只需一个指令，孩子行踪轻松掌握，实时查看位置，并自动显示运动足迹。基站定位避免室内信号盲区，只要有手机基站信号，即使是地下室，也能定位。

（8）超低辐射。超低辐射应用技术，绿色环保；采用全新绿色材料，无毒无害；调节音量大小，保护孩子的听力不受损害；防拆防摔，保证孩子不受电磁辐射伤害。

（9）安全防火墙智能防护。排除不良信息与短信的骚扰，还孩子一个健康的成长空间。

（10）限制关机。选择关机需要密码，即可有效限制终端关机，确保监护人随时联系到孩子，限制关机。防止小孩误操作，手机后盖需要螺丝刀才能打开，电池槽非常稳固，需要借助随机附送的小工具才能关机。

（11）上课隐身功能。设定上课定时隐身，不露任何声息记录"我的好友"短消息和呼叫，有效免除课堂骚扰之忧，让老师放心。

（12）防盗追踪系统。智能绑定系统，当发生失窃或丢失的情况下，将会向非法使用人发送警示信息，并回传恶意绑定人手机号码到监护人手机终端，彻底实现防盗防护功能。

（13）绿色环保。绿色材料，无毒无害，可以放心使用。

（14）应急呼叫系统。一键拨通监护人手机号码，智能记忆重复联系，或短信通知监护人，不联系上不罢休。

（15）童趣化设计。卡通化的产品外观和按键图标设计，孩子容易识别和使用；时尚化的产品设计理念，紧随儿童动漫发展方向步伐。

3. 产品外观及人性化设计

这款手机是专门针对儿童设计的专属手机。与成人手机相比，儿童手机的外观十分"有型"，最大的特点就是它绚丽多彩的面板和小巧可爱的卡通造型颇受孩子的青睐。而且，手机的按键设计得也特别简单，只能接听或拨打家长在SIM卡里预设好的号码，既充分保证了孩子的安全，又拒绝了陌生人的来电，同时防止孩子无休止地拨打电话而造成巨额话费或是影响学习。随机附送的特质的耳机挂绳，方便孩子随身携带和随时接听家长的电话。

这款手机的拨号键只有"1、2、3、4"四个拨号键，与一般手机的功能相同。长按 SOS 三秒，手机马达会震动三次，这样即可启动 SOS 功能，并开始轮流拨打已设置好的亲情号码，若亲情号码三次都无人接听，则停止呼叫，此时手机进入报警流程，会向已设置的亲情号码发送报警短信。

4. 产品的不足之处

这款手机，无论是外观、价格或是安全性，其实已经考虑得很得当。但是仍有三点小小的瑕疵。

（1）手机关机太麻烦。晚上孩子睡觉的时候即使辐射很小，也最好关机。但是这款手机需要用专门工具才能关机，未免太麻烦。

（2）手机没有短信功能。有时候事情没有那么紧急，但是电话没能接通，这个时候短信是必需的。

（3）SOS 功能不够完善。拨打亲情号码无果后，短信还是发到亲情号码那里，也许会造成看不到短信而错过的后果。

9.6　特殊儿童产品设计

在我国，0～17 岁的各类残疾儿童共计 504.3 万，大约占残疾人总数的 6.08%。其中 0～14 岁的残疾儿童有 386.78 万，占到 0～14 岁儿童总数的 4.66%。截至 2012 年底，全国未入学适龄儿童少年总数为 14.5 万，形势不容乐观。

9.6.1　特殊儿童

残疾儿童相比较于那些健康的儿童更需要关爱。如何让他们的童年也和正常孩子一样快乐，减少封闭呢？研究得知，残疾人人际关系之所以具有封闭性，除了残疾人生理上有缺陷之外，还在于：第一，社会上有些人对残疾人的歧视、偏见和陈腐的观念。美国社会学家埃德温·赖梅特认为，问题不在于身体障碍，而在于人们对残疾人的偏见。第二，父母对残疾人缺乏正确的认识和做法。父母对于残疾人过分保护，不愿他们的子女参加一般青少年的活动，这种保护孩子的做法对孩子却无益处。第三，残疾人专门学校对残疾人建立人际关系也会产生消极影响。专门学校对残疾青少年学生进行有关参与社会生活的基本知识、技能、本领和行为规范方面的教育是十分必要的。但这使他们远离残疾青少年自己原来的伙伴和家庭环境，逐渐被社会孤立，并且导致他们缺乏经验，往往不知道该如何与正常人交往。

心理学家表明：0～7 岁是个体神经系统结构发展的重要时期，也是个体心理发展的关键时期，同时也是生理发展、知觉发展、动作发展的重要时期。这一时期个体神经系统的可塑性较大，对外界环境的适应能力较强。如果在这一期间对残疾的儿童及时施以恰当的教育，会有利于儿童生理机能的重新组合，有利于身体各种功能的代谢，有利于损伤器官的矫正和康复。也就是说对残疾儿童进行早期教育，有利于残疾儿童缺陷的最大程度补偿，有利于残疾儿童潜力的最大程度的发挥，有利于其身心的最大限度发展。表 9-1 列出部分特殊儿童辅助产品，并对适用的对象进行了简单的描述。

表9-1　部分特殊儿童辅助产品

名　　称	产品说明	适用对象
儿童轮椅	除轮椅基本配置外，还包括各种固定配置和限位装置	因脑瘫等原因需长期借助轮椅进行生活、活动的残疾儿童
儿童助听器	数字式助听器，大功率或特大功率	听力残疾儿童
无限调频系统	无限调频发射和接收装置，与助听器线连接	
盲用电脑软件		6岁以上视力残疾人
键盘保护框	配置电脑辅助器具的残疾人要求已具备个人电脑基本配置（如电脑主机、显示器、键盘）	6岁以上肢体残疾人
特殊鼠标		
手部辅助支架		
沟通板	产用嵌入式技术，可以将日常的沟通模式转化为语音、图形符号、文字等组合成扩大性输入/输出	低视力者
闪光门铃	有闪光装置的门铃	

9.6.2　特殊儿童的电子产品

特殊儿童相比较于正常的儿童，会在生活方面或多或少的存在一些不便。下面我们来详细了解下面几种日常生活中常用的器具。

1. 儿童助视器

如图9-16所示的是儿童助视器，借助于助视器来提高低视力儿童的视功能，进而提高他们的生活及学习能力，尤其是那些有先天眼部疾患的儿童。他们仅有的这点残余视力从未充分使用或根本没使用过，不知"清晰"为何物，自认为自己与别人一样，把自己所看到的本来是朦朦胧胧的物体也认为是"清晰"的。因此需要反复地训练，比较用或不用助视器所体会到的"看见"，让他们"看到""清晰"的感觉，增强他们对应用助视器的愿望与兴趣。

选用助视器时应考虑以下因素：

（1）患儿视力损害时间的长短，他们是否愿意接受并乐意使用助视器；

（2）患儿病情是否稳定或不再恶化；

（3）视野损害情况，有无大的中心暗点及严重的周边视野缩小；

（4）中心视力损害的情况；

（5）在矫正屈光不正的基础上（包括术后无晶体及高度近视），再应用助视器效果更佳。

2. 儿童助听器

按照年龄来划分，使用助听器的人群数量呈哑铃型，即16岁以下的患者和60岁以上的患者是助听器使用最多的群体，而年龄在30左右的则相对较少。正确使用助听器是儿童听力康复中至关重要的一步。但是，在现实生活中，和老年人相比，儿童面临的问题更多。这是因为儿童年龄小，无法清楚表达自己的需求，也无法反馈助听器使用效果好坏。更重要的是儿童助听器验配涉及更多的人为的环节，包括小孩家长的意见，学龄儿童老师的看法，婴幼儿的医生等专家技师和亲朋好友的意见，均能左右小儿助听器使用成功与否。当然，在整个过程中，最大的问题是由于小孩的听力状况无法及时获得导致助听器验配师只能盲人摸象，雾里看花，依赖经验

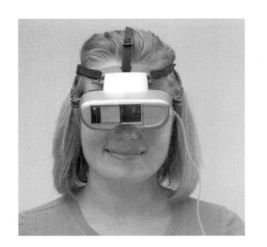

图9-16　儿童助视器

来验配助听器，因此，难免出现问题。随着科技的发展，儿童助听器越来越先进，功能也越来越强大，如图9-17所示是非常畅销的儿童助听器。

3. 盲人儿童电脑

盲人儿童现在已经完全可以凭借一套特殊的电脑软件来学习、听音乐，甚至上网聊天。

其实，盲人电脑并没有什么特别的地方，只是在普通电脑上加装了一套语音软件，又配了一个盲人可凭借触摸感知按键的键盘——语音软件是哈尔滨亿时代公司陈威刚负责开发的，特殊键盘是哈尔滨盲聋哑学校的老师候庆友发明的。但是，也许这些发明者并没想到，盲人电脑的设计思路在迈出本来的适用范围后，给普通人带来的影响已经大大超越了其本身的使用价值。

盲人无法使用计算机主要是由于看不见和操作困难。于是，蓝天语音软件取而代之用"听"去搞定一切。首先，蓝天语音软件做到的就是借助语音技术读出鼠标、光标所到之处的一切汉字或命令。也就是说，当鼠标移动到"我的文档"时，计算机就会读"我的文档"，当鼠标移动至工具栏"开始"位置，电脑就会发出"开始"的语音提示。这样，盲人想做任何一个指令都可以在"语音"的带领下完成，如拨号上网、浏览网页、接发邮件、欣赏音乐、阅读和输入文档等。但另外一个难题就是，盲人键盘在市场上几乎没有。

开发者候庆友作为一名弱视人群的代表，他从2001年开始就与亿时代公司合作开发盲用键盘，并对蓝天语音软件进行测试和反馈——在键盘上使用了6点式盲文标注，帮助盲人凭借触觉直观地感觉键位。

由于互联网上有成千上万的网站，但浩如烟海的网页信息、大量的图片、动画广告、弹出式广告，使盲人无法利用语音软件正常获取网站信息。因此，盲人网站的特点都是全方位无障碍化，没有弹出式广告。

在发明了盲人电脑后，陈威刚和他的同事已经有越来越多的时间不看电脑屏幕了，而是让电脑读东西给他听——他要休息眼睛。事实上，这也是每个在电脑前的工作者最大愿望。

据世界卫生组织公布的一系列统计数字：全球每年有700万人成为盲人，目前，全球共有盲人近4500万，有各种各样视力毛病的人则多达1.8亿。因此，"世界视力日"的中心议题就是鼓励各国政府和个人重视眼保健，防止和治疗眼疾病。世界卫生组织的专家表示，在各种眼疾中，有20%是可以避免的，另有60%是可以治愈的。这其中，不能说电脑没有成为"杀手"的嫌疑。

有趣的是，当一个朋友听说将来可以用上这种"会读屏"的电脑后，他的要求竟是电脑还应该"会听"。也许"要能听懂人的命令并执行"这个要求是高了点，但可能并不是妄想。至少，现在能进行文字听写的软件正在向我们走来。

微软的Office软件提供了两种操作模式：一种是听写模式，这种模式允许用户口述备忘录、信件及电子邮件消息；另一种是语音命令模式，该模式允许用户通过语音输入方式访问菜单与命令。当然，这种软件也需要每个使用者都对语音识别系统加以训练。

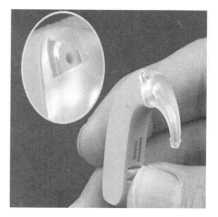

图9-17　儿童助听器

想象一下，如果这样的语音识别系统愈加成熟，将来盲人可以不再用手指靠触摸每个键上的6个点来写文章，上肢不便的残疾人也可以不再用脚趾来敲击特殊脚踏式键盘来完成对电脑的操作。

（1）Siaufu的磁液表面能够伸展出宽大的盲人点字画板，如图9-18所示。让用户轻松地在画板上阅读文字内容和进行其他操作。

（2）这款电脑屏幕表面还有一组9个按钮的盲人点字键盘，让用户方便打字并且反复回顾之前的阅读。

（3）Siaufu还内置麦克风，为用户提供二选一的打字方式，高性能的声音识别软件允许用户用麦克讲话，然后字句立即处理成盲人点字的符号在屏幕上显示出浮雕效果。

（4）最为神奇的是，电脑屏幕表面还能显示网页等浮雕效果，网页上的文字变成浮雕效果后再转换成盲人点字符号，而页面中的图片则变成浮雕效果，用户只是触摸就知道模样了。

（5）Siaufu利用2D转换3D的图像变形技术来处理屏幕图像，然后变成三维立体效果图，数字接线框让信息通过电流进入液体材料中，最后就用三维立体图像展现在屏幕上，让用户轻松摸出图像。

盲人电脑的款式虽然不吸引儿童，但是能够帮助盲人儿童学习和了解社会，是一个很好的平台，让父母不用烦恼在起跑线上输给其他正常孩子。就算是盲人，也可以通过学习来掌握更多的知识，为自己的将来做准备。

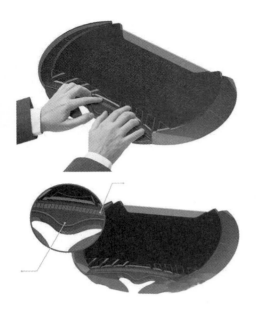

图9-18　盲人点字画板

4. 儿童点读笔

图9-19所示的是可以让书本开口说话的儿童点读笔及原理框图。利用有声读物色彩丰富的图像、美妙动听的声音、智能音乐及互动游戏功能，快速提高孩子右脑支配的空间想象力、创造力、音乐感知力和记忆能力等，让孩子从起跑线开始一直遥遥领先。点读笔携带方便，操作简单，点读机能实现的主体功能点读笔基本都能实现；海量图书资源，前景广阔，适用人群广，点读笔是继学习机、点读机之后的新一代教育学习工具，包含点读、翻译、复读、游戏等诸多功能。点读笔将电子新科技与图书紧密结合在一起，研发出有声图书系列，利用数码发声技术对传统图书进行整合，在图书中加入了声音。它是对传统图书的彻底颠覆，极大提高了图书阅读的有趣性及丰富性。点读笔在孩子参与各种针对性地游戏和活动的过程中，不断刺激触觉、视觉、听觉等感官来丰富他们的体验，增长他们的兴趣，开发脑神经，符合儿童人体工程学特点，结实耐用。

儿童教育产品当中，点读笔是比较有前途的一个，它把握了家长望子成龙的心理，市场定位明确。点读笔融入了光学图像识别和语音输出等电子信息技术，帮助低龄儿童识字，操作简单，适合儿童使用，同时能寓教于乐，是一款有前途的产品。

5. 智多熊早教MP3

智多熊早教MP3深得儿童的喜爱，它以卡通明星小熊Teddy为外形，在设计时特别注意了中国家庭的特点，将小熊的身高设置为14cm，这是最适合中国孩子的个头，非常适合儿童抓、握和抱，如图9-20所示。不管是在家里用还是外出使用，如此的身形都非常方便移动和携带，在轮廓设计

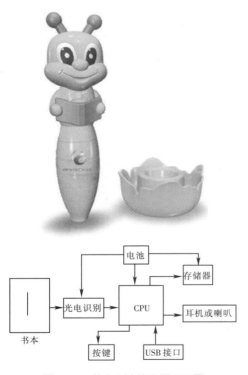

图9-19　儿童点读笔及原理框图

上充分考虑了 0~6 岁儿童的手掌大小和形状，采用了符合孕妇、儿童人体工学特点的外形，最后还外置了挂绳设计，可以让孕妇和孩子悬挂在脖间，避免碰撞和丢失。小熊的表面使用了钢琴烤漆的技术，使得智多熊憨厚可爱的造型不仅晶莹剔透，而且结实耐磨。

功能：智多熊早教 MP3 的主要功能是利用内置的 MP3 播放器播放如儿歌、故事、唐诗和英语等，从胎儿时期起就开始促进智慧、个性、感情、能力等方面的发展，从出生后就开始全面增加孩子的知识面，传授为人处世的道理，培养良好的生活习惯，提高儿童的语言能力、记忆力、观察能力和想象能力。智多熊早教 MP3 采用了双芯驱动和高保真音响，极速响应，很好的契合了儿童耐心差的特点，并且在播放时可以使儿童有身临其境的感觉，标准的中文和英文发音可以使儿童放心地去模仿，从小就养成良好的口语发音的习惯。MP3 配上了 4GB 的容量，有充足的空间来存放内容。

人机交互：它的操作也十分简单，智多熊早教 MP3 的设计人员经过深入研究和总结，把复杂的操作步骤尽量简化成"一键式操作"，令老人和小孩都能轻松操作。只需一次操作即可开关机，操作更简单，抛开繁杂的开关机过程，这对不擅长操作数码产品的老人是一个福音。并且可方便地一键进入"儿歌"、"故事"、"唐诗"、"英语"或"其他"等目录，不再为换目录找歌曲而烦恼。这个独特的设计也较好地解决了因无液晶屏而选曲麻烦的问题。在按键上面的设计也看得出颇费心思，由于使用群体特殊，智多熊 MP3 应用人体工程技术，设计了大小更适中、更好操作的按钮，科学分布在智多熊的耳朵、手和脚上，让儿童和老年人都能随心所欲地操作。

总体来看，这款智多熊 MP3 不管是外形，按键还是功能的设计都考虑得十分充分，可操作性和实用性十分强，是一个工业设计的典范。智多熊 MP3 的消费对象也比较广泛，可以是希望做胎教的孕妇，也可以是 0~6 岁希望进行自主学前教育的人，因此广受欢迎。

6. 儿童智能皮皮熊

儿童智能皮皮熊把高科技数字技术应用于玩具产品，集成体位感知功能、学习功能和娱乐功能，使之成为"寓教于乐"、"寓教于玩"的新型载体，在儿童智力开发和学习教育中发挥积极作用，如图 9-21 所示是儿童智能皮皮熊的外观图。

此款皮皮熊具有以下功能：

（1）握右手：启动开关，问候语："快乐小伙伴，数码皮皮熊"，然后播放"生日快乐"歌。

（2）握左手：说"让我们一起听音乐吧！"，然后轮流播放多首经典儿童歌曲。

（3）右耳键：教小朋友学习唐诗，共 10 首唐诗，单击顺序播放，双击重复当前一句。

（4）左耳键：皮皮熊教小朋友学习常用英语，共 24 个日常单词，单击顺序播放，双击重复当前一句。

（5）按左脚心：它会哈哈大笑。

（6）皮皮熊不能受委屈：如果你打了它，或者摔疼了它，它就会哇哇

大按键设计，操作便捷

图 9-20　儿童早教机

图 9-21　儿童智能皮皮熊

大哭。

（7）仰面躺：它会说："天上星亮晶晶，皮皮熊数星星，数来数去数不清……"数累了，然后睡着了，熟睡会发鼾声，接着自动关机。

（8）侧面躺：皮皮熊给小朋友讲故事，讲累了它就睡了，自动关机。

（9）趴着：会叫喊："鼻子压扁了，把我抱起来……"。

（10）倒立：会叫："哎呀，太难受了，受不了啦！"如果你无动于衷，它会愤怒地关机。

（11）不管仰面躺、侧面躺、倒立还是趴着，只要把它扶起来坐端正：它就会说："快乐来自皮皮熊。"然后播放一首音乐，且每次的音乐都不同。

（12）冷落了皮皮熊：它会请求你再玩一会儿。

（13）不理皮皮熊：它就会生气，启动倒计时程序，随即自动关机。

皮皮熊这类智能玩具所代表的是技术美。长久以来，人们的审美意识一直指向艺术品。认为只有艺术品才能使人们产生美感。但是，当技术发展成为人类社会前进的主导动力时，技术产品体现出的特有的审美要素与人的审美意识产生巨大影响，大大扩展了人们的审美意识范围，使美学形态领域增加了技术美的概念。

第10章 老年人产品的特点与分析

随着中国老龄化现象越来越明显，并且越来越多的老年人与子女分开居住，老年人电子产品例如老年人手机、监护器、电脑等电子产品会有很大的市场需求。本章从产品开发的视角研究老年人的生活形态，通过对数据资料的整理、统计、分析和归纳研究，提出老年产品设计的特征，如功能的实用性和价格的经济性、操作的便捷性、尺度的人机性和界面的易辨性、使用的安全性。

10.1 老年人产品概述

所谓"老年人产品"，顾名思义就是适合老年人使用的产品。我国目前有60岁以上老年人1.78亿，约占全国总人口数的13.26%。人口老龄化为我国老年产业的形成和发展提供了客观需要和外在的基础条件。目前我国老年人的需求市场尚未得到应有的重视及合适的发展，人民的生活水平正在从小康向中等发达国家转变，家庭结构功能的变化要求社会必须建立和健全适应老年人生活、学习、工作、娱乐的产业群和产业链。

中国的老年人群，在不同地区、不同年龄、不同健康状况等方面都存在着很大的差异，正是这些差异客观上造成了老年产品市场所具有的复杂化和多样化的特点。随着我国社会经济结构的不断发展和完善，老年用品产业的发展必将成为一个值得政府、企业和全社会共同关注和努力的问题。

10.1.1 老年人产品的现状

21世纪是全世界人口老龄化的时代。2009年，我国老年人口超过1.69亿，占全国人口的12.5%，且以每年1000万的速度递增。我国老年人的潜在需求有1万亿元。目前，我国是世界上老年人口最多的国家，占全球老年人口总量的1/5。据全国老龄工作委员会所提供的数据，目前我国老年人市场的年需求为6000亿元，但我国每年为老年人提供的产品不足1000亿元，而且集中在老年保健品方面，为老年人开发的电子产品比较少。随着社会的发展，老年人生活水平不断提高，老年人口数量的增加，研究开发门类齐全、品种多样、经济适用、满足老年人各种需求的老年产品成为我国老龄事业发展的重要内容。这项工作对于改善和提高老年人的生活质量，促进社会全面、和谐的可持续发展具有重要的意义。

10.1.2 老年人的基本生活状态和消费特点

针对老年人这个特殊的群体，研究老年人生活状况可以更好地破译老年群体对产品的需求情况，为老年产品的设计提供最直接和最真实的依据。

方法主要分为定性研究和定量研究两部分。定性研究是对老年人进行深度访谈和跟踪观察，定量研究是在定性研究的基础上设计问卷，并进行问卷调查。

（1）大部分老年人对现有的生活表示满足，觉得现在社会对老年人的关注程度有所提高，主要体现在社会福利、社会保障等方面。经济宽裕、身体健康、家庭和睦等是晚年幸福感的主要因素，但由于年龄的增长，老年人身体的各个组织机能逐渐退化，疾病随之增加，大多数老年人对医疗费用表示担心。

（2）老年人生活很有规律，作息时间基本一致。城镇老年人每天5点半左右早起锻炼，然后去菜市场；中饭后有午休；下午活动比较丰富，参加社区活动，聊天、打牌、打麻将，或是在家看书看报、养花养草；晚饭后一般会出去散步，晚上空闲时间的主要内容是看电视，10点左右休息。尽管老年人的生活作息规律基本一致，但不同文化背景和经济收入者，生活内容也有不同：一些教育程度、经济收入相对较高的老年人，思想开放，容易接受新事物，他们上老年大学，和家人、朋友外出旅游，乐于使用电脑、手机等高科技产品。而一些教育程度、经济收入不高的老年人，思想比较保守，经济上节俭，每天基本是社区、公园、家三点成一线，娱乐活动仅仅是打牌、打麻将。尽管生活比较单调，他们中的大多数对现在的生活还是比较满意，少数对生活有渴望但不奢求。

（3）老年人对产品的消费有以下特点：①价格是决定老年人是否消费的主要因素；②要求产品界面简洁，操作方便；③容易接受在现有产品的基础上增加贴心附加功能的新产品；④希望有能和家人互动的产品，满足老年人想和亲人一起的渴望；⑤习惯于被动接受生活中各个领域的产品，对生活中诸多由于产品的原因而导致的各种问题表现不够敏感。

10.1.3 老年产品研究方向

68%老年人每天有多于4小时的空闲时间，这些空闲时间的生活，很大程度上体现了老年人的生活质量。目前老年人在空闲时间最喜欢做的三件事情依次为：看电视、看书看报、锻炼身体。看电视占有最大的比例，特别是80岁以上的老年人，由于生理方面的限制，较其他年龄段的老年人更倾向于比较安静的休闲方式，看电视人数比例达85%，锻炼身体的比例占第三，反映出老年人追求健康的心理。如何丰富老年人的空闲时间，以健康、有益的方式提高晚年的生活质量是老年产品设计与开发中值得深入研究的方向。

（1）老年人的健身和健身产品：87%的老年人积极锻炼身体，通过运动保持身体的健康。由于生理机能的下降，68%的老年人选择不用器械且运动强度容易控制的健身项目，如跑步、太极拳等。对于需要器械的运动项目，47%的老年人选择小区健身器材，也有38%的老年人选择安全、容易携带且相对廉价的自带健身器材，如掌上球、哑铃等。在健身产品选择上，比起品牌、造型，老年人更重视产品的功能、安全性和舒适性。

（2）老年人通讯类产品：最主要的产品是手机与老年人监控设备，例如老年人手机需要以下特点：

①超大按键。不用戴老花镜看的也很清楚，每一个按键都能达到1.5cm²以上，经过100位老年人现场试验，不用戴老花镜也一样看得很清楚，如图10-1所示。

②超大字体。比普通手机字体大上4倍以上，超大字体，黑色键盘，白色字体，屏幕颜色反差对比较大，手机里没有比这更大的字了。

③超大音量。来电不必担心听不见铃声了，超大音量，每次按键都有提示音。

④超长待机。少充电，很省心，在充满电的情况下持续听收音机可以达到8个小时以上。

图10-1　老年人手机

（3）益智与游戏类产品：目前益智与游戏类产品主要是在电脑与掌上电脑上使用，使用电脑的老年人过半，玩简单游戏的最多占32%，上网次之。可以看出电脑在老年人群中具有一定的普及性。无论是经常使用电脑或是偶尔使用电脑，55岁以下的中老年人明显高于55岁以上的老年人，电脑在未来的老年人生活中正在扮演一个越来越重要的角色，相应的电子、互联网产品将为大多数老年人所接受。

（4）电子产品的使用：71%的老年人对高科技电子产品持积极态度，表明未来高科技、智能化的新产品不但年轻人喜爱，中老年人也乐意接受。但也有25%的人表示，高科技产品更新太快，无法接受。在老年人使用的电子产品中，手机占的比例最大，达到69%，远远超过其他产品，手机已成为老年人不可或缺的电子产品。不同的年龄，对高科技电子产品的接受程度不同，如55岁以下的中老年人中，超过84%的人群表示了不同程度的接受，而80岁以上的老年人只有30%多的接受程度。老年人对高科技电子产品的积极态度，说明这类产品的设计开发已具备一定的市场基础。

（5）老年人购物和出行：59%的老年人最常去的购物场所是菜场，大型超市列第二位，居住地附近的小型超市也是老年人购物经常去的场所。63%的老年人会去书店，可以看出老年人的学习积极性比较高。而老年人的主要出行方式是公交车、自行车和步行，公交系统如何更好地满足老年人的需求、自行车的安全性和便利性、建立良好的老年人步行环境等问题，值得我们进一步研究和探讨。

（6）老年人旅游：76%的老年人一年外出旅游一次以上，且最喜欢和家人一起旅游，老年人旅游将是未来老年人休闲娱乐的重要内容之一，开发老年人旅游相关产品非常迫切。

10.1.4 老年产品分类

对老年人生理特征和生活方式的正确分析是开发老年产品的市场依据。从生活方式看，老年人闲暇时间多。老年人的闲暇活动可分为五类：家务、消闲、锻炼、文化娱乐、社会服务。他们有更多的时间看电视、听广播、做家务、锻炼身体、浏览报纸杂志、出外郊游等活动。我国70%以上的老年人是健康的，都能独立生活，对生活辅助用品的需求很突出。好的生活环境可以愉悦老年人的身心，最大限度地延长他们的生活自理期限。老龄产业比较发达的西方国家在这方面的成功设计就非常值得我们借鉴。厂商非常懂得投老年人之所好：法国有祖母咖啡，美国有适合老年人假牙咀嚼的口香糖，日本生产了老年人尿裤尿袋。此外还有老年人使用的脚踏式开关电冰箱，按钮式自动弹簧锁等。从购买行为看，他们理智，购买动机强，讲究产品的经济实惠，使用方便，经久耐用，不易受产品的包装、外观、色彩、广告、销售气氛的影响，极少产生冲动性购买。老年顾客习惯性较强，通常长期使用某种品牌或某个厂家的产品。老年顾客对新产品，尤其是结构较为复杂、性能难以认知、使用不大方便的新产品不易接受，往往是新产品已经被众多消费者接受后才开始感兴趣。他们选择安静的购物环境，期望得到尊重和热情接待，营业员的笑脸相迎、耐心解答会使他们迅速作出购买决定。

1. 健身产品

据调查我国老年人以散步方式锻炼身体者占59.1%，远远多于其他体育活动，所以老年人健身产品的重点应放在局部性健身产品和小型健身产品上。如：健身自行车、健身球、弹簧拉力器、各种球类用品等。全身性的健身器械应以户外健身设施为主。

2. 消闲产品

老年人有更多的时间进行娱乐活动。除了传统的娱乐项目外，应多开发适合老年人消闲的新项目，如益智玩具。很多研究都表明，老年人用脑能减缓脑衰老，还能保持思维的活力，如围棋、象棋、九连环、拼图、小闷盒这样的益智玩具，可以增加老年人的兴趣和思维的灵活性。另外做家务、烹调食品、下棋、钓鱼、养花、养鸟、旅游等休闲活动也是老年人喜爱的。与其相关的产品，如方便携带、容易组装的钓鱼器具，方便型烹饪用具，旅游用小产品，通信产品也是老年人消费的热点。积极的休闲活动能帮助或诱导老年人建立良好的个人生活方式，并使之保持愉悦的心理状态及较为广泛的人际关系，因而减少了患病的机会。

3. 老年人生活辅助用品

老年人的生理特点决定他们在日常生活中需要更多的关怀。文化用品、洗浴用品、寝室用品、各种家电、交通工具等都应根据老年人的实际需要进行重新设计。老年人骨骼密度下降，活动不灵便，容易摔跤，老年人的鞋就要增加摩擦力，应选用特殊的防滑材料制作，特别是在家里经常穿的拖鞋，因为家里的地板和瓷砖都很光滑，沾到水更容易使人滑倒。对老年人来说上厕所是件大事，现在的便器都是按照常规标准做的，不适用于老年人的身体状况，老年人应使用坐式的便器，加上可升降扶手，并安装上呼叫设备。从国外的实践证明，改建后的厕所使老年人在厕所中发生死亡的情况明显减少。老年人使用的便器不应只在医疗器材门市销售，不能在老年人发病或瘫痪以后才安装，这只是亡羊补牢，它应该成为老年人普遍使用的便器，不但可以预防脑溢血等疾病的发生，还可使上厕所成为一件轻松愉快的事情。老年人生活辅助用品是我们设计的重点内容，如：给老年人使用的助听器、给手颤老年人扣纽子的套扣夹、方便老年人使用的粗杆笔、加木柄的餐刀、方便读数的温度计、辅助步行工具、舒缓疲劳的揉捏椅、适合老年人操作的电脑和移动电话、带有防滑和按摩功能的浴盆、易于清洗和穿脱的衣服，这些产品都是设计师根据老年人的具体需求设计的。对生活辅助产品的需求是老年人群普遍存在的一种需要。护理用品和医疗器械是针对高龄和疾病缠身，生活不能完全自理的老年人设计的产品，如：轮椅、理疗仪、老年人用的纸尿裤、气血循环机等。人口老龄化引起家庭规模和家庭结构的变化，使家庭养老功能不断弱化，随着人口老龄化加剧，带病、残疾、生活不能自理的老年人比重日益增加，借助护理和医疗产品可以使老年人部分实现生活自理。表 10-1 是与老年人相关的电子产品。

表 10-1　与老年人相关的电子产品

日常生活		相关电子产品
休闲娱乐	娱乐	电视机、收音机、录音机、CD 机、VCD 机、DVD 机、MP3、MP4 播放器、电脑、游戏机
	爱好	照相机、摄像机、电脑网络
	旅游	照相机、导航器
保　健	检查	电子血压仪、电子体温计
	保健	电动按摩器
交　流	通信	电话、手机、传真机、电脑网络
学习	阅读	电子书、翻译机
	书写	电脑、扫描仪
	学习	电视机、VCD 机、电脑网络
	听写	收音机、录音机、复读机
心理辅助	计时	电子钟
	记事	PDA
	提醒	吃药定时器
	生活	热水器、电茶壶、电冰箱、微波炉、电饭锅

10.1.5　老年产品设计应遵循的原则

1. 功能合理

由于老年人生理机能的逐渐衰退，他们在使用现有的常规产品时存在着一定的障碍，所以，要了解老年人有哪些特别的需求，有针对性地解决现有产品存在的问题。为老年人的需要而设计，产品定位要准确，功能不要过于复杂。在满足功能的同时，还要符合老年人的行为需求、心理需求、审美需求，使其成为名副其实的老年产品。

2. 简洁性原则

老年人的生活用品要避免出现尖锐角、突出物，功能和形态要恰如其分地融合在一起，尽量减少装饰性的形态，重视产品外观的简洁和完整，避免机械性的冰冷，老年人比较保守，接受新事物比较慢，产品造型应在满足功能需求的前提下突出稳健、大方、亲切的感觉。色彩上对比不宜过强，宜采用较明快的中间色调，局部配件可采用较纯的色彩，具点缀装饰性。

3. 易学易用的原则

也有人主张"零"学习原则，所谓"零"学习，并不是不要学习，而是指对产品的使用不需经过专门训练，参照产品说明书，做到一看就会，或者稍加适应和指点就会用。有的产品操作界面使用外文标注，这本身就给老年人制造了障碍，何谈使用方便呢。就拿电脑来说，首先是恐惧心理，很多老年人总觉得电脑太先进了，根本无法学会；尽管一些老年人渴望接受电脑教育，但缺乏适合老年人生理特征的电脑产品和有效的电脑学习途径。老年人使用的产品，方便使用这一点很重要，如果产品的使用方法晦涩难懂，会让许多老年人产生畏难感，或者经过了学习还不能很好掌握的话，会使老年人产生不良情绪，使产品的功能达不到最佳效果。

4. 安全性与可靠性

针对老年人使用的产品要杜绝安全隐患问题，需要有更高的安全性能和自保功能。产品在规定的时间和寿命周期内应有效地保证规定功能的运行，这是基本的要求。住宅、设施内的供水设备、电器设备、煤气设备不仅要容易操作，还要安全可靠。例如：楼房都使用煤气做饭，煤气总管道、煤气灶上通常各有一个开关阀，正规的操作应是先关闭煤气总管道再关闭煤气灶，可是老年人有时忙起来只关其中的一个阀，或是关闭煤气的操作不正规，这样的例子在身边屡屡发生，这就存在许多安全隐患，我们在设计煤气灶时就应多为老年人考虑这个问题，可在老年人用的煤气灶上安装一个提示器，在违规操作或忘关煤气阀的情况下起到提示作用。由于老年人属于弱势群体，根据产品的使用频率和使用强度，在产品结构设计时，应增加产品结构和材料的强度。界面操作简单化或智能化，让老年人能够充分地信任和使用。

10.2 老年人的生理与心理特点

10.2.1 老年人生理变化

衰老是个体生长、成熟之后连续变化的必然过程，是人体对内外环境适应能力减退的表现。老年人生理状况通常发生以下变化：

1. 体表外形改变

老年人须发变白，脱落稀疏；皮肤变薄，皮下脂肪减少；结缔组织弹性减低导致皮肤出现皱纹；牙龈组织萎缩，牙齿松动脱落；骨骼肌萎缩，骨钙丧失或骨质增生，关节活动不灵；身高、体重随增龄而降低（身高在

35 岁以后每 10 年降低 1cm）；指距随增龄而缩短。

2. 器官功能下降

老年人的各种脏器功能都有不同程度的减退，如视力和听力的下降；心脏搏出量可减少 40%～50%；肺活量减少 50%～60%；肾脏清除功能减少 40%～50%；脑组织萎缩，胃酸分泌量下降等。由此，导致老年人器官储备能力减弱，对环境的适应能力下降。

3. 机体调节控制作用降低

老年人动作和学习速度减慢，操作能力和反应速度均降低，加之记忆力和认知功能的减弱和人格改变，常常导致生活自理能力下降；老年人免疫防御能力降低，容易患各种感染性疾病，免疫监视功能降低。

10.2.2 老年人心理变化

由于生理功能的衰退，老年人的大脑功能也有一定程度的退化。漫长而丰富的生活经历使老年人形成了一些对事物的固定看法，晚年由于家庭及社会环境变迁等因素的影响，老年人的心理状况也会发生改变，不同于青年人，具体情况如表 10-2、10-3 所示。老年人心理改变的特点主要表现为：

1. 运动反应时间延长

运动反应包括对刺激的知觉、做出如何反应的决定以及运动反应动作三个部分。老年人的反应时间一般比年轻人约慢 10%～20%。老年人主要在观察环境做出决定及考虑动作如何掌握、如何操纵上花费时间。运动反应时间的长短是中枢神经系统功能状态的一种表现。

2. 记忆力减退但下降幅度不大

老年人的记忆力随着年龄的增长而趋于下降，但下降的幅度并不大。人的记忆力随年老而有所衰退的一般趋势是：40 岁以后有一个较为明显的衰退阶段，然后维持在一个相对稳定的水平，直到 70 岁以后又出现一个较为明显的衰退阶段。研究表明：假定 18～30 岁人的记忆力平均成绩为 100%，那么，30～60 岁人的记忆力平均成绩为 95%，60～85 岁人的记忆力平均成绩为 80%～85%。老年人记忆衰退的特点是：

（1）理解记忆保持较好，机械记忆明显衰退。

（2）回忆能力衰退明显，再认能力衰退不明显。

（3）记忆速度明显减慢。

（4）短时记忆能力明显下降。

（5）远事记忆良好，近事记忆衰退。

由于感知觉、记忆、动作与反应速度随年龄增长而出现不同程度的减退，老年人的智力变得衰退，其特点是液态智力（指获得新观念、洞察复杂关系的能力，主要与人的神经系统的生理结构和功能有关）衰退较早较快，而晶态智力（与后天的知识、文化及经验的积累有关的能力）衰退较慢较晚（70 岁或 80 岁以后才出现减退）。

3. 思维衰退较晚

年老过程中思维的衰退出现较晚，特别是与自己熟悉的专业有关的思维能力在年老时仍能保持。但老年人由于感知和记忆力方面的衰退，在概念、逻辑推理和问题解决方面的能力有所减退，尤其是思维的敏捷性、流畅性、灵活性、独特性以及创造性比中青年时期要差。老年人的生理特征及对老年人电子产品设计的影响如表10-2所示。

而老年人的心理特征也对电子产品的设计有着非常大的影响，如表10-3所示。

表10-2　老年人的生理特征及对老年人电子产品设计的影响

	老年人的生理特征	对老年人电子产品设计的影响
视　觉	眼睛远视，近距离视觉下降严重 散光，不易对焦 视野范围缩小 光适应调节能力降低 吸收更多的短波 光线调节作用降低 对眩光的不适增加	提供适当大小和颜色的字体，图标和图案 尽量不使用强反光表面 文字内容尽量简洁，尽量图文并茂 避免眩光产生 加大对比度，应用对比色 操作时提供足够的光照
听　觉	声音敏锐度降低 高音频听力明显降低	对警示的声音采用低频率 采用音乐和语音提示，采用多种感知方式 提供音量控制，适应不同的听力 减少因产品产生的噪音 使用与环境音对比的声音
其　他	脑细胞减少，逻辑思考能力减弱 脑部血流量减少，反应速度慢 肌肉力量减弱，动作不敏捷 辨别质感和表面的能力减弱 耐力减少，不能持久握持	简化操作程序，可依重要性将按键群组化避免混淆 控制器的大小和形状能用单手轻易握持 提供安全防护装置，表面纹理有助于握持 提供明确的反馈信息，以及适当的警示

表10-3　老年人的心理特征及对老年人电子产品设计的影响

		老年人心理特征	对老年人的电子产品设计的影响
认知心理	记　忆	短时记忆下降严重 长时记忆保持较好 将短时记忆转变为长时记忆较差 意义识记减退少，机械识记减退明显	尽量使操作程序规律化、形象化 避免多余信息和多余功能 设置定时提示功能和普示功能 多使用意义识记，少使用机械识记
	思　维	易形成定势，不够灵活 形成概念需要时间长 逻辑推理能力下降	功能精简，信息显示时间长 避免多重选择操作 按键依照重要性分类群组
	智　力	生活阅历丰富 分析和思维能力的精细程度变化不大 对复杂事物的分析处理能力毫不逊色 老年疾病会引起智力下降	同正常成年人一样对待
	学　习	学习能力有所下降 学习方式多以手眼配合方式为主 一旦出现生理障碍则难以继续	提供心理辅导功能 帮助说明应简洁易懂
消费心理		经济实用、质量可靠 使用便利、易学易用 安全舒适、富有情趣	功能简单实用，材质结实耐用 有必要的图标文字用以提示 造型较传统且不尖锐

10.2.3　老年人的情绪变化

1. 老年人更善于控制自己的情绪

调查结果表明，老年人比青年人和中年人更遵循某些规范以控制自己的情绪，尤其表现在控制自己的喜悦、悲伤、愤怒和厌恶情绪方面。

2. 老年人的情绪体验比较强烈而持久

就情绪体验而言，由于老年期中枢神经系统有过度活动的倾向和较高的唤醒水平，老年人的情绪呈现出内在强烈而持久的特点，尤其是对消极情绪的体验强度并不随年龄的增长而减弱。老年人由于比较理性，往往通过认知调节来减弱自己的情绪反应，但老年人对于负性应激事件所引发的情绪体验要比青年人和中年人持久得多。

3. 有些老年人容易产生消极情绪

由于个性、环境条件等多种因素的影响，有些老年人容易产生消极情绪，如有的老年人由于职务地位变化引起失落感和疑虑感，有的因为健康问题等引起焦虑、抑郁和孤独感，还有的容易产生不满情绪。

4. 绝大多数老年人有积极的情绪体验

对老年人生活满意度调查表明：从总体看，各年龄阶段的老年人对生活很满意或满意的占绝大多数。老年人的积极情绪体验表现为轻松感、自由感、满足感和成功感。

10.2.4　老年人的心理需求

老年人的需求具有多样性，既有生理性的，又有社会性的；既有物质的，又有精神的。美国著名的人本主义心理学家马斯洛把人的各种需求归纳为五个层次，就是生理需求、安全需求、尊重需求、归属与爱的需求和自我实现的需求。

老年人上了年纪，各部分的身体机能开始发生变化。具体表现在视力、听力、肢体和心智机能方面的功能都开始衰退，对外界刺激的反应能力也开始下降。许多老年人反应迟缓，运动不灵活，体力下降；神经系统退化，记忆力衰退；理解和分析事物的能力降低，容易出错，不易接受新事物，但也有这五个层次的需求，根据老年心理的特殊性，对其需求应作具体的分析。

1. 生理需求

这是一切需求中最基本、最优先的一种需要。它包括人对食物、水、空气、衣服、排泄及性的需要等，如果这一类需要不能得到满足，人类将无法生存下去。老年人也有这些基本的需要，以满足其生存，但老年人的生理需要有其特殊之处。在食物方面，老年人更注重保健，对饮水和空气环境的需求也更讲求洁净、新鲜、卫生；在服装方面，老年人需求与自己年龄相符的服饰，讲求宽松、轻便、保暖、透气和适用；由于其身体机能的衰退，老年人更需要方便、舒适、无障碍的卫生间。

老年人一般都比较固执，不愿改变多年来形成的生活习惯，较难适应新的环境；容易焦虑，发怒；需要受到注意，需要被了解，也常希望得到别人的赞扬，需要尊重；有时做事过于谨慎，唯恐出错，心理负担比较重。

2. 安全需求

在人们的生理需要相对满足后，就会产生保护自己的肉体和精神，使之不受威胁、免于伤害、保证安全的欲求。如防御生理损伤、疾病，预防外来的袭击、掠夺、盗窃，避免战乱、失业的危害，以及在丧失劳动力之后希望得到依靠，等等。老年人的安全需要较其他人群更为迫切，尤为集中在医、住和行这三个方面。在医疗康复保健方面，老年人希望老有所医、老有所乐、健康长寿。一旦生病，希望能及时得到治疗，能就近看病和看好病；还希望生病期间身边有人护理和照顾；另外就是希望有人指导他们加强平时的健康保健，使自己不生病或少生病。老年人的居室要求稍宽敞一些，以便于行走和活动，室内要求通风、干燥、透光；内部设施要便于老年人使用和行动，比如卫生间要有扶手和坐便器之类，楼道要安装栏杆和扶手，以防其摔倒；居住楼层不宜太高，以便于老年人进出和下楼活动。老年人出行的安全尤其重要，一般需要有人伴护，以防途中摔倒或犯病，公共场所和交通工具也需设老年人专座或老年人通道，保障老年人出行的安全。

3. 归属与爱的需求

一个人在社会生活中，他总希望在友谊、情爱、关心等各方面与他人交流，希望得到他人或社会群体的接纳和重视，如交结朋友、互通情感，追求爱情、亲情，参加各种社会团体及其活动，等等。老年人的这些需求也是强烈的。首先，他们需要家庭的温暖，子女的孝顺，享受天伦之乐；其次，老年人也需要参与社会活动，渴望与邻里、亲朋好友的接触和交流，害怕孤寂；还有，老年人也有爱情需求，特别是一些丧偶老年人，希望能有一个伴侣与之相濡以沫，共度晚年。

4. 尊重需求

一个人在社会上总希望自己有稳定、牢固、强于他人的社会地位，需要自尊和得到他人的尊重。老年人特别爱面子，自尊心强，特别需要别人的尊重，对于他人态度尤为敏感。这种尊重需求往往也会延伸为老年人注重自己在知识和修养方面的提高，对自身形体、衣着装扮的关注等。

5. 自我实现的需求

人们希望实现自己的理想和抱负，充分发挥个人的聪明才智和潜在能力，取得一定的成就，对社会有较大的贡献。老年人也希望为社会做一些力所能及的事情，充分发挥自己的潜能和余热，实现自身的价值或未完成的心愿，也从中体验到成功的喜悦和满足感。

10.2.5 老年人对电子产品的需求特性

1. 产品信息容易了解

据调查，老年人在日常生活中遇到的问题超过50%都与产品的设计有潜在关联。这就需要设计师在产品的信息传递上下一些功夫。例如产品的说明书，使用技术用语和外文太多，中英文混排、混用，让很多消费者看不懂。部分产品说明书中的参数专业性太强，术语太多，作为一般消费者难以理解。普通消费者购买商品后不愿细读说明书、使用商品时模仿他人行为、只会简单操作不懂全面使用的现象比比皆是，使一些高科技产品的有关附加功能未得到有效的利用。此类说明书对于老年人来说则更加不具备良好的说明性。如果能够像儿童读物一样，配一些插图，用浅显易懂的文字说明，老年人只要得到适当的指引，就可以正确地使用电子产品。

2. 功能的实用性和价格的经济性

与其他年龄层次的消费者相比较，老年人传统的消费观念，加上经济上相对不宽裕，消费比较理性，价格常常会成为是否消费的决定性因素，他们注重产品的实用价值，对产品的性能价格比最为敏感，希望以实惠的价格购买实用的产品。因此，在老年人产品的设计中，要重点研究产品功能的实用性，主要体现在简单产品的多功能化、复杂产品的功能简洁化，减少产品不必要的功能，在功能与价格之间寻求最佳平衡点，设计物美价廉的产品。

3. 产品尺度设计合理

由于老年人人体尺寸的变化，在电子产品设计中，对产品的功能、尺寸等都会有新的要求。如老年人的手部力量下降了16%～40%，臂力下降50%，肺活量下降了35%，视力水平也有所下降等，我们在进行设计活动时都应将上述的数据应用于产品中。以洗衣机为例，年轻人觉得洗衣机上面的按钮文字说明字体太小不是问题，因为他们可以轻松地弯腰看说明、使用按键；而老年人弯腰看字时背部会疼痛，因此字体的大小以及按键的位置设计应充分考虑老年人的生理特点。在造型设计上应努力做到符合老年人体尺度，舒适方便，不易疲劳，无损健康。

4. 使用的安全性

由于老年人生理机能的衰退以及对自身健康的关注，他们在选购产品的时候特别关注产品使用时的安全性和舒适性。未来老年人将具有更高的消费能力和更强的安全、健康、环保意识，在老年产品的设计中除了要提高产品使用安全性，还要积极采用绿色环保材料，满足老年人对产品的安全性要求。

5. 操作简单易用

老年人使用的电子产品应当具有简单易用的人机界面。易用的人机界面，不仅可以使产品的功能发挥到最好，而且也为使用者带来操作上的便捷。我们的生活中许多电子产品功能的实现，往往是通过操作按键来完成的。而当我们面对诸多按键，年轻人尚需仔细揣摩一番，老年人就更加感到无从下手了，因而放弃使用产品。因此，在设计中应尽量舍弃不必要的东西，只保留必不可少的东西，常用操作最好用一个动作就能完成，以免增加老年人记忆和分析的负担；同时，常用操作还应尽量不改变老年人的固有操作习惯，以避免需要学习新的知识，使老年人对新产品产生排斥和恐惧感。

6. 对错误操作有包容性

由于年岁增长，身体机能的退化，反应慢、腿脚无力、老花、白内障、对光线强度的适应性差等都是老年人很常见的问题，记忆也大不如以前。尤其是面对操作复杂的电子产品，常会因遗忘正确的操作步骤而导致无法正常使用产品，因而产生挫败心理。而这种唯恐操作错误而损坏产品的心理负担，使老年人使用电子产品时常常小心翼翼，即便如此有时也难免出错。有老年人曾经抱怨说："现在摆弄最好的就是电视遥控器，调个台调个声啥的还行，别的就不敢按了。"因为一旦按错了某个按钮，可能就会出现股票走势图或者天气预报。如果对于错误的操作能有一定的包容性，对于老年人的一些无心之失能够有一些提示设计或阻止设计，则会大大减少错误的出现，从而增加使用者的自信心。

10.2.6　老年人产品在设计中存在的问题

我国的老年用品中专门为老年人设计制造的产品很少，大多是代用品。如将残疾人使用的轮椅、拐杖卖给老年人，将年轻人淘汰的手机给老年人使用等。从欧美、日本等发达国家的老年产品看，很多产品都是针对老年人的身体、精力、活动能力等特点专门研制的，其中主要在"防"与"护"上下工夫，且融进了许多高科技手段。

（1）现有老年产品总体而言缺乏清晰的市场定位，相对于针对青壮年群体的细分化市场策略，老年产品领域的产品与服务大多针对模糊的整体老年人市场、使用含混的整体语言、没有明确的针对老年群体进行细分。

（2）老年人产品的造型、色彩的设计上过于沉闷、单调，造型语言生硬，无法给人安全感、亲切感。

（3）规模层次"小而低"。现阶段传统老年产业涉及的产品单一，层次低。老年产品多以保健和医疗产品为主，而现代老年产业涉及的老年人的文化娱乐和精神享受方面的产品没有得到很好开发。老年产品设计中，我们只提供简单的使用功能，只考虑行为需求，忽略审美需求、心理需求等。

（4）产品设计、服务上不够人性化。许多老年产品在设计、服务上忽略老年消费者的特殊需求，从而降低了老年人的消费欲望。相当多老年产品在运用高科技时不遗余力，而在方便消费者理解和运用高科技产品上却很不用心。如电脑的设计中，操作界面复杂，有的产品操作界面使用外文标注，尽管一些老年人渴望接受电脑教育，但缺乏适合老年人生理特征的电脑产品和有效的电脑学习途径。

老年人使用的产品，方便使用这一点很重要，如果产品的使用晦涩难懂，会让许多老年人产生畏难感，或者经过了学习还不能很好掌握的话，会使老年人产生不良情绪，使产品的功能达不到最佳效果。

（5）系统性设计。老年用品之间缺乏联系，造成使用上的障碍；整个社会缺少老年产品的整合设计。

①没有对不同老年人群基本状况及分类进行针对性设计。按照老年人的年龄结构和身体健康状况，将老年人群体大致划分为三类：低龄老年人，即60岁左右，身体基本健康；体弱多病、残障老年人；高龄老年人，即80岁以上，生活自理能力较差或不能自理。在上述的三类老年人群体中，残障老年人这一较特殊的群体特别值得我们关注。据中国残障同盟公布的一项统计数字显示，目前中国有6000多万残障人士，60岁以上的残障老年人有23832000人，占残障人总数的39.72%，我国残障老年人的比例是明显偏高的。

②没有针对不同老年人群的基本需求特征。由于老年人群的复杂性和多样性，必须针对不同的老年群体提供相应的产品和服务。按照老年人的年龄结构和身体健康状况，将不同阶段的老年群体的不同需求划分为以下三类：

60～69岁的低龄老年人由于身体基本健康，大多数依然与社会联系紧密，非常注重自身形象。除必要的实物性消费外，在文化、娱乐、教育、体育以及外出、旅游、观光等各方面活动的欲望都比较强烈。

70～79岁的中龄老年人依然需要一定的物质消费和社交活动，但逐渐呈现出对医疗、护理、药品、保健品以及相应服务性消费的需求明显上升。

80岁以上的高龄老年人中，大部分由于年纪大了或是有疾病，生活自理能力较差或不能自理。要为其提供护理服务，特别护理设施、特殊商品和服务。

③对人机工程学在老年产品开发设计中的运用思考。

评价一件老年产品在人机工程学方面是否符合规范，可根据以下的标准：

● 产品与老年人人体尺寸、形体及用力是否配合；

● 产品是否便于老年人使用；

● 是否防止操纵时产生意外伤害，错用时发生危险；

● 各操纵单元是否实用；各组件在安置上能否正确无误、易于辨识；

● 产品是否便于清洗、保养及修理。

老年产品的开发除了包括一般的大众消费品之外，还须为特殊的老年人群专门设计，综合考虑人机工程学。收集分析老年人的基本人体尺寸、健康状况、人格特征、消费心理、使用特点、生活偏好、活动时间分配、家庭空间运用等，并建立起相应的资料库。

人步进老年再随着年龄的增长，生理和心理会发生很大的变化，无论是肢体还是感官、智力、接受能力以及适应环境的能力，都会不同程度地出现衰退、下降、迟钝。老年人对公共场所和住宅中的部分设施，逐渐感到有不同程度的障碍，应该尽量实现无障碍。无障碍环境包括物质环境、信息和交流的无障碍。国际通用的无障碍设计标准大致有6个方面：

● 在一切公共建筑的进口处设置取代台阶的坡道，其坡度应不大于1/12；

● 在盲人经常出进处设置盲道，在十字路口设置利于辨向的音响设施；

● 门的净空廊宽度要在0.8m以上，采用旋转门的需另设残疾人进口；

● 所有建筑物走廊的净空宽度应在1.3m以上；

● 公厕应设有带扶手的座式便器，门隔断应做成外开式或推拉式，以保证内部空间便于轮椅进出；

● 电梯的进口净宽均应在0.8m以上。

10.2.7 老年人电子产品的改进

根据上述分析为了解决老年人产品在设计中存在的问题，可以在下列方面进行改进：

1. 产品功能开拓

目前，国家标准列出的残疾人和老年人辅助器具类产品有700多个品种，但实际生产开发的还不足300种。设计人员要真正走到老年人群中去，了解老年人的需要，关注他们的生活质量，从材料的选用、外形的设计、多功能及舒适性等方面进行多种不同的改进尝试和特殊设计，为老年人开发出适应面广、舒适且个性化程度高的用品。

2. 造型颜色时代感

设计老年产品在造型上要根据老年人群不同的年龄阶段、不同的地域环境、不同的气候条件、不同的民俗习惯等差异性，做出相应调节。充分考虑老年人的接受观念和接受能力。色彩对比上不可过于刺激，但是要一改以往大多数老年产品颜色黯淡、色彩单一的缺点，增加产品的个性化和时代感元素的应用。

3. 材料结构技术

老年人的产品无论设计得如何"好"，真正涉及老年人利益的是这个产品所承诺的各种功能的最终实现和安全可靠，不能让老年人在实际使用时才发现毛病，更不要将一些过于复杂的结构和功能强加于老年产品。设计者和生产者不能通过改进技术，加大产品科技含量的话，再好的造型色彩设计也不能赢得老年人的青睐。

4. 包装营销

老年产品的开发设计中，包装和营销是不可或缺的部分。大多数老年产品本身就忽视了与最终使用者的信息交互，忽略了产品的包装、广告宣传、销售策略。因此，只有以优秀的创意，先进的技术，再融合各种文化、人文、审美心理学、消费心理学等因素和要求完成一整套产品设计，才能满足老年人的不断提高的消费需求。

5. 行业规范和标准

随着我国的老年产业的发展和完善，必须制定一系列相应的行业规范和标准，才能设计出更加适合于老年群体使用的合格产品。具体的行业规范和标准应涉及：

（1）老年产品大类的定义和小类的划分。

（2）产品外形尺寸、功能、价格、规模、系列等标准。

（3）特殊老年产品的强制标准。

（4）老年产品应与公共设施、道路建筑规划统一。

10.3 老年人电子产品的实例分析

10.3.1 深受老年人喜爱的手机

从生理特点上看，人到老年，肌肉体积减小，肌肉力量减弱，功能上造成肢体灵活性降低，耐力减少。因此，老年人动作不便捷，行走动作时平稳性变差，容易跌倒。还有，老年人骨骼变脆，易骨折；血压增加，肺功能变差，导致做事易累、易喘、不易恢复体力；神经纤维化，思考动作速度较慢等。针对老年人生理机能的衰退，在使用现有的常规产品时存在着一定的障碍，我们要深入研究老年人对产品的使用方式和特点，挖掘他们的潜在需求，有针对性地解决现有产品存在的问题。

在一个老年人使用电子产品调查问卷中，有一题"你在使用手机时遇到什么问题"，它的结果如表10-4所示。另外，对于"老年人心目中所希望的电子产品要有什么功能"的调查结果如表10-5所示。

表10-4 "你在使用手机时遇到什么问题"的调查结果

选 项	小 计	比 例
字体太小，看不清	22	61.1%
按键不清楚	17	47.2%
不会操作过程	17	47.2%

续表

选　项	小　计	比　例	
声音太小	21		58.3%
找电话号码太麻烦	15		41.7%
携带不方便、外观不好看	18		50.0%
本题有效填写人次	36		

表 10-5　"老年人心目中所希望的电子产品要有什么功能"的结果

选　项	小　计	比　例	
大字	23		63.9%
方便操作	23		63.9%
大屏幕	24		66.7%
声音洪亮	23		63.9%
喜欢的外观、颜色	16		44.4%
便宜的价格	22		61.1%
本题有效填写人次	36		

　　通过上面的数据我们不难发现，老年人在使用手机的过程中遇到的几个问题可以概括为：看不清，听不清，搞不清。老年人所希望的电子产品必须具备以下特点：大字，大屏幕，大音量，方便操作，价格便宜。并且，外观上的设计也对老年人在选择的时候有些影响。

　　下面以图 10-2 中兴 S302 手机为例，说明其具体特点和功能。

　　这款手机在按键方面，每个按键还有一点倾斜的角度，如图 10-3 所示，令手感更加舒适，键程比较深，回馈力度也比较明显。

　　每个数字键赋予了快速拨号功能，数字键 2～9 可预先设置为快捷拨号。*键可设置为女儿或者媳妇的快捷拨号键，#键可设置为儿子或者女婿的快捷拨号键，相应的位置有个形象的头像，如图 10-4 所示，各键都可以设置出现速拨的功能键，拨打很方便实用。

　　S302 的听筒也是外放扬声器，采用 24mm×15mm 的大喇叭，声音可以达到 110 分贝。如果觉得通话音量不够大，还准备了一键助听功能作为补充。先通过菜单设置最适合个人的音量大小，在通话过程中，长按 0 键 3s 即可达到该音量状态，如图 10-5 所示，操作也很方便。

　　在屏幕方面，S302 屏幕的可视区域是：38.5mm×14.44mm，面积不算大，不过因为是黑白屏幕，它的显示比彩屏清晰得多，没背光时黑白的大字非常清楚，黑暗环境下橙色背光看起来很柔和，不像蓝色那么刺眼，也没有绿色那样不易看清，能让老年人很舒服地看屏幕。第一行是 12 位电话号码显示，第二行是确定字样，电池电量图标，网络信号图标和返回字样。当输入电话号码时，第一个输入的数字为大字体（约 18 个像素左右），当后面的数字输入时，前面的数字立刻变为中字体（约 10 个像素字体左右），只有当前数字字体保持大字体（约 18 个像素左右），确保老年用户能看得清清楚楚。屏幕测评如图 10-6 所示。

　　S302 背部那个橙色按键很显眼，它是中兴独创的 SOS 紧急按键。开

图 10-2　中兴 S302

图 10-3　手机按键

每个按键都有一点倾斜的角度，令手感更加舒适，键程比较深，回馈力度也比较明显。

图10-4 设置快速拨号功能

能设置速拨功能键，拨打方便实用

图10-5 一键助听功能

扬声器调节音量，只要长按"0"键即可，属于超大音量，完全能让老人调出适合个人的音量。

图10-6 屏幕测评结果

图10-7 SOS紧急按键

机状态下，长按该键2～3s，即刻会发出警报声；同时，先自动依次发短信息给预设紧急救助人，再自动拨打电话给紧急救助人，电话一接通，警报声即刻停止，进入免提通话状态，如图10-7所示。通过长按挂断键3s解除紧急呼救状态。

另外，S302内置收音机，让老年人休闲娱乐两不误。机身左侧是音量键和FM收音机开关，开机状况下，向上滑动FM开关键即可开启FM并收听，向下则是关闭。S302内置FM收音机支持手动输入和自动搜索频道，收听广播，如有来电，它会自动关闭并转入来电显示状态，待通话结束后，FM自动恢复先前收听状态。由于手机的FM天线已经内置在机身，因此它不像大多数手机那样要接上耳机才能听，用免提或用耳机都可收听广播，这样也更加方便老年人收听收音机。

这款中兴S302手机总体来说：尽管从硬件上看这部手机是5年前的水准，但中老年人用手机不要求高档，更不要求功能多或性能好，原则是"实用、一键呼救、一键助听、一键亲情号码拨号"，手电筒、FM外放、大按键、大字体、大音量、语音报读、语音报时这些功能完全符合老年人的使用习惯，完全满足老年人的使用需要。

10.3.2 老年人电脑

其实老年人并不会畏惧新科技，许多老年人都会使用电视机、洗衣机和汽车，而且现在，越来越多老年人开始使用个人计算机。

老年人专用电脑，在设计时完全是站在老年人的角度进行思考的。因为老年人记忆力差，学习能力弱，所以设计者通常采用触摸屏的方式，老年人手指点到哪里，就可以对哪里进行操作，操作过程非常直接。而且，屏幕上显示的按钮并不多，一般就只设计老年人日常都需要用到的程序，如图10-8所示。例如可上网读报，可进行可视电话，益智游戏等。老年人专用的电脑，一般的显示屏都较大，且便携式电脑的重量也是较轻的。

因为老年人比较难理解病毒的概念，所以老年人专用电脑通常安全性极高，通常设置一键还原或者系统安装杀毒软件，自动查杀病毒。而且，老年人不喜欢繁琐的开机程序，所以，设计的老年人电脑，采用的都是即插即用的方式，只要插上电，就能使用。这些都是按照电视机或电风扇这类电器进行思考的。

1. 老年人电脑的功能

（1）收发邮件。十分简易的收发操作，即使是从未使用过E-mail的人也照样一看就懂，如果不懂如何操作，可以求助帮助栏。

（2）读报功能。使用该电脑可以随时访手机报的最新新闻。

（3）电视导向。老年人可以通过电视导向功能随意挑选自己喜爱的电视，而且也可提前知道节目的安排情况。

（4）娱乐功能。可以进行智力测验，考验自身的反应速度，且系统会自动更新最新的游戏，让老年人们不断地接触新鲜事物。

（5）网络安全性能极高，可以不用担心电脑被病毒入侵。而且可以随时随地任意上网。通过网络，老年人与外界得到足够的交流。

（6）社交网络。可以使老年人保持和发展自己与家人以及朋友之间的关系。

（7）免费进行可视通话。即使不能经常与儿女相聚，也可以通过即时通讯软件等工具与儿女视频通话。

（8）天气预报。电脑上可以随时预报近期的天气情况，包括恶劣天气警告，如大雨或强风报告，方便老年人及时掌握天气变化。

（9）智能化处理文字。智能化处理输入的文字，而且可以跟打印机直接相连，直接从电脑中输出你想打印的文件。

（10）图片查看。将 CD、DVD、U 盘或电脑记忆卡插到电脑上，可以直接调出图像。按前进或者后退键自由观看，或者按开始按钮自动观看。

2. 特色

（1）享受基于触、视、听觉本身。

（2）触摸操作与屏幕手写，实现了手指在屏幕上的直接操作，通过人、机与网络的亲密接触，带来网络生活"零"距离真实而奇妙的感觉。

（3）创造性地将老年人所关心的五大功能和多种服务集成在一个界面内，本地服务与在线浏览融为一体，从视觉上再次实现了个性飞扬的突破。

（4）内置健康、医疗、新闻、生活、娱乐五大功能：专门定制的健康网站，让你随时拥有"私人医生"；智能秘书可以帮老年人整理生活备忘录及提醒重大事件；网际沟通可以跨越时空的距离进行交流；信息快车使老年人足不出户就遍览各地报纸杂志；幸福休闲使爱好象棋、扑克、麻将的老年朋友时常过过瘾。

（5）预置一年免费上网账号，通过屏幕直接显示上网时间，可规划上网费用。

（6）操作简单，并可以随时开关机。采用软硬件一体的设计，安全可靠。创新的放大镜功能方便了阅读。

（7）主机、显示器一体，如图 10-9 所示，没有多余的连线，甚至可以没有键盘和鼠标，是真正的一体机。

图 10-8　老年人专用笔记本电脑

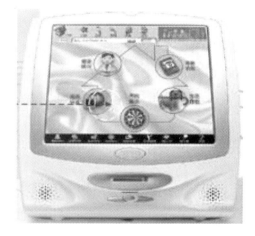

图 10-9　主机、显示器一体的老年人电脑

10.3.3　智能电子药盒

日常生活中对于常服药的人来说，忘记服药是常有的事，不按时服药会影响疗效或延迟康复时间，有些疾病像高血压等会反弹，会严重影响降压效果，尤其是老年人，他们需要服用的药种类众多，但他们记忆力又不如年轻人好，时常会忘记吃药，进而影响了他们的健康。此类智能电子药盒操作非常简单，免说明书。只需一个按键，如图 10-10 所示，想什么时候定时就什么时候定时，并且没有玻璃、导电橡胶，而且为无螺丝的塑胶紧配方式，回收后分离很方便，电路金属部分更换电池后还能循环使用，十分环保。

1. 产品特点

（1）只有一个按键，按一下就能定时；

（2）一天可设置 8 组定时，定时增加、修改等也只需按一下键；

（3）定时设置完成后，以后每一天同一时间就都会"说话"提醒你；

（4）语音内容可更换；

（5）外形也可设计；

（6）内盒运用了"纳米银"抗菌技术，可长久抗菌，保持盒内清洁；

（7）全环保材质也应该是众多环保人士首选。

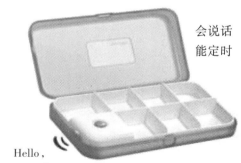

会说话
能定时

Hello,
remember me

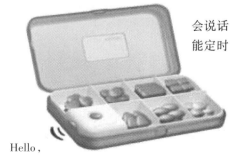

会说话
能定时

Hello,
remember me

图 10-10　智能电子药盒

2. 现有的电子药盒与智能电子药盒对比

智能语音药盒与现有的电子药盒在性能、提醒方式、使用的人性化方面作了详细的比较，如表10-6所示。

表10-6 现有的电子药盒与智能电子药盒对比

名 称	现有的电子药盒	智能语音药盒
外部结构	3个按键，1个液晶显示屏	只有一个按键
提醒方式	嘟嘟响	嘟嘟响 + 音乐、语音提醒
内部电路	简单的时钟闹铃电路	内部包含了CPU，独有的OKT一键定时智能技术程序，带数码语音处理电路
使用便利	设置定时繁琐，步骤多，难记。如果说明书丢了，就没法再用了	操作非常简单，免说明书。只需一个按键，想什么时候定时就什么时候定时
	如果设置3个定时点，需要按规定步骤按键操作100次以上	只按一次就完成
	如果要修改定时时间，操作很麻烦，需要按键几十次	只按一次就自动完成
	显示屏过小，设置定时需要手眼配合，给使用者带来不便，特别是老年朋友使用非常困难	无需显示屏，只需在你服用营养品或药品时，按一下按键，就可完成定时
	因为有显示屏，有特定功能的按键，盲人无法使用	一个按键，无需显示屏，盲人也可以轻松操作
	要停止使用，也需要很复杂的操作流程	要停止使用，只需要连续按键6秒就可以
耐用性	液晶显示屏易损坏，显示屏坏了药盒就报废了	不存在显示屏损坏的问题
	需要反复按动三个按键很多次，按键容易老化失灵	设定、修改、清零时都只按一次就可以，按键寿命长
环保结构	产品有金属、塑料、玻璃、导电橡胶、电路板等多种材料，多为螺丝紧固方式，丢弃后很难分离处理。	相比产品中没有玻璃、导电橡胶，而且为无螺丝的塑胶紧配方式，回收后分离很方便，电路金属部分更换电池后还能循环使用。

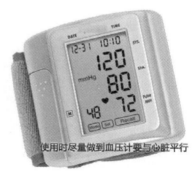

使用时尽量做到血压计要与心脏平行

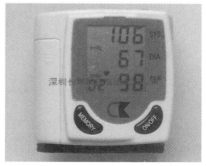

深圳世

图10-11 腕式电子血压计

10.3.4 腕式电子血压计

随着生活水平愈来愈富裕，很多人却忽视了健康问题。不仅仅是年轻人，特别是老年人的血压也逐步升高——别认为那不是什么大事，其实很多急性病症、心脑血管疾病都是因为高血压惹起的。然而，听医生嘱咐，按期量血压并按时吃药，对每个高血压患者来说都是非常重要的工作。尤其是老年人，有些老年人腿脚不便，不能频繁地去医院检查及量血压。家庭医疗保健已成为现代人的医疗保健时尚，过去人们测量血压必须到医院才行，而今只要拥有了家用电子血压计，如图10-11所示，坐在家里便可随时监测血压的变化，如发现血压异常便可及时去医院治疗，起到了预防脑出血、心功能衰竭等疾病猝发的作用。其主要特点有以下几点。

1. 易用性

传统的水银血压计一般需要两个人才能完成，还需要一点知识才能会测量。腕式电子血压计使用起来很方便。老年人只要将它戴在手腕上，然后按"开始"按钮，它就自动开始测量，自动记录最高血压、最低血压和心跳频率等数据，自动停止，然后老年人只要对照血压表就可以知道自己的血压情况，完全不用子女帮忙。

2. 易携带

腕式电子血压计体积不大，重量很轻，完全可以带在身边。当一家人出去旅游时，老年人出现身体不适的情况时，可以马上使用，然后就知道是不是血压高了，或者是劳累过度了。老年人早上出去活动的时候也可以带在身边，时时刻刻监督与检测自己的血压情况，一有情况就可以向旁人求助。

3. 经济性

对于中国老年人来说，节约是他们的第一想法。从老年人消费心理来看，太贵的东西他们一般不会接受。但是电子血压计在市场上的价格，对于一个低收入的家庭来说完全可以接受。

4. 人性化

传统的水银血压计需要将使用者的衣服袖子卷到肩膀才能正常测量。在冬天来说无疑是很繁琐的，需要脱去外大衣，还要适应听诊器的温度。而电子血压计很好地解决了这个问题。只要将手腕露出来就行，而且绑带是用海绵设计的，冬天不会太冰冷，夏天不会太闷热，完全地考虑到使用者的感受。

10.3.5　"the aid"智能拐杖

医学专家说，不要小看一根小小的拐杖，它会给年迈的老年人以很大的安全感。虽然说如今的老年人身体条件越来越好，对拐杖的需求也不那么迫切了，但是如果到了一定的年龄，平衡功能减弱、反应较慢、肌力也差，或是患上某种疾病，走路就不稳，一旦摔跤导致骨折则得不偿失了。对于一部分脑血管病人、脑萎缩病人、老年痴呆症患者和骨关节炎患者来说，或者是那些平衡功能差、肌力不好和反应较慢的七八十岁的老年人来说，如果你想迈腿迈不开，比如明明感觉路中的一个小坑能够迈过去却不行；走很短的距离就感觉很累、没法再走稳了；天刚蒙蒙黑就不敢走路了，因为白天有视觉平衡的调整，而晚上这种调整就减弱了，对拐杖的需求就更是强烈。而且老年人出门可能会遇到一些危险困难，一时找不到人求救。基于这些因素，年轻人设计出了能综合考虑到这些问题的"the aid"智能拐杖，如图 10-12 所示。

图 10-12　"the aid"智能拐杖

"the aid"是专为老年人和那些因心理问题无法外出参与社交活动的人设计的。它是一个真正的"帮手"拐杖：内置导航系统可以防止使用者迷路，为他们提供出行的安全感和直接的帮助，并且，还能作为拐杖辅助腿脚不便的人。综合导航装置不仅可以指示位置，还可作为健康管理设备使用（实时测量脉搏、血压等），并配有传感器和 SOS 求救按钮，一旦按下按钮，系统便会联系帮助中心并将使用者最近的健康资料和所在位置直接传送过去。这个设计十分简洁（只有两个按钮），但同时又十分智能，主要特点如下：

（1）柔软的部件与使用者的胳膊相接触；

（2）内置传感器会实时显示使用者的脉搏、血压和体温；

（3）拐杖外部装有 LCD 屏幕显示了使用者的健康资料；

（4）SOS 按钮；

（5）取消按钮（一旦意外错按了 SOS 按钮可以取消）。

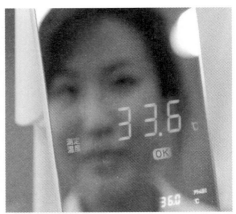

图10-13　体温镜

10.3.6　体温镜

日本电气株式会社红外技术公司最近研发出一款"体温镜"，如图10-13所示，它可以"照"出发烧等流感症状。这款"体温镜"配有内置体温计，可以在无需接触的情况下测出体温，成为方便快捷而且可重复使用的流感测量仪。当你对镜子欣赏容貌，或者为长胖了不少而烦恼时，"体温镜"就可以显示出你的体温，如果发烧还会发出警报。

利用红外线感应人的表皮温度，可以探测离镜面30cm的范围内的温度，就像红外线温度计一样，利用红外线感应人的表皮温度，数据显示在镜面，如果有发烧的状况，镜子就会发出警讯音提醒。

1. 人机交互技术分析

（1）老年人可以通过LED屏幕上的触屏按键进行操作，开启与关闭，进行人机交互。

（2）测量开始若在一个合适的范围内会提示绿灯，则测试准确。若超出30cm的测量范围则会显示红灯。老年人通过识别红绿灯来调整测量距离，做到精确测量。

（3）如果有发烧的状况，镜子就会发出警讯音提醒。

2. 创意与实用性

体温镜的创意来源于一个童话故事，《白雪公主与七个小矮人》中的白雪公主的后母问魔镜谁是世界上最美丽的人，魔镜给出的答案就是白雪公主。虽然这款体温镜不能告诉你谁是世界上最美丽的人，但是它可以告诉你体温。

这款体温镜让测体温这件苦差事多了点乐趣，而且可避免因直接接触造成的二次传染。老年人在家中就可以轻松地测量体温。而如今这些技术也已经非常成熟，如温度传感器以及通过红外线测量温度的技术。

这款体温镜价格偏于昂贵，但从技术角度分析，还是十分实用的，安全系数以及可靠性还是很高的，对老年人身体也没有任何影响。

第11章 电子产品风险评估与设计规范

技术的风险是真实的，而技术的好处也是真实的。使用技术丰富了人们的生活，同时也带来了风险——特别是那些未知的风险。这是一个在产品开发中令人不安的利弊共存的问题。我们知道在得到益处的同时要付出代价，包括要承担风险是好的，然而有时风险和益处都难以估计，即使对致力于这方面研究的专家来说也是这样。

11.1 风险概述

"风险"，在广义上可理解为"特定的不希望事件发生的可能性（概率）及发生后果的综合"，可能性和严重性风险的两个特点。确定风险的大小或等级的高低，有三个独立的输入。一是"事件发生的可能性（概率）"，二是"如果事件发生，其后果的严重性"，三是人们对这两者综合的"严酷度"的主观判断。风险分析有狭义和广义两种，狭义的风险分析是指通过定量分析的方法给出完成任务所需的费用、进度、性能三个随机变量的可实现值的概率分布。而广义的风险分析则是一种识别和测算风险，开发、选择和管理方案来解决这些风险的有组织的手段。它包括风险识别、风险评估和风险管理三方面的内容。在图11-1中表明当风险可能性概率与影响度都低时，存在的风险也低。反之，风险可能性概率与影响度

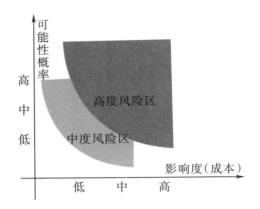

图11-1 风险的可能性概率与影响度对风险
的关系

都高时，就会处于高度风险区。

由于电子产品的研制需要开发新的技术，或使用许多已经过验证的技术和产品，但产品生产数目一般较少，这些技术和加工工艺不容易达到成熟或定型的程度。且大型项目的研制需要长时间大规模的组织、指挥协调工作，以及漫长的研制周期等，都会带来种种难以预见的不确定性因素，如图11-2所示。这些不确定因素的存在使得软件项目能否按照预定的计划——费用、进度和性能完成研制任务往往难以预料，不可能做到研制完全成功，存在着失败的风险。所以在电子产品研制的可行性分析和方案认证时，加强方案风险分析是十分必要的。

风险评估的意义是指在风险事件发生之前或之后（但还没有结束），该事件给人们的生活、生命、财产等各个方面造成的影响和损失的可能性进行量化评估的工作。

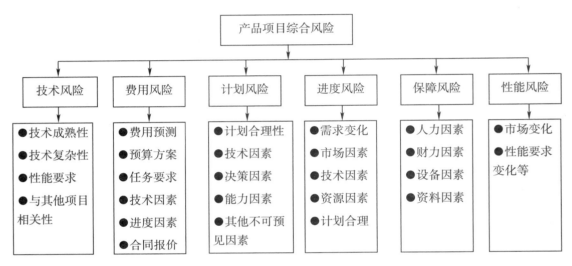

图11-2 风险的影响因素

11.2 电子产品风险评估与设计规范

11.2.1 风险的影响

电子产品开发设计是企业设计服务中的主要项目，向客户提供从产品的设计策划、策略研究到产品的创意设计、结构设计、手板模型制作、定型设计、软件开发与产品成型的全过程研发服务。

在策略研究阶段，首先要提供关于产品市场策略分析、趋势研究分析，并在此基础上形成产品设计的整体策划方案和产品线规划，同时还要根据需求设计产品识别。

在正式的产品方案设计阶段，要完成设计定位分析，形成完整的创意设计方案，提供详细的工艺说明、三维外观电子模型和技术实物模型，以方便进行参考对比和验证。对开发电子产品的软件项目的管理部门来说，在做出与规定费用按规定时间交付规定产品或达到规定性能水平的决断时，风险是永远存在的。软件项目管理部门因风险而导致工作失败有三种方式：产品达不到规定的性能水平、实际费用过高、交付过迟等。在电子产品的研发设计上必然也会存在着各种风险，包括：技术风险、费用风险、计划风险、进度风险、保障风险、性能风险等方面。

技术风险上，指为发展电子产品某项新设计所包含的风险，发展这项设计的目的是要将性能水平在原有基础上提高一步，但也可能因为受到某些新的约束条件的作用而使性能水平原封未动，甚至反而有所下降。技术风险的性质和原因随军用系统的设计而各不相同。许多技术风险往往是由于对新系统和新设备提出前所未有的性能要求造成的。

费用风险上，电子产品研制必定有对研发的成本费用预测方案，在预算方案内的研发产品才能够符合要求。电子产品的研发成本也关系到该产品的价格，更有可能影响到产品在市场的生存能力。因此在产品设计、生产工艺、生产组织、零部件自制或外购等环节，运用价值分析、生产工序、生产批量等方法，寻找降低成本费用的有效措施，才能提高产品的竞争能力。

计划风险上，是指包括获取和使用一些可能不受项目控制但又可能影响项目方向的可用资源和活动。计划风险一般不会与改善技术水平有直接关系。计划风险可按一些因素的性质和来源分类，这些因素有可能中断项目实施计划。造成中断的因素主要有以下几种：

（1）与项目直接有关的高层权力机构决策造成的中断。

（2）一些影响项目的事件或行动造成的中断。

（3）主要由于一些不能预见的与生产有关的问题造成的中断。

（4）因能力不足造成的中断。

进度风险上，产品的研发进度在很大程度上决定了电子产品能否在短时间内占有市场。这也关系到该产品在市场的竞争中能否胜出。而且在电子产品的研发中，用户需求不断的变更这种情况是随时可能发生的，这对于研发组人员是应该早有预见的，开发人员要结合需求在时间上按照预定的进度来完成设计。

保障性风险，是指与系统的部署和维修有关的风险，这些系统指目前正在研制或正在部署的系统。保障性风险包含有技术和计划两个方面风险的特征。构成综合后勤保障要素潜在的十种风险源要素是：

（1）维修规划。

（2）人力和人员。

（3）保障设备。

（4）技术资料。

（5）训练。

（6）训练保障。

（7）计算机资料保障。

（8）设施。

（9）包装、装卸、存储和运输。

（10）设计接口。

性能风险上，产品的设计功能最致命的就是需求上的变化。当你的一个项目数据库都定下来后，而且已经开发了若干个工作日，突然接到用户提出，某个功能要改变，原先的需求分析要重新改，如果这个修改是涉及数据库的表结构更改的话，那真是最致命的。这就意味着项目的某些部分得重新推倒重来，如果这个部分跟已完成的多个部分有牵连的话，那后果更可怕了。究竟是自己的设计功能分析做得不够好，还是客户在认同了设计功能分析后做出的修改，如果是后者的话，完全可以要求客户对他的这个修改负责任。本次新增加的需求将归入另外一个版本。如果是改变前面某个需求的定义，那么说不定就要推倒重来。

一些性能和设计技术问题有时要靠增加费用和延长进度来解决，这往往会使问题变得复杂化。费用和进度增长指预计项目费用和进度与实际费用和时间之间的差异。因此，费用和进度增长会造成两个主要的费用进度风险区：预计时定下不合理的低费用进度目标所造成的风险；要想满足合理的费用进度目标，项目就必须给定一个谨慎的风险。所以，在电子产品研发的过程中，在设计中也存在着很大的风险，一旦没有实现预定的性能就会导致很大的问题，意味着要推倒原来的设计，不仅浪费财力物力，同样也会影响产品设计研发的进度。

11.2.2 风险分析方法

1. 风险分析的一般性原则

在风险分析时，应该遵循一些分析原则。下面是进行风险分析的几个一般性原则：

（1）风险分析是软件设计的一部分，就像应力分析是传统软件设计实践的部分一样。

（2）风险分析是正式的、严谨的、定量化的。

（3）风险分析的目的是为了支持决策，应当把风险分析作为系统软件设计和研制过程的一部分，而不应该过迟而无法做出主要的改变和资金的压力强迫，在安全性和可靠性上妥协，而在这种妥协不能接受的情况下，作为一种反省进行。

（4）风险分析可以按各种等级的详细程度、彻底程度和精密程度来进行。

（5）风险分析详细、彻底、精确程度与分析项目的重要性和环境潜在的破坏程度大小一致。

（6）在一个电子产品设计的早期概念阶段，能够而且应该实施近似的风险分析，随着设计的逐渐开展，风险分析的精度和详细程度也随之提高。

2. 风险分析方法的类型

我们知道，对于风险分析所做的工作大多局限于任务风险分析当中。这些方法对于考虑项目风险领域的分析方法也有一定意义，风险分析方法可分为定性和定量两种，定量的风险分析方法是在定性的基础上而实现的。

3. 定性风险分析方法

定性风险分析的目的是界定风险源，并初步判明风险的严重程度，以给出系统风险的综合印象，表11-1是一些定性风险分析方法的简表。它可初步用于识别系统中可能存在的风险，定性地量化各种风险的概率与风险源可能对系统造成的破坏，从而判明系统风险大小。构建风险评价方法，通过三个步骤开展：一是以研究确立要素体系，并对风险产生的后果、存在的可能性和潜在的影响进行评价；二是采用风险影响矩阵明确各要素在矩阵中的位置；三是对关键要素进行计量、量化分析，得出具体的分析数据。

表 11-1　风险后果评价表

	极低 0.05	低 0.1	中 0.2	高 0.4	极高 0.8
费　用	不明显的费用增加	费用增加小于 5%	费用增加介于 5% ~ 10%	费用增加介于 10% ~ 20%	费用增加大于 20%
进　度	不明显的进度拖延	进度拖延小于 5%	进度拖延介于 5% ~ 10%	进度拖延介于 10% ~ 20%	进度拖延大于 20%
范　围	范围减少几乎察觉不到	范围次要部分受到影响	范围主要部分受到影响	范围减少不被业主接受	项目最终产品实际没用
质　量	质量等级降低不易察觉	只有少数非常苛求的工作受到影响	质量降低需要业主批准	质量降低不被业主接受	项目最终产品实际不能使用

4. 各相关风险要素分析

一般新产品开发各阶段存在的关键风险主要为：

（1）人的关键风险要素存在于：组织能力、创新能力、选拔或培养适合角色职责的人才、增强开发经理的领导才能、团队凝聚力、昂扬的士气、协作功能，这些工作能否满足项目开发的要求。

（2）环境的关键风险存在于：进入壁垒高、替代品的威胁大、估计销售情况、目标市场消费行为的影响、客户行为习惯是否为我掌握。

（3）资源的关键风险存在于：估计生产负荷能力问题、技术力量薄弱、是否具有和熟练使用技术工具因素、公司经营特定产业的效率优势低、外购外协件定点定型是否合适。

5. 风险概率和后果

使用定性语言将风险的发生概率及其后果描述为极高、高、中、低、极低 5 级。风险概率——描述某一风险事件发生的可能性，风险后果——描述某一风险事件如果发生将对项目目标产生的影响。风险的这两个维度适用于描述具体的风险事件，可以帮助我们甄别出那些需要强有力地加以控制与管理的风险，但不适用于描述项目整体。风险值矩阵（风险概率—后果评价矩阵）如表 11-2 所示。它表示概率与后果的估计值之间的简单乘积是将这两个维度结合起来的一种普遍方法，可用以确定风险是低、中或是高。风险评分有助于风险应对措施的制定。其风险值为：风险值＝概率（P）×后果（I）

表 11-2　风险值矩阵（风险概率—后果评价矩阵）

概率后果	0.05	0.1	0.2	0.4	0.8
0.9	0.05	0.09	0.18	0.35	0.72
0.7	0.04	0.07	0.14	0.28	0.56
0.5	0.03	0.05	0.10	0.20	0.40
0.3	0.02	0.03	0.06	0.12	0.24
0.1	0.05	0.01	0.20	0.40	0.80

11.2.3　风险的评估方法

风险评估包括三个步骤：风险辨识、风险分析及风险排序。

"风险评估"是对产品或系统的各个方面的风险和关键性的技术过程的风险进行辨识和分析的过程，即风险评估包括风险辨识和风险分析。

　　"风险辨识"是对产品的各方面、各过程的风险进行识别，识别出有风险的区域或有风险的技术过程，确定风险事件，即找出产品的哪个部分、在哪个过程、有哪些事件可能导致产品的某个项目或整个系统发生问题。

　　风险辨识的任务是找出风险事件。要对整个产品或系统的各方面、各过程的事件进行考察和辨识。最有效的方法是将整个产品或系统分成若干个产品单元或分系统单元，并将产品的实现过程按实际情况分为若干个过程单元，依据产品的每项要求包括使用的条件和性能目标、关键的参数，逐个地考察各产品单元和各过程单元，确定关键的风险区和可能出现问题的单元，通过分解细化到适当的层次，确定出可能对系统、分系统或组成部分产生不利影响的事件即风险事件，并汇编风险事件表，如表11-3给出的是风险影响程度评估表。

表11-3　风险影响程度评估表

评估项目	影响程度	评分标准	实际得分
是否造成收支的损失	无损失	0	
	极小的损失金额	10	
	较小的损失金额	20	
	中等的损失金额	25	
	较大的损失金额	30	
	极大的损失金额	*	
是否会造成群体性事件及社会动荡或其他政治影响	会造成群体性事件及社会动荡或其他政治影响	*	
出错是否可修正及补救	可修正，补救容易	5	
	可修正，补救较难	10	
	可修正，补救很难	15	
	可修正，不可补救	20	
	不可修正，不可补救	25	
出错联动效应大小	极小	5	
	较小	10	
	中等	15	
	较大	20	
	极大	30	
出错能否被及时发现	容易发现	5	
	近期内可发现	8	
	较长时间内才可发现	10	
	一般难以发现	12	
	无法预测，不确定	15	
合　计		100	

　　进行风险辨识的途径是专家或评估人员对项目的考察，进行类推比较，汲取过去的经验和教训，收集有关信息，进行判断评价，找出关键的风险。

"风险分析"则是对已辨识出来的风险区或风险技术过程进行进一步的考察研究，细化对风险的描述，找出风险致因，确定其影响，分析与其他风险的关系，并用风险发生概率和一旦发生造成的后果综合表征风险的大小。然后要进行风险排序，"风险排序"是按各风险大小的顺序排列，列出风险的清单。

通过风险评估的三个步骤：风险辨识、风险分析及风险排序，抓住最薄弱的环节，对其中最关键的风险进行处理，选择并实施应对方案，以避免风险或控制、降低风险使达到可接受的程度。

11.2.4　针对风险评价结果的改进措施

针对电动汽车新产品开发的所有风险进行评价的结果，需要采取一系列的改进行动，进一步优化新产品开发的目标、过程和方法。

（1）在已开放的市场化用人机制基础上，建立引进人才的甄选、评价和激励流程，尽可能地减少人才引进中的失误和机会的浪费。这样引进的具有先进管理理念和行为方式的人才会给目前的公司员工树立使用先进技术工具、运用先进管理理论和方法的榜样，从而达到提高一批人员水平的效果。

（2）在现有常规业务培训制度平台上，拓宽高级人才的教育渠道，着力培养高级管理人员、专业技术人员和市场营销人员的综合素质、处世与处事能力，及时更新观念，掌握新的技术、管理与经营方法。要结合目前企业的状况进行有针对性的培训，不能为理论而理论，要建立案例库，结合案例来培训员工。

（3）推广应用公司新产品开发项目管理、股权激励方式，建立团队作战的文化体系，探索建设团队有益的管理流程和方法，配备适宜的技术带头人和项目主持人，并利用并行工程等管理方法，实时培训、引用合适的技术工具。

（4）改善现有的市场调研方法和程序，建立目标市场调研、信息沟通体系和流程，严密跟踪市场动态，加强目标客户的价值观、行为方式的研究。

11.2.5　电子产品设计规范

电子产品不仅要有良好的电气性能，还要有可靠的整体结构和牢固的机箱外形，才能经得起各种环境因素的考验，才能长期安全使用。因此，从整体结构的角度来说，对电子产品的设计要求是：

（1）操作安全。

（2）使用规范。

（3）造型美观。

（4）结构轻巧。

（5）容易维修和互换。

这些要求是在电子产品设计研制之初就该明确的，并且遵循贯彻始终的原则。

在方案确定以后，整体的工艺设计是非常重要的。整体工艺设计就是根据电子产品的功能，技术要求，使用环境等因素确定的整体而进行的工艺设计。

在研制单件或者小批量的电子产品时，出于降低费用的目的或限制于设计加工的条件，经常是购买商品化的标准机箱。一般是下面两种情况：一是先设计验证内部的电路，使之能够完成预定的电气功能，然后根据电路板的结构尺寸再设计制作或购买机箱。二是根据现有的机箱及其规定的空间设计内部电路并且选择元器件，使给定的空间体积得到充分的利用。显然，前者在设计电路时的自由度要大一些。

要想设计好完美的 PCB 电路板主要要满足：

（1）电路的物理特性：包括电路板以及元器件的物理尺寸要明确。

（2）电路的电气特性。

（3）电路的美学特性：电路的走线及元器件的布局要错落有致，要美观。

（4）电路的习惯特性：要满足人们的习惯特性。

产品设计与工艺设计过程是产品开发过程的核心，它包括与产品设计与工艺设计有关的所有技术活动和管理活动，代表了特定组织进行产品设计与工艺规划的行为，是特定组织为满足某一需求，利用各种资源、工具和方法进行的创造性活动，过程交付的内容包括产品设计与工艺设计相关文档和数据。产品设计与工艺设计过程本身是一个将工程技术、方法、工具和人员集成并付诸产品设计与工艺设计实践的技术和管理框架。有学者提出产品设计开发中引入"过程工程"的概念，过程工程是指有关过程的定义、优化和控制等工程活动的总称。由此产品设计与工艺设计过程工程是指所有与产品设计与工艺设计过程建模、分析、实施、改进、维护以及与产品设计与工艺设计过程重组有关的工程活动。

11.3 电子产品设计开发过程中的风险

11.3.1 开发过程风险

1. 由产品的使用要求转化为产品的设计要求

（1）对顾客提出的产品使用要求未认真评审和沟通，产品要求规定不当、过粗，设计要求模糊。

（2）未明确使用环境要求。

（3）设计要求提得太高。

（4）设计要求不稳定，常变化。

2. 设计方案及技术途径

（1）方案阶段未充分考虑各种影响因素。

（2）设计方案或人机界面问题不符合用户的人力和技能水平。

（3）依赖于未经考验的技术且无替代的方案。

（4）项目的成功依赖于最新技术进步。

3. 设计的成熟性和可行性

（1）设计采用了未成熟技术或"稀有"材料来满足性能指标要求。

（2）技术未在所要求的使用条件下得到验收。

（3）技术指标依赖于复杂的硬件、软件或综合设计。

（4）建模与仿真未经验证和确认。

（5）软件设计缺陷，硬、软件之间系统需求分配不合理。

（6）系统不能满足用户要求。

（7）试图在较高的应力下使用部件和器件。

（8）设计对人员的培训和技能及设备提出了过高的要求。

4. 设计过程的控制

（1）没有或未实施适宜的设计准则、规范和程序。

（2）松散的、走过场的设计评审过程，达不到评审的目标。

（3）没有采用所需要的设计手段和分析技术（例：CAD技术、电应力、热应力、振动应力、潜在通路、最坏情况的容差、故障模式和影响、可靠性预计和分配等分析）。

（4）没有建立和保持强有力的技术状态管理系统，随意更改设计。

（5）必要的设计输出文件不全。

11.3.2　试验过程中风险

1. 综合试验

（1）未在项目的早期启动试验规划、编制试验计划（包括主系统、分系统的所有研制试验和鉴定试验）。

（2）试验未考虑所有重要性能和适用性规范。

（3）试验设备不能完成特定试验，尤其是系统级试验。

2. 验证试验

（1）试验未考虑最终使用环境，未考虑使用周期的极端情况和最恶劣的环境条件。

（2）未对软件进行试验和验证。

（3）未对试验中出现的问题做深入分析，留下隐患。

3. 验收试验

（1）所测量的关键参数和特性不能给出产品符合规范要求足够高的置信度。

（2）未按规定进行全部项目的试验，有遗漏。

（3）试验设备不能满足试验的要求。

4. 试验环境加速

（1）试验方案不能保证取得可信的结果（例如，加速因子不适宜）。

（2）试验时间不够，未做完试验。

（3）重大更改或改型后未进行试验。

11.3.3　生产过程中的风险

1. 设计的生产性和制造能力要求

（1）设计中考虑生产问题不充分。

（2）设计提出过高的工艺要求，制造能力达不到。

（3）设计提出过高的人员技能和培训的要求。

2. 采购，零件/组件的可用性

（1）对供方的控制与管理计划不周。

（2）过分依赖供方。

（3）供方损失了关键的人物。

（4）采购产品未经充分验证和筛选。

3. 生产工艺及过程的鉴定

（1）不成熟或未经考验的技术在生产前尚不能得到充分的改进验证。

（2）采用新技术、新工艺或新的工作流程，生产工艺过程未经过考验。

（3）对特殊过程的过程参数进行鉴定或验证。

（4）加工工艺不稳定，经常更改。

4. 设施、设备及工装

（1）设施、设备不能满足工艺要求。

（2）无适宜的专用工装、工具，不能防止加工中出差错。

（3）手工操作，未采用自动化或半自动化的加工和测试手段（例如 CAM\SMT\ATE 等）。

11.3.4　生产过程维修及保障风险区

应对交付后使用中的产品（装备）提供维修及保障服务，在此方面存在的重大风险有：

（1）设计中未考虑保障性问题，不适应用户的人力和技能情况。

（2）未提供可靠的和可维修的保障和测试设备，未提供与产品同等质量的备件。

（3）提供的技术手册与产品的生产技术状态不协调，难以看懂。

11.3.5　费用/资金风险

（1）未及早制定切实可行的费用目标。

（2）预算周期内投资进程不稳定或资金不能及时到位。

（3）冗余性能能力占去过多费用，即费用—性能权衡不够适宜。

11.3.6　进度风险

（1）进度目标不切实际，难以实现。

（2）资源供应不能满足进度要求。

（3）权衡研究未考虑进度问题。

11.4　电子产品风险分析实例

11.4.1　老年人电子产品风险分析

1. 需求分析

老年人电子产品前景诱人，其产业规模和收入规模都非常可观，但也存在一定的风险，在短期内想实现大幅赢利也绝非易事。人口老龄化是全世界共同面对着的一个重要的社会发展问题，中国也正在以极快的速度加入到老年化社会的行列。在未来十年内，这一问题所带来的诸多影响将日益显现。然而另一方面，现代信息社会正在向年轻化发展。这两种相反的不平衡的扩张势必导致分裂，如何弥补这种裂隙，让老年人与现代产品之间呈现出"人机和谐"，是我们需要研究的问题。致力于交互设计的研究，目的就是为了消除产品的"边界"，让人彻底跨越技术限制的门槛。之所以着眼于老年群体，是因为其具有特殊性，他们是最需要产品在生活上弥补其弱点和在情感上体现出"关爱特质"的一个群体。老年人与产品之间的交互设计可以说是交互设计领域中以人为中心设计理念的典型体现，其研究成果不仅能够改善老年人的生活，也能扩展和补充普通使用者的产品体验。

中国在电子医疗产品设计人性化方面起步较晚，特别是针对老年人的相关产品设计。目前市场上已经出现的电子医疗产品一般都具有测量或保健作用，如电子睡眠仪、电子体温计、电子血压计、电子血脂仪、冠心病防治器、电子针灸仪等新型高科技电子设备。但高科技产品复杂的操作及信息交流界面、多彩的外形、新颖的材质等，同老年人的审美观念并不相符。复杂且不易理解的使用功能，使用上的不方便，用户不懂如何操作或操作失误等都给现有电子医疗产品的推广带来了障碍，这就给电子医疗产品的设计提出了更大的挑战。

如图 11-3 所示的这款手机是专为老年人设计的。其外形尺寸较大，机身采用内敛的曲线，使得其握持性很好；考虑到老年人视力下降，该手机的显示屏较大，显示对比度高，显示的文字也较大，便于老年人察看；按键也较大，使得其手感更好，而且按键上的数字也更大，更清楚，便于老年人识别；具有高质量听筒，话质更清晰，让老年人听得更清楚。

图 11-3 老年人手机

该手机外壳由 ABS 塑料制成，并且在其外表面有橡胶涂层，使得该手机有很好的防震性能，并且有舒适的手感。整体色彩采用比较轻快的白色、蓝色、绿色，传达一种清新、健康的信息。

这款手机除了基本的通话功能外，还具有收音机、游戏功能，使得老年人不再寂寞；同时还有语音备忘功能，能及时提醒老年人不要忘记一些重要的事情。

2. 风险分析

因为年龄的原因，老年人学习能力大幅减退，即使子女教了他们如何使用，他们学了以后也还是会忘记，面对电子产品常常手足无措，比如手机短信铃声响起，会兴奋地拿起来看，但却不知如何回复。所以，为老年人设计的电子产品要足够地简单。就手机来说，只需要具备接听和拨打的功能就足够了。而且操作要简单，最好只要一按键就能接通或者拨打电话。

针对老年人的生理特点和现实需求，键盘要大，方便老人操作，音量要大，便于老人使用。

老年人不太容易接受新事物，知识渠道少更是容易造成老年人的"恐新症"。比如说，看到儿女们在网上看电影觉得好奇，但一个人在家时，从来不敢碰电脑；到营业厅缴费时，宁愿排长队到柜台上缴费，也不去便捷的自动缴费机处缴费；听说保险公司会直接从投保人的账户中划账，感到忐忑不安，不知所措，所以即使市场花费大量的人力物力开发出针对于老年人的新型电子产品，效果却不一定理想，如此，企业想在老年市场中盈利就比较困难，甚至可能成本都收不回。

对于中老年用户，他们对于产品的要求并不高，应该说是非常简单。显示屏幕大，字体清晰，操作简便。譬如数码相机，只要能有全自动的拍照功能即可。对于中老年用户手机可以满足普通的通话便可。

这样的要求虽然简单，对于企业也有自己的难处。首先企业大多有市场的侧重，哪个受众群对于新品的需求量更大，消费能力更高，厂家便会将主要精力集中于此。北京的某 IT 企业的部门经理也表示，如果单独开辟出一个新系列，从研发到设计，再到市场的推广都要花费企业大量的人力和财力，但效果却并不一定理想。要知道开一个笔记本的模具就要百万，我们完全不指望能从中老年消费市场中收回成本。中老年市场目前正是一个有待开发的领域。不过针对这个不同划分的市场，企业更要做出细化的调查，且慢且行如此才可以找到这个颇具潜力市场的症结。

据调查，中国的手机和笔记本电脑用户中，45岁以上的用户只占全部用户不到1%。然而日本60~80岁年龄段的人群手机普及率却高达40%。

尤其是随着越来越多的老年人与子女分开居住，而且子女在外地的情况越来越多，因此既可以让老年人生活更加丰富，又可以让他们更方便地与子女沟通的电脑、手机等电子产品，理论上应该有很大的市场需求。

那么，现实中老年人电子产品市场为什么这么小呢？一个重要的因素是企业的产品不能完全适合老年人使用。因此如何向老年人提供恰当的产品、采取正确的营销策略就是我们今天要讨论的话题。首先，针对老年人的电子产品在设计上应该注意什么？让我们先来看一个例子：2009年11月，英国一家主要销售老年用品的购物网站与一家电脑公司合作推出了一款名为简洁（SimplicITy）的电脑，如图11-4所示。这款专门针对50岁以上人群的电脑外观和普通电脑没什么区别，但却因为界面和操作简单而引起了很大的轰动。其菜单布局就像手机的主菜单那样，网页、聊天、视频、文件、邮件和个人信息六个主要功能选项平铺在桌面上。以邮件功能为例，打开之后，只有读邮件、写邮件、地址本三个功能键，一目了然，操作方便。

图11-4　老年人电脑

这个例子告诉我们，为老年人设计的电子产品，简单易用是一个很重要的方面。不少人可能都有这样的经历，教长辈使用电脑，很可能过不了多久他们又忘记该怎么用了。一方面是由于老年人思维比较顽固，不愿意接受新事物，另一方面，因为年龄的原因，学习能力确实也会大幅减退。所以，电子产品的操作界面一定要非常简单，让第一次接触的用户也能轻松掌握，消除老年人对高科技产品的距离感。

日本的TU-KA集团以老年人为对象对手机的易用性做了一次调查。结果发现很多人对厚厚的说明书和丰富的功能，感到"难得可怕"。因此公司设计出了一款叫做"TU-KAS"的手机，省去了一切复杂的手机功能，只配备了接听、拨打功能，用手机的形式再现老年人十分熟悉的家用电话机的功能，如图11-5所示。由于功能简化，TU-KAS的零售价约合人民币300多元。上市半年后，TU-KAS在日本的销售就超过50万台。

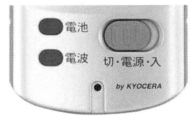

图11-5　TU-KAS老年人手机

除了使用方便之外，产品设计还应该考虑老年人的生理特点和现实需求。比如很多企业往往认为老年人视力衰退，大屏幕会更适合他们，其实事实并非如此。老年人并不会像年轻人那样经常在出行的过程中通过手机看视频或者电子书，过大的屏幕并不实用。

因此，我们看到一些企业针对老年人推出的低价手机其实屏幕并不大，但键盘都比较大，让老年人很方便地进行各种按键操作，同时通过减少显示行数保证了字体充分大。考虑到老年人听力衰退，TU-KAS的扬声器比普通手机更大，不需调节音量就能听到饱满的声音。针对老年人关注自身健康的需求，日本移动运营商NTT DoCoMo公司还推出装备有心率测量器和红外接收器的新款健康监测手机。

其次，在老年产品营销方面，企业要注意产品的使用者与购买者分离这一重要特征。老年人因为不了解电子产品，往往在购买时或者向晚辈咨询，或者则是直接由子女或者晚辈购买。因此，企业正确的做法应该是既要能打动老年人的心，又要能把年轻人作为营销的对象。比如，中国移动最近播出的女儿牵挂母亲而让母亲把手机带在身边的广告就是一个成功的范例。在日本，DoCoMo 以 "母亲节" 和 "父亲节" 为宣传契机，加大对老年手机的营销力度，以期吸引更多年轻人的目光。

所以，面对前景广阔的老年消费电子产品市场，企业应该重视老年人期盼身心快乐的消费需求，只要设计出适合老年人使用的产品，并把它们打造成老年人离不开的生活伴侣，一定会有良好的市场回报。

11.4.2　汽车空调设计生产的风险评估

1. 市场分割的风险

虽然《汽车产业发展政策》中提出 "汽车整车生产企业要在结构调整中提高专业化生产水平，将内部配套的零部件生产单位逐步调整为面向社会的、独立的专业化零部件生产企业"，但目前主要整车制造商大多建有内部配套的零部件体系，对松芝这样独立的汽车空调制造商，存在市场份额被挤压而不能及时扩大的风险。

如图 11-6 所示的汽车空调，独立汽车空调制造商在专业化、技术开发、售后服务和市场普遍接受程度方面具有整车厂内部配套企业不具有的优势。因此公司将一方面努力发挥质量、价格、品牌和售后服务上的优势，继续积极开拓最终用户市场；另一方面将通过技术创新，加快新产品开发力度、实现核心零部件——压缩机的自制。通过机制创新、管理创新和技术创新提高效率，大幅压低成本，凭借精细化、质优价廉、专业售后服务的优势与整车厂商的下属配套企业展开竞争，争取整车厂直接配套业务的市场份额。

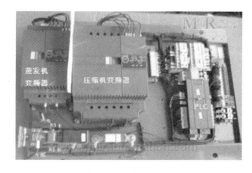

图 11-6　汽车空调

2. 经济周期波动风险

汽车生产和销售受宏观经济影响较大，当宏观经济繁荣时，汽车产业发展迅速，汽车消费能力和消费意愿增强；反之汽车产业发展放缓，汽车消费能力和消费意愿减弱。公司作为汽车空调零部件的供应商，也必然受到经济周期波动的影响。

3. 客户结构发生变化的风险

大中型客车空调的销售对象主要分两类，一类是整车制造商，另一类是最终用户。由此产生了两种销售模式，针对整车制造商采用 "标配模式"，针对最终用户采用 "终端模式"。

汽车行业竞争激烈，整车制造商出于自身的成本压力，对零部件供应商的价格非常敏感，因此针对整车厂商的 "标配" 业务，毛利率较低。

最终用户主要是公交公司、长途客运公司和长途旅游公司等，其使用车辆的目的多用于商业运营，因此非常重视汽车空调企业的技术设计、产品质量性能以及个性化的、完善的售后服务保证，价格相对成为考虑的次要因素。这类客户由于实力较强、规模较大，在整车采购中话语权非常强，通常自己选择汽车空调品牌，并指令整车制造商在其购买的车辆上安装该品牌的汽车空调，因此针对最终用户的"终端"业务，毛利率较高。

经过多年的经营，公司凭借技术、品牌和售后服务优势，在最终用户市场具有较大的影响力。通过最终用户指定公司品牌的销售收入逐年上升，使得公司毛利率维持在较高的水平。但不排除未来公司客户结构发生变化，最终用户订单比例下降，导致整体毛利率下降，进而影响公司盈利能力的风险。

4. 原材料成本上升风险

产品的主要原材料为铜、铝、压缩机、发电机、发动机、电子元器件、壳体、制冷剂、风机、电线电缆、漆包线和密封减震件等，其中铜、铝等金属材料占成本的比例为 25%～30%。近年来受国际、国内多方面因素影响，铜、铝的价格波动很大，发行人通过密切跟踪原材料价格波动趋势、降低安全库存、缩短采购原材料与交付产成品的周期，严格控制原材料价格波动对产品利润的影响。此外发行人原材料种类较为分散，不存在对单一原材料过分依赖的情况，原材料价格较少出现同方向大幅变动的情况，铜、铝等有色金属对公司利润的影响尚处于可控范围。但不排除由于原材料价格持续、同一方向剧烈波动，公司盈利能力出现较大变化的可能性。

5. 净资产收益率下降风险

2009 年扣除非经常性损益的加权平均净资产收益率为 36.78%，本次发行结束后公司的净资产将大幅增长。由于募集资金投资项目短期内尚不能发挥效益，因此存在发行当年净资产收益率较大幅度下降的风险，但随着募集资金投资项目的投产，公司未来净资产收益率将稳步上升。

6. 技术进步与产品开发风险

汽车工业是资金、技术密集型行业，汽车空调企业必须不断加强研发力量，进行技术更新和新产品开发以保持市场竞争力。公司建立了行之有效的技术创新机制，培养了一支优秀的研发团队，拥有国内先进的研发实验设备，技术处于国内同行业领先水平。但由于汽车空调生产工艺及技术更新迅速，如果公司不注重技术的研究和新产品的开发，将面临技术进步带来的风险。

同时，汽车空调新产品开发周期较长，从新产品的立项、设计、与整车的匹配、产品装机试验到通过整车制造商的认可整个开发过程大概需要 1.5～2 年的时间，不确定性因素较多，存在新产品开发不成功的风险。

7. 技术保护风险

自主开发并掌握了大量新产品设计、开发和生产方面的核心技术。这些核心技术，为公司发展做出了重要贡献。虽然公司对技术保护很重视，采取申请专利等多项技术保护措施，但仍然存在着失密的风险。

8. 控股股东控制风险

控股股东有可能利用其绝对控股地位，在生产经营决策、财务决策、重大人事任免和利润分配等方面实施控制，因而存在控股股东利用其控制地位损害中小股东利益的风险。

9. 核心技术人员流失、人力资源管理的风险

经过多年的悉心培育，拥有了一支专业素质高、创新能力强的研发团

队，研发团队对于公司产品保持技术竞争优势具有至关重要的作用。当前汽车空调行业竞争激烈，技术人才短缺，公司面临核心技术人员流失至竞争对手的风险。

10. 资金投资项目的市场风险

资金投资将用于汽车空调生产基地技术改造和汽车空调压缩机技术改造项目。虽然以上投资项目建立在充分的市场调查的基础上，经专业机构和专家的可行性论证，不过资金投资项目需要一定的建设期，在项目实施过程中，如果市场、技术、法律环境等方面出现重大变化，将影响项目的实施效果，从而影响公司的预期收益。

11. 固定资产规模扩大、折旧费用增加导致的风险

资金投资项目建成后，公司固定资产规模将扩大。尽管资金投资项目预期收益良好，但若资金投资项目不能很快产生效益以弥补新增固定资产投资带来的折旧，将在一定程度上影响公司净利润、净资产收益率，公司将面临固定资产折旧额增加而影响公司盈利能力的风险。

12. 产能扩张后的市场开拓风险

资金投资项目投产后形成的产能将有足够的市场空间，公司将分别针对各个产品制定并采取切实可行的营销措施，确保新增产能被市场所消化。虽然公司对资金投资项目产品的市场开拓前景较为乐观，但市场开拓效果受到经济环境、产业政策以及竞争对手应对策略的影响，因此公司本次募集资金投资项目投产后，仍然存在市场开拓未达到预期，新增产能无法完全消化的风险。

13. 税收政策变化的风险

发行人为设立于沿海经济开放区的生产性外商投资企业，依据《中华人民共和国外商投资企业和外国企业所得税法》及沪税外（1991）128 号文的规定，2003 年、2004 年免征所得税，2005 年、2006 年、2007 年减半征收所得税。发行人原法定企业所得税税率为 27%，根据新《企业所得税法》自 2008 年起法定税率调整为 25%。如果未来国家对所得税优惠政策做出调整，将对发行人经营业绩产生一定的影响。

14. 外方股东住所地所在地区向中国境内投资或技术转让的法律、法规可能发生变化的风险

11.4.3　儿童型电脑设计及风险分析

1. 儿童电脑的设计规范

针对少儿活泼好动、对新鲜事物充满好奇、喜欢趣味和探索的身心特点，精心研发高新数码产品——儿童电脑。儿童电脑结合平板电脑的功能特性进行设计，如图 11-7 所示。儿童电脑辅以丰富多彩、益智有趣、具无限延展性的内容资源，可以作为儿童电子早教产品。儿童电脑通过崭新的娱乐学习方式让孩子寓教于乐，让孩子爱上学习。其极具人性化的设计，能保障孩子不受身体伤害、视力损害、沉迷游戏、不良网络信息等因素的影响，消除了家长的担忧。德国 Sturlgart 设计中心对于一件产品在人机工程学方面是否符合规范，所设定的标准为：

（1）产品与人体的尺寸，形状及用力是否配合。

（2）产品是否顺手和可用。

图11-7 儿童电脑造型及按键设计

（3）是否防止了使用人操作时意外伤害和错用时产生的危险。

（4）各操作单元是否实用，各元件在安置上能否使其意义毫无疑问地被辨认。

（5）产品是否便于清洗，保养及修理。

2. 儿童电脑设计要求

（1）儿童电脑应采用安全环保的绿色材料制造，无毒、无味、无辐射，坚固耐摔，让孩子使用更安全，让家长更放心。

（2）儿童电脑的造型应拥有可爱的卡通外形。

（3）量身打造符合儿童的个性化操作面板，使用简便。

（4）根据儿童操作特点除了可用手触摸屏幕操作外，还加大摇杆和按键。

（5）儿童电脑还可贴心地把屏幕设计为可自由立起，方便孩子以正确坐姿舒服地进行学习、观看影像，保护其视力和脊椎。

（6）电脑背面带有专设的创新儿童手写笔，能让孩子非常方便地在屏幕上写字、涂涂画画，让孩子学习更为顺畅、愉悦。

3. 风险分析

（1）市场需求。儿童使用PC的需求由来已久，但是在很长一段时间内，这种需求的满足都是作为成人PC的附属功能而存在。从目前家用PC的现状来看，绝大部分PC产品仅仅满足了成人的使用需要，而对于儿童这个特殊群体所表现出来的关注还远远不够。

从市场需求量来看，满足儿童使用的PC产品已经具备了细分的数量基础。此前由于儿童对于PC的需求尚未形成规模，从厂商的角度来讲，担心过度细分会导致市场细碎化而影响盈利。但是随着这种需求绝对数量的膨胀，厂商的这种规模和利润方面的担心也烟消云散。

由于缺乏自控性，儿童如何利用PC、网络正在逐渐演变成为社会问题。在PC产品中更多考虑儿童用户群体的需求，提供相应的电脑产品，对于PC厂商来说，不仅是一个市场机遇，更是一种社会责任。而且，PC业发展到今天，细分家庭中用于娱乐和儿童教育的PC市场已经水到渠成。

这种巨大的市场需求首先源于社会对于幼儿信息化的认可，可以说，幼儿信息化已经成为大势所趋。2004年11月12日，教育部首次公布《中国幼儿信息教育调查报告》，调查数据显示，有80.1%的幼儿园教师对幼儿每周上机时间做了明确规定，将使用电脑纳入正规幼儿教育轨道中来已经成为幼儿教育界的共识。而且，调查还发现，大部分孩子对电脑产生了极大的兴趣，并从中获得快乐的游戏体验，对于使用电脑感觉很好的幼儿占到总数的86.9%。

另外，中国家庭对于儿童教育投资的增加直接导致能够满足儿童教育需求的PC市场容量的激增。据国家统计局中国经济景气监测中心2003年调查显示，我国城市家庭教育消费占家庭消费的比重已从1999年的42%上升到2003年的75.5%，有86.3%的家长把对子女教育投资列在第一位。儿童教育市场已经显现出巨大的发展潜力，在家长对孩子的教育投资中，电脑占有重要地位。

（2）相关竞争产品。①定位低端的电子产品：如早教机、电子书。市场上该产品质量良莠不齐，可扩展性差，知识的趣味性、科学性有待商榷，在一定程度上是一种简陋的电子玩具。②方正卓越C100儿童电脑。该产品考虑到了电脑市场细化后儿童电脑市场独立出来的现实，也获得了多项工业设计大奖，但是该产品比普通PC产品贵出近1000元的价格令很多的中层收入的家长却步；其儿童和家长共同使用的优点在具有购买力的高端消费者中并不能形成一个具有很大吸引力的卖点，在他们的家庭中多台PC针对不同对象的设计，多台PC在家庭中存在的形式在其购买上并不形成一种障碍，因此方正卓越C100的双模结构在一定程度上处在一种尴尬的境地。

4. 产品定位分析

该款产品定位和目标人群是城市高收入家庭消费性电子产品。

（1）定位中国高收入群体。中国新富高收入群体是具有较高收入或生活在较高收入家庭中的18～45岁城市居民，这个群体的特征是高消费、高学历、高感度（指信息的整合能力和对新事物的接受能力强）。他们不仅是众多产品和服务所瞄准的目标消费群体，还是诸多新产品、新服务的早期消费者，在消费的传播链条中具有相当的影响力。这个群体好比消费和媒体使用的风向标，他们所表现出来的消费或媒体使用特征往往预示着大众即将跟进的潮流。

统计资料显示，高收入家庭子女教育年人均消费11301元。其中生活费用支出4183元，学习费用支出为3193元，择校费用支出为3925元，平均每户住房建筑面积111.3平方米。

（2）中国新富高收入群体的消费水平和住房条件为使用一体化设计的高端学习型产品提供了可能性。

（3）中国新富高收入群体消费金融服务银行选择：工行62%，建行27%，中行15%，农行14%。

（4）中国新富高收入群体信用卡的选择：牡丹卡49%，龙卡31%，长城卡15%，金穗卡14%。

可以和银行、贵族学校、保险公司等单位合作，利用银行卡的积分等活动进行促销。产品营销初期采用广泛的促销形式，鉴于儿童电脑使用期限有限，可采用租赁的形式，固定时间由银行统一转账。产品推广后期由于中国新富高收入群体的消费示范作用可以大力推广中档层次上的租赁业务，面向更普遍的消费群体。

5. 产品特色与营销战略及宣传预算

（1）整机一体化设计，儿童风格化，色彩系列化，该产品具有很强的兼容性和可扩展性，可满足儿童各个时期的需要。座椅高度可以调整，适于儿童家居环境。

（2）随产品附送升级礼包，含多张DVD盘，同时产品提供在线升级，不断更新和扩充认知的范围，家长可随时选择需要的内容进行升级，在孩子年龄8～12岁时可以自己进行更新。动态扩充的知识库为孩子的需求提供更多的可能性，这就要求将软件开发作为一个附属的相关产业，做大，做精，使中国的孩子接受更好的教育。学习型产品不仅仅是一种产品和一种与产品捆绑销售的服务，而是一种新的家庭教育的模式，产品销售初期定位于高收入的家庭，随着生活水平的提高，价格的降低和产品进入成熟期的需要，会在社会中一定程度上普及，作为教育产业的一个重要部分出现。

（3）提供精良的售后服务，由受过专业训练的，有儿童教育经验的专门人员上门服务，帮助解答疑难问题，定制知识内容，进行知识库的专门化扩展。

（4）产品本身采用标准化的模块设计，便于重组和循环，符合绿色设计的观念。

（5）在通常的产品营销战略中会应用性价比这一概念，这里我们在租赁业务中提出产品功能使用期限价格比，使该比例为 n。

n = 产品发挥的效能 × 产品的使用时间 ÷ 产品价格

以该比例作为衡量标准，使消费者得到物有所值的实惠。

对于公司而言，确立与客户长期合作的关系，取得客户的长期信任，就是建立企业在竞争中的品牌优势。

第 *12* 章 电子产品的热设计

电子产品工作时，其输出功率只占产品输入功率的一部分，其损失的功率都以热能形式散发出去，尤其是功耗较大的元器件，如变压器、大功耗电阻等，实际上它们是一个热源，使产品的温度升高。因此，热设计是保证电子产品能安全可靠工作的重要条件之一，是制约产品小型化的关键问题。另外，电子产品的温度与环境温度有关，环境温度越高，电子产品的温度也越高。由于电子产品中的元器件都有一定的温度范围，如果超过其温度极限，就将引起产品工作状态的改变，缩短其使用寿命，甚至损坏，使电子产品无法稳定可靠地工作。

12.1 电子产品热设计概述

随着电子技术的迅速发展，电子技术在军用和民用的各个领域得到了广泛的应用，为提高元器件和设备的热可靠性以及对各种恶劣环境条件的适应能力，电子元器件和设备的热控制和热分析技术得到了普遍的重视和发展。

电子设备热控制的目的是要为芯片级、元件级、组件级和系统级提供良好的热环境，保证它们在规定的热环境下，能按预定的方案正常、可靠地工作。热控制系统必须在规定的使用期内，完成所规定的功能，并以最少的维护保证其正常工作的功能。电子设备日益提高的热流密度，使设计人员在产品的结构设计阶段必将面临热控制带来的严酷挑战。

防止电子元器件的热失效是热控制的主要目的。热失效是指电子元器件直接由于热因素而导致完全失去其电气功能的一种失效形式。严重的失效，在某种程度上取决于局部温度场、电子元器件的工作过程和形式。因此，就需要正确地确定出现热失效的温度，而这个温度应成为热控制系统的重要判据，在确定热控制方案时，电子元器件的最高允许温度和最大功耗应作为主要的设计参数。

热设计处理不当是导致现代电子产品失效的重要原因，电子元器件的寿命与其工作温度具有直接的关系，也正是器件与PCB中热循环与温度梯度产生热应力与热变形最终导致元件失效。而传统的经验设计加样机热测试的方法已经不适应现代电子设备的快速研制、优化设计的新需要。因此，为了提高电子设备的热可靠性，我们应该开始学习和了解目前最新的电子设备热设计及热分析方法。

电子设备的热环境包括：环境温度和压力（或高度）的极限值，环境温度和压力（或高度）的变化率，太阳或周围物体的辐射热，可利用的热沉（包括种类、温度、压力和湿度），冷却剂的种类、温度、压力和允许的压降。需要采用适当可靠的方法控制产品内部所有电子元器件的温度，使其在所处的工作环境条件下不超过稳定运行要求的最高温度，以保证产品正常运行的安全性，长期运行的可靠性，那么我们就需要运用到电子产品热设计，利用热设计来改善电子产品的热环境。

热设计的基本任务是通过热设计在满足性能要求的前提下尽可能减少设备内部产生的热量，减少热阻，并选择合理的冷却方式，保证设备在散热方面的可靠性。

热设计不是只设计我们看得到的散热器，热设计工程师需要全面参与系统设计中的逻辑器件选型、PCB布局、结构以及硬件/软件调试等。所以要做好热设计，就要了解散热器制造工艺，还要去熟悉设计的逻辑，PCB布局、结构以及电磁兼容性（EMC）等，做好各设计单位之间的沟通。现在的热设计主要针对的散热目标有：CPU、北桥（NB）、南桥（SB）、薄膜封装（TCP）、MOSFET、LED等。

热设计与逻辑设计、结构设计等都是密不可分的，把热设计放在最后来做散热处理就不叫热设计，那只是散热补救措施。所以在进行热设计时，首先要明确设计条件，如设备的功耗、发热量、容许温升、设备外形尺寸、设备放置的环境条件等；再者，决定设备的冷却方式，并检查是否满足原始条件；然后，分别对元件、线路、印制电路板和机箱进行热设计；最后，按照热设计检查表进行检查，确定是否满足设计要求。

高温对电子产品可能造成绝缘性能退化，元器件损坏，材料的热老化，低熔点焊缝开裂、焊点脱落等影响。一般而言，温度升高电阻阻值降低；高温会降低电容器的使用寿命；高温会使变压器、扼流圈绝缘材料的性能下降。一般变压器、扼流圈的允许温度要低于95℃；温度过高还会造成焊点合金结构的变化——IMC增厚，焊点变脆，机械强度降低；结点温度的升高会使晶体管的电流放大倍数迅速增加，导致集电极电流增加，又使结点温度进一步升高，最终导致元件失效。热设计的目的是控制产品内部所有电子元器件的温度，使其在所处的工作环境条件下不超过标准及规范所规定的最高温度。最高允许温度的计算应以元器件的应力分析为基础，并且与产品的可靠性要求以及分配给每一个元器件的失效率相一致，图 12-1 所示是元器件失效率与温度的关系。因此对于电子产品的设计热设计成为一个必不可少的环节，帮助提高电子产品性能，最大可能地满足广大消费者的需求。

12.2　电子产品热设计理论基础

热力学第二定律指出，热量总是自发的、不可逆转的，从高温处传向低温处，即：只要有温差存在，热量就会自发地从高温物体传向低温物体，形成热交换。热交换有三种模式：传导、对流、辐射。它们可以单独出现，也可能两种或三种形式同时出现。

热由热源散发出去，一般称为热传递或散热。热传递的方式有三种，即传导、对流和辐射。一般认为热流是由分子之间相互作用产生的，在固体材料中，增大传导散热的措施有加大与导热零件的接触面积、缩短热传导的路径，在传导路径中不应有绝热或隔热元件，应选用导热系数大的材料制造传导零件。对流是固体表面与流体表面的热流动，有自然对流和强迫对流之分，在电子产品中流体通常是指空气，增大对流散热的措施有降低周围对流介质的温度以加大温差、使用散热器以加大流体与固体间的接触面积、加大周围介质的流动速度以使之带走更多的热量。辐射就是热由物体沿直线向外射出去，增大辐射散热的措施有在发热体表面涂上散热的涂层、加大辐射体的表面面积、加大辐射体与周围环境的温差等。

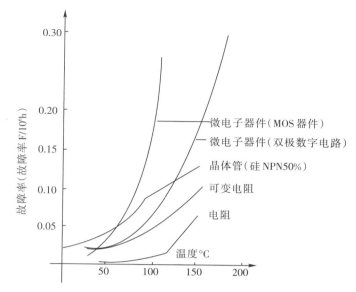

图 12-1　元器件失效率与温度的关系

12.2.1　热设计中的术语与名词

1. 热术语

（1）**热特性**：设备或元器件的温升随热环境变化的特性，包括温度、压力和流量分布特征。

（2）**热流密度**：单位面积的热流量。

（3）**热阻**：热量在热流路径的阻力。

（4）**内热阻**：元器件内部发热部位与表面某部位之间的热阻。

（5）**安装热阻**：元器件与安装表面之间的热阻，又叫界面热阻。

（6）**温度稳定**：温度变化率不超过每小时 2℃ 时，称为温度稳定。

（7）**温度梯度**：等温面的法线方向上单位距离所引起的温度增量定义为温度梯度。

（8）**紊流器**：提高流体流动紊流程度并改善散热效果的装置。

（9）**热沉**：是一个无限大的热容器，其温度不随传递到它的热能大小而变化。它也可能是大地、大气、大体积的水或宇宙，又称热地。过去我们也称为"最终散热器"，也就是我们将在后面讨论的热电模拟回路中的接地点。对空用和陆用设备而言，周围的大气就是热沉。

2. 热名词

热传导。气体导热是由气体分子不规则运动时相互碰撞的结果。金属导体中的导热主要靠自由电子的运动来完成。非导电固体中的导热通过晶格结构的振动实现。液体中的导热机理主要靠弹性波的作用。

热对流。对流是指流体各部分之间发生相对位移时所引起的热量传递过程。对流仅发生在流体中，且必然伴随着有导热现象。流体流过某物体表面时所发生的热交换过程，称为对流换热。由流体冷热各部分的密度不同所引起的对流称自然对流。若流体的运动由外力（泵、风机等）引起的，则称为强迫对流。

热辐射。物体以电磁波方式传递能量的过程称为热辐射。辐射能在真空中传递能量，且有能量方式的转换，即热能转换为辐射能及从辐射能转换成热能。

12.2.2　电子产品的热环境

电子产品热设计应首先根据设备的可靠性指标及设备所处的环境条件确定热设计目标，热设计目标一般为设备内部元器件允许的最高温度，根据热设计目标及设备的结构、体积、重量等要求进行热设计，主要包括冷却方法的选择、元器件的安装与布局、印制电路板、电阻、电抗器、变压器、模块散热结构的设计和机箱散热结构的设计。电子设备的热设计要与电路设计和结构设计同时进行，满足设备可靠性的要求。热设计与维修性设计相结合，可提高设备的可维修性。

各类电子设备使用场所的热环境的可变性是热控制的一个必须考虑的重要因素，又要考虑产品存放和运输过程中的环境温度同时要确定产品的热特性，主要包括器件的发热功率及其散热面积等，作为选择冷却方式、结构设计、器件排列装配的依据。

各类电子设备使用场所的热环境的可变性是热控制的一个必须考虑的重要因素，例如装在宇航飞行器上的电子设备在整个飞行过程中将遇到地球大气层的热环境、大气层外的宇宙空间的热环境等。导弹上工作的电子元器件所经受的环境条件比地面室内设备的环境条件恶劣得多，它们必须满足不同环境温度和特殊飞行密封舱的压力要求，除此之外，还有机械振动和电磁干扰等因素。

电子设备的热环境包括：

（1）工作过程中，功率元件耗散的热量。

（2）设备周围的工作环境，通过导热、对流和辐射的形式，将热量传递给电子设备。

（3）设备与大气环境产生相对运动时，各种摩擦引起的增温。

（4）环境温度和压力（或高度）的极限值。

（5）环境温度和压力（或高度）的变化率。

（6）太阳或周围物体的辐射热。

（7）可利用的热沉（包括：种类、温度、压力和湿度）。

（8）冷却剂的种类、温度、压力和允许的压降。

在讨论热环境时，分析一下热沉是必要的。所谓热沉，是指一个无限大的热容器，它的温度不随传递到它的热能大小而变化，它可能是大地、大气、大体积的水或宇宙，又称热地。过去我们也称为"最终散热器"，也就是我们将在后面讨论的热电模拟回路中的接地点。对空用和陆用设备而言，周围的大气就是热沉。建筑物、设备掩体和地面运载工具主要受周围大气层温度的影响，温度范围为-50～+50℃，-50℃代表北极温度，+50℃代表亚热带温度。从高原到深山峡谷的压力范围为75.8～106.9kPa，太阳辐射力可达1kW/m²，长波辐射能约为0.01～0.1kW/m²，静止空气的对流换热系数为6W/（m²·℃），风速为27.8m/s时的对流换热系数为75W/（m²·℃）。

导弹及低空、高空飞行器的环境条件，取决于围绕该设备的空气动力流动。当接近地球表面低速飞行时，除在深山峡谷地区压力可能增大外，其他条件近似等于上述条件。在超音速飞行时，边界层吸收的外部热量可使导弹或飞机的蒙皮温度达到相当高的程度。在接近海平面低马赫数飞行时，蒙皮温度可达130℃，在海拔10～20km的高度超音速飞行时，其温度与上述相当。在后一种条件下，由高的动压与低的静压，可能会引起大于106.9kPa的压力，而最小压力却低于上述最小压力值，使其遇到的压力范围扩大了。

军用、民用和直升机上的仪器设备，多数采用标准的密封或非密封的ATR机箱，利用喷气发动机压气机的冲压空气对ATR机箱进行强迫冷却。由于冲压空气的温度和压力较高，应在使用前使其通过冷却透平节流、冷却以及水分离等干燥处理。

航天器上的电子设备依靠向宇宙空间的热辐射实现散热，其空间环境温度为-269℃，没有空气，是高真空的环境。航天器要经受太阳的直接热辐射、行星及其卫星的反照以及行星与卫星阴影区的深度冷却。故在航天器表面应有合适的涂层，它既可以吸收来自太阳的辐射热，又可以为航天器及电子设备提供极好的冷却。

在航天器内部，由于空间没有空气，导热和辐射是两种主要的热控制方法。在电子元器件允许的温度范围内，导热作用比辐射更显著。

舰船的环境条件比较好，外部环境温度不会超过35℃，其太阳辐射强度和对流换热系数与上述地面设备相似。但是，当潜艇高速航行时，与海水的热交换系数可达105W/（m²·℃），此时任何潮湿设备表面温度几乎与海水温度相等。

需要进行热控制的各类电子设备，在热设计时，必须同时注意对连续工作和取决于运载工具与任务的首次平均故障时间（MTTF）的要求，MTTF反映了设备的可靠性。各种运载工具的额定时间需要考虑携带的燃料、通信与控制的最大距离及作用范围等。地面雷达和舰船上的电子元器件可能每天都工作，而导弹上的电子元器件一般为30～300s，机载设备上的元器件则需3～24h，装甲车上的电子设备通常为6～24h。

由于电子技术的迅速发展，很难对所有的电子元器件规定一个通用的热环境，有关我国军用电子设备的环境条件等已在相应的国家标准和国家军用标准中有所规定。

因此在电子产品设计领域中热设计渐渐成为设计领域一个热门话题和永久的课题，热设计可以帮助尽可能减少设备内部产生的热量，减少热阻，并选择合理的冷却方式，保证设备在散热方面的可靠性。

12.2.3　热设计的详细步骤

如果遵从热设计的基本原则进行设计，经过热设计之后的电子系统性能更好、可靠性更高，并且使用寿命更长。热设计的过程大致分为以下几步。

（1）确定设备（或元器件）的散热面积、散热器或周围空气的极值环境温度范围。

（2）确定冷却方式。

（3）对少量关键发热元器件进行应力分析，确定其最高允许温度和功耗，并对其失效率加以分析。

（4）按器件和设备的组装形式，计算热流密度。

（5）由器件内热阻（查器件手册）确定其最高表面温度。

（6）确定器件表面到散热器或空气的总热阻。

（7）根据热流密度等因素对热阻进行分析与分配，并对此加以评估，确定传热方法和冷却技术。

（8）选定散热方案。

12.2.4　电子元器件与模块的热设计

1. 电子元器件的热设计

电阻器。电阻器的温度与其形式、尺寸、功耗、安装位置及安装方式、环境温度有关，一般通过本身的辐射、对流和引出线两端的金属热传导来散热，在正常环境温度下，经试验得知，对功率小于0.5W的碳膜电阻，通过传导散去的热量占50%，对流散热占40%，辐射散热占10%。因此在装配电阻器时，要使其引出线尽可能短，以减小热阻，安装方式应使其发热量大的面垂直于对流气体的通路，并加大与其他元器件之间的距离，以增加对流散热效果，电阻器的表面涂以无光泽的粗糙漆，可提高辐射散热能力。

变压器。铁芯和线包是变压器的热源，传导是其内部的主要传热途径，因此要求铁芯与支架、支架与固定面都要仔细加工，保证良好接触，使其热阻最小，同时在底板上应开通风孔，使气流形成对流，在变压器表面涂无光泽黑漆，以加强辐射散热。

2. 电子模块的热设计

模块热设计是使模块在上述任一传热路径上的热阻足够低，以保证元器件温度不超过规定值，将界面温度即散热片或导轨的表面温度控制在0～60℃。模块的热设计有两类问题：根据模块内部要求进行设计，包括界面温度、功耗和元器件的许用温度等；根据系统的环境、封装、单个或组合的模块功耗等要求，对整个系统进行热设计。

模块内部的热设计。为满足电子模块的可靠性要求，设计上必须保证模块处于最大功耗时及在其额定界面温度下，使所有元器件的温度低于元器件的临界温度（即比有关规范规定的额定值的100%低20℃的温度）。元器件的瞬态临界温度（指额定值）可看作安全因子，当散热片和导轨温度达到80℃（比最高界面温度高20℃）时所有元器件的温度应低于或等于元器件的瞬态临界温度。

12.3　电子设备热设计

12.3.1　整机散热设计

电子设备工作时，其输出功率只占设备输入功率的一部分，其损失的功率都以热能形式散发出去，尤其是功耗较大的元器件。如变压器、功耗大的电阻等，实际上它们是一个热源，使设备的温度升高。因此，热设计是保证电子设备能安全可靠工作的重要条件之一，是制约设备小型化的关键，对电子设备的整机设计按下列 5 个步骤进行。

（1）确定整机的热耗和分布。

（2）根据整机结构尺寸初步确定散热设计方案。

（3）对确定的冷却方式进行分析，如强迫风冷的风机数量、选型、级联方式、风道尺寸、风量大小、控制方式等。

（4）针对分析结果可利用热分析软件进一步验证。

（5）对散热方案进行调整进而最后确定。

12.3.2　机壳的热设计

电子设备的机壳是接受设备内部热量，并通过它将热量散发到周围环境中去的一个重要热传递环节。机壳的设计在采用自然散热和一些密闭式的电子设备中显得格外重要。试验表明，不同结构形式和涂覆处理的机壳散热效果差异较大。机壳热设计应注意下列问题。

（1）增加机壳内外表面的黑度，开通风孔（百叶窗）等都能降低电子设备内部元器件的温度。

（2）机壳内外表面高黑度的散热效果比两侧开百叶窗的自然对流效果好，内外表面高黑度时，内部平均降温 20℃左右，而两侧开百叶窗时（内外表面光亮），其温度只降 8℃左右。

（3）机壳内外表面高黑度的降温效果比单面高黑度的效果好，特别是提高外表面黑度是降低机壳表面温度的有效办法。

（4）在机壳内外表面黑化的基础上，合理地改进通风结构（如顶板、底板、左右两侧板开通风孔等），加强空气对流，可以明显地降低设备的内部温度环境。

（5）通风口的位置应注意气流短路而影响散热效果，通风孔的进出口应开在温差最大的两处，进风口要低，出风口要高。风口要接近发热元件，是冷空气直接起到冷却元件的作用。

（6）在自然散热时，通风孔面积的计算至关重要，可根据设备需要由通风口的散热量用下式计算通风孔的面积。

$$S_0 = Q/7.4 \times 10^{-5} \cdot H \cdot \Delta t^{1.5}$$

式中：

S_0——进风口或出风口的总面积（cm^2）。

Q——通风孔自然散热的热量〔设备的总功耗减去壁面自然对流和辐射散去的热量〕（W）。

H——进出风口的高度差（cm）。

$\Delta t = t_2 - t_1$——设备内部空气温度 t_2 与外部空气温度 t_1 之差（℃）。

（7）通风口的结构形式很多，有金属网、百叶窗等，设计时要根据散热需要，既要使其结构简单，不易落灰，又要能满足强度、电磁兼容性要求和美观大方。

（8）密封机壳的散热主要靠对流和辐射，决定于机壳表面积和黑度，可以通过减小发热器件与机壳的传导热阻、加强内部空气对流（如风机）、增加机壳表面积（设散热筋片）和机壳表面黑度等来降低内部环境温度。

12.3.3 电子设备冷却方式及其选择

电子设备的冷却方式可分为两类形式：自然冷却散热和强制冷却散热。根据具体情况，选择适当的冷却方式是热设计的重要方面，主要参数如表 12-1 所示。冷却方式的选择取决于很多因素，如电子设备的总发热量、允许热量、工作环境以及电子设备元器件的组装方式及布局等。

1. 自然冷却

自然冷却是利用设备中各个元器件的空隙以及机壳的热传导、对流和辐射来达到冷却目的，冷却方法广泛地应用在中小功率设备上。自然对流依赖于流体的密度变化，所要求的驱动力不很大，因此在流动路径中容易受到障碍和阻力的影响而降低流体的流量和冷却速率。因此在清晰干净且畅通的情况下，自然对流是一种比较有效的冷却方式。一般情况下，电子设备都采用此种冷却方式。热辐射可以通过真空或者通过吸收作用相当小的气体进行传播。当电子设备内部具有较大的温差时，可利用辐射换热来进行热传导。

2. 强制冷却

强制冷却分为空气和液体两种方式。很多电子设备的冷却采用强制对流风冷却形式，这是因为空气强制对流冷却的换热量比自然对流和辐射的要大到 10 倍。空气强迫对流冷却技术较自然冷却减小了电子设备冷却系统的体积，使其具有更高的元器件密度和更高的热点温度。

通常，风源的产生有两种方法。

（1）在电子设备内部采用风扇（常见的有离心、轴流、螺旋桨等形式的风扇），以加大空气流量，强化电子器件的散热。

（2）风源不在电子设备内部，例如，在车载或机载等移动式电子设备上，机体本身开设了多个通风孔，当车辆或飞机运行时，外部气源经通风孔鼓风，从而达到冷却的效果。

在表 12-1 中展示了不同冷却方法的性能比较。

表 12-1　不同冷却方法的性能比较

参　　数	辐射和自然对流	强迫气冷	强迫液冷
典型热容量（w/m²）	500（0.3）	1.6×10⁴（10）	7.8×10⁴（50）
实　现	最易	易	复杂
重量或体积	高	中	低
噪声或振动	无	高	低
功　耗	无	高	低
液体泄漏	无	一般无	可能
费　用	低	中	高
维　修	最易	易	复杂

3. 自然冷却设计

考虑到自然冷却时温度边界层较厚，如果齿间距太小，两个齿的热边界层易交叉，影响齿表面的对流，所以一般情况下，建议自然冷却的散热器齿间距大于 12mm，如果散热器齿高低于 10mm，可按齿间距≥1.2 倍齿高来确定散热器的齿间距。

自然冷却散热器表面的换热能力较弱，在散热齿表面增加波纹不会对自然对流效果产生太大的影响，所以建议散热齿表面不加波纹齿。

自然对流的散热器表面一般采用发黑处理，以增大散热表面的辐射系数，强化辐射换热。

由于自然对流达到热平衡的时间较长，所以自然对流散热器的基板及齿厚应足够，以抗击瞬时热负荷的冲击，建议大于 5mm 以上。

4. 强迫风冷设计

当自然冷却不能解决问题时，需要用强迫空气冷却，即强迫风冷。强迫风冷是利用风机进行鼓风或抽风，提高设备内空气流动速度，达到散热的目的。强迫风冷的散热形式主要是对流散热，其冷却介质是空气。强迫风冷在中、大功率的电子设备中应用较广范，因为它具有比自然冷却多几倍的热转移能力，与其他形式的强迫冷却相比具有结构简单、费用较低、维护简便等优点。

整机强迫风冷系统有两种形式：鼓风冷却和抽风冷却。

鼓风冷却的特点是风压大、风量比较集中，适用于单元内热量分布不均匀、风阻较大而元器件较多的情况。

抽风冷却的特点是风量大、风压小、风量分布较均匀，在强迫风冷中应用更广泛。

对无管道的机柜抽风，整个机柜相当于一个大风管，要求机柜四周密封好，侧壁上也不应开孔，只允许有进、出风口。考虑热空气上升，抽风机常装在机柜上部或顶部，出风口面对大气，进风口则装在机柜下部，这种风冷形式常适用于机柜内各元件冷却表面风阻较小的设备。对于在气流上升部位有热敏元件或不耐热元件的设备则必须用风道使气流避开，并沿需要的方向流入其进风口，通常在机柜侧面，出风口（抽风机口）在机柜顶部。

12.4　笔记本电脑散热设计实例分析

如今的个人电脑，速度越来越快，发热量也越来越大，散热就逐渐成了个大问题，很多电脑零件的损坏，都与散热不良有关。很多人认为，散热嘛，风扇好就可以了，其实，除了好的风扇以外还有水冷系统等散热方式。

作为便携的笔记本电脑，在发展之初，由于制造商把主要的精力都放在了如何提高笔记本电脑的性能上，加之当时的工作频率也不太高，其散热问题并不突出，所以散热问题一直没有给予足够的重视。随着主频的不断提高，CPU 的发热进一步增大，散热问题则变得越来越突出，甚至成了笔记本电脑发展的突出制约因素。

12.4.1　笔记本电脑热源追踪

笔记本电脑热源，CPU是第一散热大户，CPU的工作速度越快，功耗则越大，发热就越多。据测评，笔记本电脑中三分之一的热全都是由CPU所散发出来的。其次，应属显卡，早期的显卡通常只要处理2D的平面图形和一般的文档输入和显示，随着电脑技术的发展，越来越多的3D处理运算被引入到笔记本电脑中。比如当我们运行大型的游戏时，就会发生由于显卡温度过高而导致显示器花屏、显示失真甚至死机等故障。另外，存储系统的散热也是一个不小的数目。目前绝大多数主流硬盘转速高达7200rpm，SCSI硬盘转速更是高达10000rpm，盘片的高速旋转必然会使主轴电机产生大量的热。

12.4.2　笔记本与台式电脑散热比较

比较一下台式机和笔记本电脑，就会发现一个现象那就是笔记本电脑的CPU主频往往比同一时期台式机的主频要慢一些，比如目前主流芯片的CPU主频已超过2GHz，甚至接近3GHz，而主流笔记本电脑的CPU主频多数还停留在2GHz左右的水平。这其中的原因就在于笔记本电脑的散热问题。对于台式机来说，较大的内部空间使它可以采用强劲的散热风扇产生对流空气来减少电脑产生的热量，再加上合理的布局，解决散热问题相对简单。但笔记本电脑就不同了，高密集的结构、狭窄的内部空间使得空气对流很小从而不能及时降低温度。因而，散热问题要比台式机复杂和困难得多。虽然笔记本电脑所选用的部件可以耐受比台式机更高的温度，但是严重的发热毕竟是一个致命的问题。

12.4.3　笔记本散热方式

1. 风扇散热

在图12-2中是笔记本风扇散热图，风扇散热也是笔记本电脑采用的基本散热方式，因为其成本低廉，所以大多数的厂商都采用这种散热方式。使用风扇散热的笔记本电脑有低风量和高风量两个档，笔记本风扇的转速会随着CPU温度的变化而变化。最初，笔记本电脑CPU是依靠与台式电脑差不多的小风扇进行散热的，这种方法极其费电，且散热效果也不佳。现

图12-2　笔记本风扇散热图

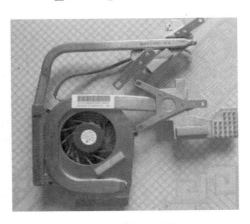

图12-3　轴向型风扇

在，风扇的设计更加科学，许多笔记本电脑产品将风扇由原来的垂直于主板改为平行于主板，平行于主板的散热风扇可以不受机身厚度的限制，采用比较大的风扇提高散热效率，而且平行于主板的设计有助于将机身做得更薄。

目前风扇基本上可以分为两种类型：轴向型风扇（Axial-fan）和辐射型风扇（离心鼓风机）（Centrifugal-blower）。

轴向型风扇，如图12-3所示。优点是技术成熟、成本较低，可以通过调节RPM来调节风量；缺点是气流有涡流，机壳的阴影效应，占用体积大，存在气流的耗尽层，在旋转区域必须要网格保护。

辐射型风扇，如图12-4所示。优点是具有很薄的叶

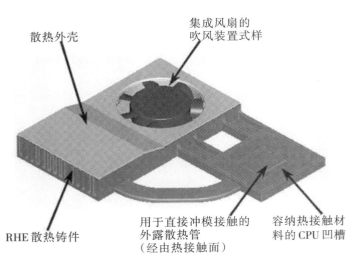

散热外壳

集成风扇的吹风装置式样

RHE散热铸件

用于直接冲模接触的外露散热管（经由热接触面）

容纳热接触材料的CPU凹槽

图12-4　辐射型风扇

片，没有涡流，气流方向性好，气流密度较高，体积小；缺点是技术较新、成本相对高，声学噪音受叶片的几何形状影响较严重。

在笔记本中，由于空间不够，加上噪音的影响，所以辐射型风扇被普遍采用。和台式机不同，笔记本的散热风扇不能直接吹 CPU，这样不但占用空间，而且吹出的热风还会影响到内存或者硬盘的正常工作，一般采用的是通过导热管转移到风扇，然后再通过风扇把热风直接吹到机外的方法，如图 12-5 所示。这种方法不但操作简单，效率较高，而且由于长期的生产和使用，已经成为了一种"公版"设计，厂商直接就可以拿来使用，免除了研发费用，降低了成本。

图 12-5　导热铜管设计

2. 机身、外壳散热

铝镁合金质坚量轻、密度低、散热性较好、抗压性较强，能充分满足电子产品高度集成化、轻薄化、微型化、抗摔撞及电磁屏蔽和散热的要求。其硬度是传统塑料机壳的数倍，但重量仅为后者的三分之一。镁铝合金外壳的热传导率远优于铝金属和工程塑料，在很大程度上减少散热扇和散热窗的数量，减少体积和重量，降低功耗和成本。通常被用于中高档超薄型或尺寸较小的笔记本的外壳。

如苹果公司的 MAC 系列笔记本电脑其外壳都采用镁铝合金，如图 12-6 所示，不仅使笔记本更加轻便，而且加强了笔记本的散热能力。

图 12-6　苹果 MAC 系列笔记本

用金属做外壳对笔记本电脑散热有一定的作用，不过真正的散热主力来自主机内部的金属框架。拿浪潮飞扬笔记本电脑来说，其内部采用了新型的"机体内镁铝合金框架"，这种超轻量、高刚性合金框架的热传导率很高，它能在系统一般运转及待命状态下自然散热，省去风扇运转造成的电力损耗及噪音，同时也更进一步地提高了系统的稳定性。由于笔记本电脑的内部构架更接近主机的发热源，因此采用新型的高导热率金属材料做笔记本电脑的构架算是真正"由内而外"的散热。

键盘对流散热。由于笔记本电脑很薄，当把键盘装到主机板上方时，正好可以利用键盘底部将 CPU 产生的热量传导出去。热量经由按键孔排出，当热空气从按键孔排出时，冷空气就从按键孔流入，以取代热空气，如图 12-7 所示。由此可以看出，键盘对流散热不仅充分利用了现有资源和环境，而且颇为有效。也许你还没有想到，连键盘也是一个散热的窗口，你在敲键盘的时候，冷热空气的交换就在你的一敲一击中完成了。如苹果 Macbook 笔记本电脑进风口是被设计在按键底下，而不是整个键盘底下都有孔，只有左边的 CPU 处理器、硬盘位置才设小孔。

图 12-7　键盘对流散热

3. 散热底座

笔记本的散热底座的散热原理主要有两种。

（1）单纯通过物理学上的导热原理实现散热功能，将塑料或金属制成的散热底座放在笔记本的底部，抬高笔记本以促进空气流通和热量辐射，可以达到散热效果，如图 12-8 所示。

金属散热的同时抬高笔记本与底面间距以达到散热效果。

（2）在散热底座上面再安装若干个散热风扇来提高散热性能，如图 12-9 所示。这种风冷散热方式包括吸风和吹风两种。两种送风形式的差别在于气流形式的不同，吹风时产生的是紊流，属于主动散热，风压大但容

图 12-8　抬高笔记本的散热底座

图12-9 带散热风扇的散热底座

图12-10 CPU的水冷散热系统

图12-11 埃普八爪鱼散热底座

图12-12 埃普八爪鱼散热底座局部细
节和安装示意图

易受到阻力损失，笔记本底部和散热底座实际组成了一个封闭空间，所以一般吸风散热方式更符合风流设计规范。

4. 水冷散热

水冷系统一般由以下几部分构成：热交换器、循环体系、水箱、水泵和水，根据需要还可以增加散热结构，如图12-10所示。而水因为其物理属性，传热性并不比金属好（电扇制冷通过金属传热），但是，流动的水就会有极好的传热性，也就是说，水冷散热器的散热性能与其中散热液（水或其他液体）流速成正比，制冷液的流速又与制冷体系水泵功率相关。而且水的热容积大，这就使水冷制冷体系有着很好的热负载能力，是风冷体系的5倍，引起的直接好处就是CPU工作温度曲线非常平缓。比如，使用风冷散热器的体系在运行CPU负载较大时，会在短时间内出现温度热尖峰，或可能超出CPU警戒温度，而水冷散热体系则由于热容积大，热波动相对要小得多。

5. 笔记本电脑散热器

埃普八爪鱼散热底座是较为典型的笔记本电脑散热器，由著名的精辉公司针对桌面支架系统推出的新款人体工程学支架，参考八爪鱼仿生学设计。主体采用铝合金结构和高强度工程塑料材料，设计精巧，做工优良，外观造型独特，具有很高的实用性和便携性。埃普八爪鱼散热底座的包装采用简约风格，显得十分沉稳、大气、高档，非常适合作为礼品馈赠。顶部配置塑料拉手，彩盒材料为高强双细瓦楞，内部各零件由气泡袋保护，所有配件摆放井井有条。另外还有个瓦楞纸套包在彩盒外面。

这款笔记本散热器并不复杂，共有5个配件：一个散热器主体、两个侧面卡扣、两个底部托条，如图12-11所示。

主体采用的材料是铝合金压铸，表面细喷砂金属电镀，质感高档的同时保证了使用强度，美观耐用，并配有两个高转速静音风扇，采用USB供电，提高电脑散热性能。在图12-12中，底部两个托条和主体顶部均配有橡胶防滑条，可以防止笔记本电脑在支架内左右的滑动，还能避免笔记本电脑底部磨损。深颜色的设计，能保证长时间的使用而不显脏。

分布在支架两侧的卡扣是个可选件，采用PC工程塑料制造，可以很贴合地插入支架主体，内侧设计有细密的挡数，可以随电脑的厚度和宽度进行随意调节，完美贴合电脑。但是在使用支架的时候要想把笔记本电脑屏幕合上，就需要把卡扣从笔记本散热器上拿下来，这是安全性提高的同时带来的一点小麻烦，如图12-13所示。

考虑到笔记本大小的因素，在支架主体底部有两个旋钮，松开后，就可以任意调节翅膀宽度，根据自己的本本大小调整好就可以了。

CPU的功耗是整体热量的主要来源之一，随着CPU工艺的不断进步，功耗越来越小，但是这还不够。如果在运行较大程序时，CPU的工作频率达到最大的话，那么在运行小程序，也就是不需要那么高的工作频率就可以满足程序运行时，就会形成一种资源浪费，并且产生多余的热量，能不能让CPU的工作频率自动变化呢？在这个问题下，CPU的研发领域又多了一个新技术——节能技术。

INTEL的SpeedStep技术是一项创新性的技术，它可以让处理器在两种工作模式之间随意地切换，即交流电通电状态时的最高性能模式（Maximum Performance Mode）和电池状态时的电池优化模式（Battery Optimized Mode）。所谓最高性能模式是指当笔记本电脑与交流电源连接时，可提供与台式机近似的性能；而电池优化模式则是指当笔记本使用电池时，会让笔记本电脑的性能发挥与其电池使用时间之间达到最佳的平衡。

SpeedStep 技术能让 CPU 在最高性能模式和电池优化模式之间随意地切换或按用户的命令进行切换。而且在进行这种性能切换时，SpeedStep 技术可将处理器的功率降低 40%，大大减少了 CPU 的发热量。也就是说，SpeedStep 技术是通过改变 CPU 的供电电压来改变其工作主频的。降低 CPU 的功耗，降低它的发热量，延长电池的使用时间，从而达到增强笔记本电脑移动性能的目的。

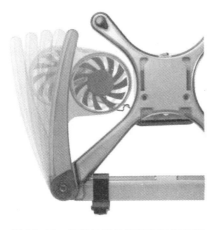

图 12-13　埃普八爪鱼散热底座的支架卡扣

12.5　热设计中存在的问题

12.5.1　笔记本电脑中存在的问题

通常情况下，笔记本为了实现机体的全面密封，大多都是采用了无风扇设计。这样带来的一个直接后果就是限制了高频 CPU 的使用。因为机体全面密封以后，核心运算区的散热，就只能依靠机壳自然冷却来完成，这是一个非常棘手的问题。为了最大限度的控制散热量，一般选择采用低于主流运算性能的低频 CPU，即便是这样，在持续运行一段时间后，由于散热效率的低下，运算舱内温度越来越高，就会导致 CPU 自动降频，本来就不高的运算性能再次打了一个折扣。这也就是市场上大部分加固笔记本电脑的配置往往低于主流商务平台配置的根本原因。

联想昭阳 R2000 是全密封设计，而且采用酷睿 CPU，散热问题的挑战更大。但昭阳 R2000 并没有像其他一些加固笔记本那样采用无风扇底盖散热，而是采用了风扇散热和底盖散热相结合的方式。如图 12-14 所示。

CPU 的热量直接传递给与风扇相连的散热模组，由风扇强制风冷。散热模组和主机通过密封材料形成一个密闭腔体以获得密封的效果，风扇也是防水风扇。北桥和其他芯片的热量以各种方式传递到底盖，当温度达到一定程度时，智能温控芯片就会启动风扇降温。如图 12-15 所示。

图 12-14　联想昭阳 R2000 散热结构

这种方式可以很容易地获得很高的散热效率，而且底盖不会发烫，解决了常用的无风扇散热方案底盖温度过高而烫到使用者膝盖和无法选用较高主频 CPU 的问题。

图 12-15　联想昭阳 R2000 散热结构

12.5.2　LED灯在热设计中存在的问题

从我国已公开的专利来看，照明灯具主要采用一些成本较低、容易实现的散热方式，如鳍片散热、风扇散热、相变散热、液冷和半导体制冷等散热方式。实验室中的一些高效率散热技术的设计制造成本问题仍然是它们得以应用的瓶颈问题，开发出新颖的、价格低廉的散热器仍然是学术界和产业界的重点课题。

12.5.3　多姿态变化相机的热设计中存在的问题

随着所拍摄目标方位的不确定性，空间相机存在机动、大角度的姿态变化，因此不存在一合适的外热流恒定的区域安装辐射板，这使得传统的散热方法不适用于相机姿态变化特点。但是可以根据具有不同温度膨胀系数的材料遇热变形不同的物理特性，设计 CCD 焦面组件热控系统的关键部件——热开关，并提出了采用热开关控制双辐射板交替散热的方案。根据相应的热计算及仿真计算进行了热设计，使得仅采用被动热控措施的 CCD 焦面温度波动为 12.34℃，而同时采用主动、被动热控措施后减小为 1.73℃，达到了热控指标要求。

12.5.4 数字摄像机的热设计

随着社会的信息化和数字化，数字摄像机在我们的生活中显得越发普遍，它也不断地在变化和更新，它的功能越来越齐全，并且它的体积也变得轻巧，设计结构也方便了人们出游携带。以索尼开发的 AVCHD 方式的数字摄像机为例，如图 12-16 所示，即为 AVCHD 方式的数字摄像机。摄像机比其他产品的封装密度都要高，利用事后的热对策越来越难以解决散热问题。热设计是实现小型化的主要因素，最近几年，索尼一直致力于热设计。索尼一直依赖试制品的热对策部件，采用反复试制、反复调整部件的方法开发产品。在增加新功能的基础上，实现了"比其他公司更小的尺寸"。

图 12-16 AVCHD 方式的数字摄像机

第 13 章 电子产品的安全设计

对电子产品安全设计的研究，体现了现在市面上的电子产品安全隐患的现状，了解了消费者对电子产品中的安全的认知与防护，从而使电子产品自身的安全设计更加人性化。同时也提醒设计师不仅对外观注重，也要对安全设计引起重视。本章主要针对电子产品设计中防电击、防能量危险、防过高温、防机械危险、防辐射和防化学危险等电子产品安全设计的实例分析。

13.1　电子产品安全设计的概述

随着科学技术的发展，电子产品的品种也各色各样，层出不穷。而电子产品的安全设计越来越受人们的关注，本章主要通过电子产品设计中防电击、防能量危险、防过高温、防机械危险、防辐射、防化学危险等方面的例子来阐述。

产品安全设计的要点就是为了使设计出的电子产品对于使用人员、维修人员以及周边环境不会造成危害。很多电子产品设计人员在设计过程中，往往只注重功能的设计，而忽视对产品安全的设计，使得产品做出来去测试的时候才发现安全有问题。

"安全"定义为不存在不可接受的风险，产品设计所提供的防护措施，实际上是一种降低风险的办法，也就是说安全是相对的，绝对的安全是不可能存在的。安全的可接受风险是通过寻求一种最佳的平衡来判定的，这种平衡是指绝对安全的理想状态和产品需要满足的要求之间以及与用户的利益、目标的适宜性、成本效益和社会惯例之间的最佳平衡。通过将风险降低到可接受的程度来达到安全，是安全相对性表现的一个方面。安全设计的防护措施一般有三种形式：直接安全防护、间接安全防护和提示性安全防护。安全相对性的另一方面是由于产品的安全性与其用途和使用环境密切相关，任何一个产品的安全要求都是在一定的使用环境下制定的，也就是产品的安全是有前提条件的，如预期使用的海拔、温度和电源等。

应用安全标准设计出来的产品的目的在于减少由于以下危险造成伤害或危害的可能性：电击危险、能量危险、着火危险、与热有关的危险、机械危险、辐射危险和化学危险等。设计者不仅要考虑设备的正常工作条件，还要考虑可能的故障条件以及随之引起的故障，可预见的误用以及诸如温度、海波、污染、湿度、电网电源的过电压和通信线路的过电压等外界影响。

评估一个产品的安全设计是否能够满足要求，主要依据是相关产品检测所采用的标准中的试验。试验是信息提取和处理的基础，因此试验的准确性和可靠性十分关键。需要相关安全检验人员对安全标准，要求有正确的理解，提供必需的测试设备，同时具备良好的实际操作能力，才可能客观公正做出判断。

安全设计本身是灵活的，没有固定的模式可套。在电子产品日益复杂化和智能化的今天，很难用一个单一的模式对产品进行安全防护，不同类型的产品，在不同的应用场合，会有不完全相同的安全要求和设计方法。

13.2　电子产品的常用安全设计措施

针对电子产品的安全设计，首先论述电子产品设计中常用安全措施。

13.2.1　电子产品的基本安全要求

电子产品安全非常广泛，包括电视机、音响设备、计算机、显示器、传真机、手机、笔记本电脑和其适配器、打印机等。消费者使用面广、使用频次也最高，其安全性能极为重要。具体为：

（1）防人身触电（电击危险）。

（2）防人身免受过高温度的危害。

（3）防人身受机械不稳定性和运动部件的危害（机械危险）。

（4）防止起火。

（5）防爆炸。

（6）防辐射。

（7）防化学危险。

13.2.2　触电危险的防护

1. 产生电击的原因

电流通过人体会引起病理生理效应，通常毫安级的电流就会对人体产生危害，更大的电流甚至会造成人的死亡。因此，在各类电子电气设备的安全设计中防触电保护是一个很重要的内容。通常产生电击危险的原因有：

（1）触及带电件。

（2）正常情况下带危险电压零部件和可触及的导电零部件（或带非危险电压的电路）之间产生绝缘击穿。

（3）接触电流过大。

（4）大容量电容器放电。

2. 绝缘的分类

（1）基本绝缘——对危险带电零部件所加的提供防触电基本保护的绝缘。

（2）附加绝缘——基本绝缘以外所使用的独立绝缘，以便在基本绝缘一旦失效时提供防触电保护。

（3）双重绝缘——同时具有基本绝缘和附加绝缘的绝缘。

（4）加强绝缘——对危险带电零部件所加的单一绝缘，其防触电等级相当于双重绝缘。绝缘的构成可以是固体材料、液体材料、满足一定要求的空气间隙和爬电距离。

3. 防触电保护类型

Ⅰ类：防触电不仅依靠基本绝缘而且采用附加安全措施的设计，在基本绝缘万一失效时，有措施使可触及的导电零部件与设施中的固定线路中的保护（接地）导体相连接，从而使可触及的导电零部件不会危险带电。

Ⅱ类：防触电不仅依靠基本绝缘而且采用诸如双重绝缘或加强绝缘之类的附加安全措施的设计。它不具有保护接地措施，也不依靠设施的条件。

Ⅲ类：使用安全特低电压供电。

（1）爬电距离：在两个导电零部件之间沿绝缘材料表面的最短距离。

（2）电气间隙：在两个导电零部件之间在空气中的最短距离。

（3）接触电流：正常工作条件下或故障条件下，当人体接触设备的一个或多个可触及零部件时通过人体的电流。

4. 防触电基本要求

从安全标准的意义上，设备必须满足可触及部位：

（1）接触电流小于0.7mA，或开路电压小于直流电压60V，交流电压35V。

（2）具有足够的抗电强度和绝缘电阻。

（3）具有合适的防触电等级。

5. 防触电安全设计要点

（1）机壳隔离。

利用机壳可把尽可能多的带电部件围封起来，防止操作者触及。因此机壳的安全设计必须引起设计者的重视。机壳的安全设计要求达到以下要求。

①足够的机械强度。为保证对带电件提供足够的安全隔离保护，要求机壳能承受一定的外力作用，标准规定设备外壳的不同部位应能承受：

● 用试验指施加50N±5N的推力，持续10s。

● 用试验钩施加20N±2N的拉力，持续10s。

● 用直径30mm的圆形接触平面的试验工具对外部导电的外壳和外壳上的导电零部件施加100N±10N（落地式设备250N±10N）的作用力，持续5s。

● 用弹簧冲击锤施加0.5J的动能，3次。

②合适的孔径或缝隙的尺寸。为了散热通风的需要和安装各类开关、输入输出装置，在机壳上开孔是不可避免的，为保证使用者不会通过这些孔接触到机壳内的带电件，在安全设计中应注意以下几点。

●尽量少开孔，并保证开孔后机壳的机械强度仍应满足标准规定的要求。

●孔的位置应尽量避免在带电件集中的部位，设计应保证使悬挂的外来物在进入孔后不会变成危险带电件（标准规定用直径为4mm，长100mm的试验针插入孔内进行检查）。

③机壳的安装固定应注意：

●不通过工具不能打开，除非采用了连锁装置，使得当机壳被打开的同时自动切断电源。

●连接的螺钉要有一定的啮合牢度，但也不能太长，导致破坏规定的绝缘。

（2）防护罩和防护挡板。

当仅需要将某一带电部位隔离时可用防护罩或防护盖，其所起的功能和设计要点与机壳相同。例如，对于因功能需要，使得连接端子带电时，可设置保护盖，使带电端子不可触及。防护挡板用于防止与带电件直接接触，或增加爬电距离和电气间隙，要求材料必须是绝缘材料，绝缘厚度满足标准的规定（≥0.4cm），挡板必须固定牢固，如图13-1所示。

（3）安全接地措施。

Ⅰ类设备的机壳采用基本绝缘，需要用安全接地防护作为附加安全措施，以便一旦基本绝缘失效时，通过安全接地保护，使可触及件不会变成带电件。这种保护措施的关键要保证接地端的可靠性，设计要求如下。

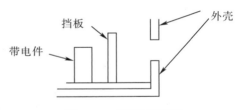

图13-1 挡板应用示例

①可触及件到接地端子的电阻应小于0.1Ω，试验方法为：施加试验电流交流25A或直流25A，试验电压不超过12V。

②保护接地端子应耐腐蚀。

③对地保护接地导线的绝缘层应是黄绿色。

④安全接地端子的连接方法应能保证徒手不能拆开。

⑤安全接地端子的位置应设置在

●设备本身具有电源连接的插座的，应设置在插座上。

●设备为不可拆卸的电源线，设置在靠近电网端子的地方。

●各需要接地保护的零部件应"并联"接到安全接地端，如图13-2所示。（即指：万一有某处接地保护失效，也不能因此而影响其他需接地保护的零部件的保护作用。）

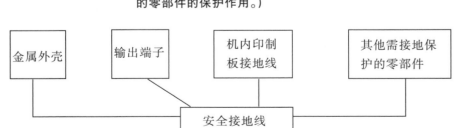

图13-2 安全接地示意图

（4）保护隔离方法。

利用满足加强绝缘或双重绝缘的元件对带危险电压电路与安全特低电

压电路进行隔离。此类元件有隔离变压器、光电耦合器、隔离电阻和隔离电容器等。这些元件的选择必须符合安全标准的要求。

（5）降低输出端子的电压（这并不是所有产品都能做到）。

（6）使用安全连锁装置，在出现可能触及带电端子的危险时切断电源。

（7）防止危险带电件与可触及件之间的绝缘击穿。

产品内所有绝缘都必须能够承受产品在正常工作条件下和单一故障条件下产品内部产生的相关电压，还必须承受来自电网电源和从通信网络传入的瞬态冲击电压，无飞弧、击穿现象。

（8）防接触电流过大。

①减少危险带电件与可触及件之间的等效隔离电容的容量。危险带电件与可触及件之间的等效隔离电容的容量太大，会导致接触电流过大，理论上讲，当输入电网电源电压为 250V（r.m.s）时，其容量可达 6200pF，但实际由于产品内部分布电容的存在，隔离电容的容量不可能这么大，通常不超过 5100pF。

②I 类设备提供可靠的保护接地连接。

（9）防大容量电容器放电。

当跨接在初级电源电路的电容器容量达到一定值时，设备通电后，由于电容充有较多的电能，当未能及时释放，拔出电源插头，触及插头上的金属零部件时，就有可能产生电击危险。设计措施有：

①降低电容器的容量。

②设置时间常数足够小的放电回路。由于电容量常受其他要求的约束，不易任意减少，故实际常在电容器两端并联适当阻值的电阻器，形成放电回路。

13.2.3　过高温度的防护

过高的温度能使人被烫伤，能造成绝缘损伤、引起可燃材料着火。设备在正常工作和故障条件下的温升值应符合标准的规定，以保证以下几点。

（1）可触及件不会因过高温度而使人烫伤。

（2）电击防护用的绝缘材料不因过热导致绝缘性能下降。

（3）可燃材料和元件不会自燃。

（4）不会因过热导致材料变形引起电气间隙和爬电距离减小。

（5）不会引起某些材料和元件挥发出有毒或可燃气体。

设计的重点部位是大电流的部位和易起火的部位。

1. 机壳设计

机壳的热设计十分重要，设备的工作热可通过机壳的传导和辐射散出机外，通过合理的开孔，可形成对流通风散热，加速设备的工作热的散发。由于机壳设计时要考虑其防触电性能和防火性能，在材料和厚度的选择上余地不大，因此机壳的热设计主要考虑以下几点。

（1）合理选用机壳的颜色。

选用黑漆涂覆能增加散热效果。内表面涂黑漆可降低机内温度，促使机内发热元件的散热，外表面涂黑漆能降低机壳表面温升，加速机壳的热传导和热辐射。

（2）合理开通风孔，形成自然对流散热。

通风孔的进出气口，应尽量设在整机温差最大的两处，进风口应尽量低，出风口尽量高，并且孔的位置要靠近发热元件。

2. 发热元件的处理

（1）尽量置于易于通风散热的地方。

（2）增加发热元件的散热面积。例如，对大功率晶体管增加散热片。

（3）采用适当的降额设计，减少功耗。

3. 合理选用热保护装置

为防止在故障条件下引起过高的温升，可适当加装过温保护装置，来及时切断电源。热保护装置分为两类，一类为不可恢复型，例如，热熔断体；另一类为可恢复型，即断开后，当温升下降后能自动恢复工作，这类元件有PTC元件、双金属片热保护器等。

4. 选用适当的散热方法

常用的散热的方法有以下机种。

（1）风冷式散热：风扇＋散热片。

（2）水冷式散热：散热器＋水管＋水泵。

（3）半导体制冷法：利用半导体制冷器。

（4）热管散热法：在热管里填充特制的液态导热介质，使热量均匀地散发到散热器的各个散热翅片上，极大地提高散热片的导热性能。

（5）液氮散热法。

（6）软件降温法：软件散热可以让CPU在没有工作或工作比较清闲时，让CPU休息，从而减少CPU的耗电，使温度下降。

（7）散热片散热。

（8）风扇散热。

13.2.4 机械危险的防护

正在使用的电子产品，其运动机构或组件和供给的能源皆可能产生可预见（如挤压、切割、烫伤和电击等）和不可预见（如能源中断、外界电磁干扰等）的危险。为了防范这些可能伤及操作者、维修者或其他相关人员，机器设计者通常会采用特定的技术方法和措施——安全防护来限制和防范这些危险。因此在机械安全检验过程中对这些安全防护装置选择的合理性和有效性做出正确的判断，评价机器的整体安全质量的关键所在。图13-3所示的是机械防护、防水电子控制设备，对此类设备的设计要点是：

（1）避免出现尖锐边缘，防止伤害人体。

（2）对危险的运动部件提供保护，防止夹伤和碰伤人体，对此类部件应提供保护措施或连锁装置。

（3）有足够的机械强度，使其结构能承受在预期使用时可能产生的振动、碰撞和冲击的考验，设备应能满足标准。

（4）设备重心的设计应使设备符合安全标准中对设备的稳定性的要求。

图13-3 良好的机械防护和防水电子控制设备

13.2.5 防火

电子电器产品的起火主要是其内部引燃源在一定条件下引燃而起。所谓引燃源是指设备在正常工作条件下，或故障条件下能引起燃烧的部位。在安全标准中所指的潜在引燃源是指在正常工作条件下，开路电压超过交流50V（峰值）或直流50V以及该开路电压与测得通过可能的故障点的电流的乘积超过 15VA 的故障部位。引起设备内部引燃源引燃的条件通常有：①过载；②元器件失效；③绝缘击穿；④接触不良；⑤起弧。

图 13-4 所示是通过防火设计的电子保险箱。

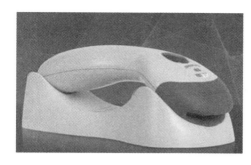

图 13-4　防火的电子保险箱

13.2.6　防辐射

各波段的电磁波虽然本质相同，但不同波长的电磁波与物质的作用并不相同。它们照射生物机体时，可引起生物组织不同程度的生物物理和生化的变化。电磁辐射危害人体的机理主要是致热效应和非致热效应。

1. 致热效应

人体 70% 以上是水，水分子受到电磁波辐射后相互摩擦，引起机体升温，从而影响到体内器官的正常工作。

致热效应是指人体在高强度的电磁波下，吸收辐射能量，在体内转化为热量，产生生物反应。在电磁场作用下，由于射频电磁场方向变化很快，使得人体内的极性分子迅速发生偶极子的取向作用，产生热量。在取向过程中，偶极子与周围分子发生碰撞摩擦而产生大量的热。此外，当电磁场的频率很高时，机体内的电解质溶液中的离子将在其平衡位置振动，也将电能转化为热能。

总之，致热效应产生的方式主要包括：①生物组织在高频电磁场中，由于极性分子反复快速取向转动而摩擦生热；②传导电流生热；③介质损耗生热。

2. 非致热效应

人体的器官和组织都存在微弱的电磁场，它们是稳定和有序的，一旦受到外界电磁场的干扰，处于平衡状态的微弱电磁场即将遭到破坏，人体也会遭受损伤。非致热效应是在不引起体温变化的低强度作用下出现神经衰弱及心血管系统机能紊乱。对于交变电磁场，其生物活性随波长减小而递增。而作为电离辐射的 X 射线和 γ 射线被机体吸收后，会从原子水平的激发或电离开始，继而引起分子水平的破坏，如蛋白质分子的破坏、DNA 键断裂和酶的破坏等，又进一步影响到细胞水平、组织器官以致整体水平的损伤等。

3. 微波对生物体的危害

微波是高频电磁波，频率约在 300MHz ~ 300GHz 的电磁波称为微波，对应的波长范围为 1m ~ 1mm。一定剂量的微波作用于生物体可产生致热效应，由此给生物体内的不同部位带来相应影响。

微波对神经系统的作用与照射方式、照射剂量等因素有关。短时间、小剂量照射，可加强大脑皮质的兴奋过程；长时间、大剂量照射，可加强抑制过程，尤其以头部作用最明显。大剂量微波的作用，可影响自主神经的调解功能，引起血液循环、呼吸频率的变化及皮肤和直肠的变化。

大剂量的微波辐射，可引起肺部极度充血，血管剧烈扩张，肺泡上皮脱落并有血液经毛细血管涌入肺泡腔，造成肺出血、水肿，可致死。但小剂量的微波对肺的炎症有一定治疗作用。经常受微波照射的妇女可有月经不调、哺乳期泌乳不足。对于男性，当微波辐射使睾丸温升超过 35℃ 时，精子的产量即明显减少或停止。

大剂量微波反复辐射皮肤会出现凝固性坏死，肌纤维与横纹模糊不清。皮肤、肌肉在小剂量微波的辐射下，没有明显组织变化。

4. 电磁辐射的危害

（1）它极可能是造成儿童患白血病的原因之一。医学研究证明，长期处于高电磁辐射的环境中，会使血液、淋巴液和细胞原生质发生改变。意大利专家研究后认为，该国每年有400多儿童患白血病，其主要原因是距离高压线太近，因而受到了严重的电磁污染。

（2）能够诱发癌症并加速人体的癌细胞增殖。电磁辐射污染会影响人类的循环系统、免疫、生殖和代谢功能，严重的还会诱发癌症，并会加速人体的癌细胞增殖。瑞士的研究资料指出，周围有高压线经过的住户居民，患乳腺癌的概率比常人高7.4倍。

（3）美国得克萨斯州癌症医学基金会针对一些遭受电磁辐射损伤的病人所做的抽样化验结果表明，在高压线附近工作的工人，其癌细胞生长速度比一般人要快24倍。

（4）影响人类的生殖系统，主要表现为男子精子质量降低，孕妇发生自然流产和胎儿畸形等。

（5）可导致儿童智力残缺。据最新调查显示，我国每年出生的2000万儿童中，有35万为缺陷儿，其中25万为智力残缺，有专家认为电磁辐射也是影响因素之一。世界卫生组织认为，计算机、电视机、移动电话的电磁辐射对胎儿有不良影响。

（6）影响人们的心血管系统，表现为心悸、失眠、部分女性经期紊乱、心动过缓、心搏血量减少、窦性心律不齐、白细胞减少、免疫功能下降等。如果装有心脏起搏器的病人处于高压电磁辐射的环境中，会影响心脏起搏器的正常使用。

（7）对人们的视觉系统有不良影响。由于眼睛属于人体对电磁辐射的敏感器官，过高的电磁辐射污染会引起视力下降、白内障等。高剂量的电磁辐射还会影响及破坏人体原有的生物电流和生物磁场，使人体内原有的电磁场发生异常。值得注意的是，不同的人或同一个人在不同年龄阶段对电磁辐射的承受能力是不一样的，老人、儿童、孕妇属于对电磁辐射的敏感人群。

5. 常用电器的电磁辐射防护

（1）手机

①在接电话时最好先把手机拿到离身体较远的距离接通，然后再放到耳边通话。此外，尽量不要用手机聊天，睡觉时也注意不要把手机放在枕头边。

②莫把手机挂胸前，研究表明，手机挂在胸前，会对心脏和内分泌系统产生一定影响。即使在辐射较小的待机状态下，手机周围的电磁波辐射也会对人体造成伤害。心脏功能不全、心律不齐的人尤其要注意不能把手机挂在胸前。

③手机使用者尽量让手机远离腰、腹部，不要将手机挂在腰上或放在大衣口袋里。当使用者在办公室、家中或车上时，最好把手机摆在一边。外出时可以把手机放在皮包里，这样离身体较远。使用耳机来接听手机也能有效减少手机辐射的影响。尽量少打，尽量用耳机，连续通话不要超过

30 分钟。

（2）电脑

①在电脑旁放上几盆仙人掌，可以有效地吸收辐射。

②每天上午喝 2～3 杯的绿茶，吃一个橘子。如果不习惯喝绿茶，菊花茶同样也能起着抵抗电脑辐射和调节身体功能的作用，螺旋藻、沙棘油也具有抗辐射的作用。

③使用电脑后，脸上会吸附不少电磁辐射的颗粒，要及时用清水洗脸，这样将使所受辐射减轻 70% 以上。

④操作电脑时最好在显示屏上安一块电脑专用滤色板以减轻辐射的危害，室内不要放置闲杂金属物品，以免形成电磁波的再次发射。使用电脑时，要调整好屏幕的亮度，一般来说，屏幕亮度越大，电磁辐射越强，反之越小。不过，也不能调得太暗，以免因亮度太小而影响效果，且易造成眼睛疲劳。

⑤应尽可能购买新款的电脑，不要使用旧电脑，旧电脑的辐射一般较厉害，在同距离、同类机型的条件下，一般是新电脑的 1～2 倍。

⑥电脑摆放位置很重要。尽量别让屏幕的背面朝着有人的地方，因为电脑辐射最强的是背面，其次为左右两侧，屏幕的正面反而辐射最弱。以能看清楚字为准，至少也要 50～75cm 的距离，这样可以减少电磁辐射的伤害。

⑦注意室内通风。科学研究证实，电脑的荧屏能产生一种叫溴化二苯并呋喃的致癌物质。所以，放置电脑的房间最好能安装换气扇。

⑧尽量避免在电脑前连续超过 3 个小时，中间要休息一会。

（3）电磁炉

①从选锅入手。理想的电磁炉专用锅具应该是以铁和钢制品为主，因为这一类铁磁性材料会使加热过程中加热负载（锅体及炉具）与感应涡流相匹配，能量转换率高，相对来说磁场外泄较少。而陶瓷锅、铝锅等则达不到这样的效果，对健康的威胁也更大一些。

②在使用时要注意尽量和电磁炉保持距离，不要靠得过近。电磁炉与微波炉使用时的注意事项比较相似，靠得越近则越容易被辐射，通常与电磁炉保持 20cm 以上的距离较为安全。

③使用电磁炉的时间不要过长，如果经常较长时间地使用电磁炉，应尽可能选择有金属隔板遮蔽的。因为在正常情况下，电磁炉若放在金属隔板下方，电磁辐射明显较低，隔离设计不佳或直接把电磁炉放在桌面上，辐射量会相应地增大很多。这也要求我们在购买电磁炉的时候尽量选择有品质保证，设计较为合理安全的名牌产品。而购买电磁炉的一个重要环节就是一定要向销售商索要电磁感应强度测试报告，通过这个报告来对比选择低场强的产品。

④厨房里面的配套设施也非常重要，在条件允许的情况下，你可以准备一件不锈钢纤维制作的防电磁围裙，准备一对防电磁辐射的手套，这些细小的准备也可以让你在厨房中更加安全。

（4）其他家用电器

①电冰箱——冰箱工作时，后侧方或下方的散热管线释放的磁场高出

前方几十甚至几百倍。散热管灰尘太多也会对电磁辐射有影响，灰尘越多辐射就越强。防护办法：不要把冰箱放在客厅等人们经常逗留的场所。冰箱工作时，尽量避免靠近它。要经常用吸尘器把散热管上的灰尘吸掉。

②微波炉——它是利用微波具有的热效应，通过振动食物内水分子的过程，达到加热或煮熟食物的目的。距离微波炉15cm处磁场强度为100～300毫高斯（MG），是各种家电中最强的。它会诱发白内障，导致大脑异常，还会影响生殖能力。防护办法：要选择正规厂家的产品。微波炉工作时，最好不要与其同处一室；停止工作时，过一两分钟再打开，最好使用防护罩。

③电热毯——由于长时间与人体密切接触，会使休息状态的细胞长时间处于电磁辐射中，从而引起健康障碍。有检测报告认为，使用电热毯的孕妇发生流产等异常现象的比率，高于不使用电热毯的孕妇。防护办法：选择正规厂家的合格品。缩短使用时间，最好在入睡和起床前后使用，避免通宵达旦。使用一定年限后要及时弃旧换新。孕妇最好不用。

④电视机——电视机不宜与其他电器摆设得过于集中，使自己暴露在超剂量辐射的危险中；电视机与人的距离至少应在2m以外，不应离屏幕太近；电视机与其他电器最好不要摆放在卧室。

13.3 电子产品安全设计原则分析

随着电子产品的普及，人们日常生活中充斥着各类电器产品的身影。它们在为人们生活提供了极大的便利的同时，也在无形间对人体构成一定的健康威胁。进行电子产品安全设计时，通常须考虑以下几个原则：防辐射、防电击、防能量危险、防过高温、防机械危险和防化学危险等。

13.3.1 防辐射

防辐射是可能对人员造成伤害的辐射包括声频辐射、光辐射（含红外光和紫外光）、电离辐射，等等。由于电子技术越来越普遍，带有以上辐射源的电子、电器产品已进入千家万户。这些产品的使用者可能是家庭主妇或是小孩，他们对其中的辐射可能毫不了解，更没有半点保护意识。设计人员对此应引起重视。

众所周知，电子产品的运作离不开电能的转换，因此在电器工作过程中，产生各类电磁波辐射也是不可避免的。其中现代人最常见的现象就是长时间使用手机通话后，无论手机本身抑或是紧贴手机的脸颊，都会有明显发烫现象。电磁波辐射虽然看不见，摸不着，但却无时无刻不存在于日常生活中。下面介绍一种防辐射产品：航嘉御辐王机箱。万众瞩目之中，纷繁的镁光灯闪耀之下航嘉向全球发布了一款防辐射机箱，取名为御辐王，如图13-5所示。该产品一经上市即在市场上刮起一股很强的"关爱健康，抵御辐射"之风。

该机箱主要靠下面的机箱PCI扩展槽来隔离大量辐射，如图13-6所示。

航嘉的御辐王机箱就是一款专为降低辐射设计的健康机箱。机箱尺寸为475×190×450（mm），可以容纳所有标准尺寸的硬件，大多数特殊尺寸的产品也能容纳。配备了标准USB 3.0接口，接口部分都有SECC镀锌钢板

（a）机箱外观

（b）机箱内部

图13-5　航嘉御辐王机箱

图13-6　航嘉御辐王机箱PCI扩展槽

保护，全面防止辐射泄露。

如何实现防辐射的功能？首先，机箱五金机架采用优质导电金属材质，且主要金属板材之间要形成良好接触，所以这款机箱没有采用黑化设计，因为这会影响反辐射的效果，如图 13-7 所示。

其次，USB 输出位加独立的 USB 支架。而市面上几乎所有的机箱都不会为前置输出接口安装独立屏蔽支架，这就为 EMI 外溢提供了"可乘之机"。航嘉御辐王系列为 USB 等前置输出接口加装独立的屏蔽支架，保证 EMI 辐射不会从过大的空隙中溢出，如图 13-8 所示。

同时，机架前面五金板光驱位和软驱位有金属挡板保护，而不是直接空出。为了降低机箱成本，市面上不少机箱的光驱前挡板均为一次性使用，当用户拆卸前挡板后便不能安装回机箱上。部分廉价机箱甚至在出厂时即不具备光驱挡板。EMI 辐射便从此处溢出，对人体造成伤害。航嘉 H405 御辐王不但配备了完整的光驱、软驱前置挡板，甚至为挡板设计了安装螺丝孔，用户可以随时拆卸、装嵌挡板，时刻保证电磁波被机箱屏蔽。

并且，后板 PCI 槽位必须加 EMI 弹片。不少主流机箱都注重主机和侧盖的 EMI 弹片，但在 EMI 辐射较为强烈的 PCI 槽位却没有配备弹片，这很容易导致电磁波溢出。航嘉御辐王系列为所有 PCI 槽位增加 EMI 弹片，从而保证 PCI 挡板和机箱之间间距不超过 EMI 辐射要求，从而保证电磁波辐射完全被屏蔽于机箱内。

13.3.2　防电击和防能量危险

电气设备的电击危险直接威胁着使用者的安全，所以防电击（防触电）也就成为对所有用电设备的最起码要求。为此任何电子产品都必须具有足够的防触电措施。

防能量危险——大电流的输出端短路或大容量电容器（比如大容量电解电容）端子短路会形成大电流甚至产生打火，冒出熔融金属，引起着火燃烧。就此而言，也不能一概而论：低压电路就是没有危险的。所以在这方面也必须要有一定的保护措施。

例如睿智 TZ-C1041 及 OPDU，均是突破电气于 2010 年推出的最新产品，如图 13-9 所示。它采用新技术来更加有效地防触电，防电击，无论是从外观设计，还是从功能角度进行考量，它们都为用户提供了更安全的保障和更愉悦的体验，堪称插座类产品的经典之作。

睿智 TZ-C1041 的设计，处处体现着突破插座"科技创造安全"的品牌理念和"不断改进，力求完美"的质量方针。在"安全"、"品质"的基础上，一方面，它独有的液晶显示功能面板，率先将时下最流行的液晶技术引入插座行业，不仅让安全"看得见"，更是在最大限度上增加了插座与家庭影院等高端电器使用环境的匹配度，使之富于科技感和时尚感。另一方面，它采用了最大胆、最新颖的插拔面板斜面设计，一举颠覆了以往插座的设计传统，不仅能够隐藏插头和电源线，让产品视觉形象更立体、更整洁，同时更加符合人体工程学原理，使用更方便。

智能芯 M&G 电涌防护技术：电涌也称浪涌或感应雷击，是导体内瞬间出现超高电压和超大电流的一种现象，电涌会在瞬间损坏电器设备。雷击、开启和关闭电器、接地有误都会产生电涌，每天发生的次数超过千

（a）机箱内部未黑化

（b）独立的 USB 支架

图 13-7　机箱内部及 USB 支架

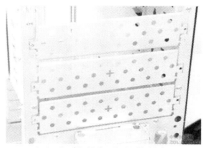

（a）机箱前部光驱位挡板

（b）PCI 槽带有弹片

图 13-8　机箱前部光驱位挡板和带弹片的 PCI 槽位

图 13-9　睿智系列 TZ-C1041 插座

次，甚至可达万次以上。电涌长期对电器进行冲击，就会降低电器的性能和寿命，直至彻底失效。所以为电器，尤其是集成度高的精密电器，如电脑、液晶电视配备具有电涌防护功能的插座是非常必要的。

突破独家研发的智能芯 M&G 电涌防护技术，能够对敏感电子、电器设备形成近距离保护，通过国家防雷产品专业机构权威检测，符合国标要求，达到室内防雷最高级别。电压保护水平达 1000V，启动时间小于0.000001s，最大放电电流可以达到 10000A。它可为电脑、网络、通讯和影音等敏感电子设备提供加倍安全、可靠的保护。

热动能过载保护：如因不了解电器负载功率，造成插座所联结的电器总功率超过额定功率（2500W），则突破的热动能过载保护装置将自行切断电路，杜绝因电线过热产生的电气火灾隐患。突破的热动能过载保护装置均具备安全认证，并经 TOP 实验室严格检测，反应灵敏，可重复使用，无需更换保险丝或保险管，便捷安全。

零火双断开关：采用银触点，电流导通能力强。在关闭开关时，可同时切断零线和火线，防止因预装线路零火倒置引发的危险。其有效寿命长达 10000 次。

阻燃合金壳体：采用高阻燃性能的特殊工程塑料，富含绝氧因子，高于国家标准，达到 UL94V 级。它遇明火不燃烧，具有优良的绝缘性和耐温性。

除了防火、防漏电，它的防误插、防触电功能也同样值得称道。其采用的爱心双动保护门技术，能够完全封闭带电孔，只有同时按下零火双孔，且压力达到 4kg 时才能打开保护门，如图 13-10 所示。这样既能避免日常异物掉入插孔引起短路，又能防止儿童使用异物捅插造成意外触电，或者因使用环境复杂、照明不佳，从而造成误插引起危险的触电事故发生。

图 13-10　爱心双动保护门技术

13.3.3　防过高温和防化学危险

防过高温——外露部件或材料的过高温容易导致着火燃烧。除此之外，外露部件的过高温还有可能造成人员的烫伤，特别是导热性能良好的外露金属零部件更是如此。

防化学危险——接触某些液态危险化学物质（例如：酸、碱、汞）或其蒸气、气体化学物质或烟雾（如氯化氢气体、氯气等）会引起人身伤害。当产品含有或可能产生这类物质时，必须考虑采取足够的防护措施。

一般的电热水器，使用环境比较潮湿，如果一旦漏电，对人身安全会造成较大的危险。故电子产品必需还有自身的防化学腐蚀、过高温和防漏电系统。热水器在人们生活中用的频率极大，电热水器的安全问题，是消费者在挑选热水器产品时的一个参考选项。

红外加热电热水器（如图 13-11 所示）实现了水电分离，在内胆外进行红外加热，从根源上切断了漏电的潜在危险。同时，从根本上解除了传统加热方式带来的热水器结垢问题。热水器水垢沉积，会大大降低换热效率，造成能耗增加，结垢严重时还会引发爆管。红外加热电热水器与以往电热水器根本区别在于，它彻底颠覆了传统加热方式，由于传统电热水器的加热方式是加热体和被加热的水体同处一个封闭的空间。这种传统加热技术，将"水"与"电"两种不同介质融为一体，一旦加热体出现问题，

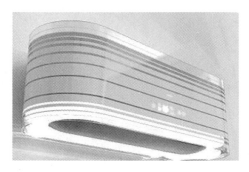

图 13-11　红外加热电热水器

被泄露的电就会在"水"这个良性导体中循环流动，从而给消费者洗浴埋下安全隐患。这是传统的加热技术一直无法避免的技术瓶颈，因此无论是即热式还是储水式电热水器，都没有脱离水电交融的现状，所以采用红外加热电热水器可以从根本上解决消费者顾虑到的安全问题。

13.3.4　防机械危险

防机械危险——无意接触到运动部件有可能会造成人身伤害。比如接触到功率较大、转速较高、叶片硬度超过一定值的风扇，就可能会造成严重后果。对静止部件或设备整体，也需要有防机械或物理伤人的措施，同样不可掉以轻心。例如，由于产品的重心过高，可能会翻倒伤人。由于设计不周或加工不良，致使边、角太锐利而划伤使用人员；高真空度的元部件会有意外爆炸伤人的危险，等等。

13.4　电子产品安全设计实例分析

13.4.1　ThinkPad 笔记本的安全设计分析

外观方面，IBM ThinkPad 系列笔记本无疑是一个另类。它没有索尼、苹果的绚丽外观，也没有戴尔、惠普的性价比高。如图 13-12 所示，但就是这么一个外观普通、配置平庸的"黑盒子"却一而再、再而三的博得众多国内外媒体和用户的喝彩，并成为历代王者机型典范。

图13-12　IBM ThinkPad 笔记本侧面及外观

但为什么它造型不好看、色彩单一还有这么多人追捧呢？原因在于它的使用定位，它的用户对象是商用用户，追求的是安全、高效、耐用、可靠性高。

IBM ThinkPad 的外壳用料就和一般品牌不同，率先采用一种钛复合材料，如图 13-13 所示，据说是同 F1 赛车外壳相同的材料。将重量轻、强度高的新型材料运用于 IBM ThinkPad 中，与其他笔记本惯用的镁铝合金相比，在 IBM ThinkPad 屏盖上使用的碳纤维钛复合材质在拥有相同重量的前提下，却提供了 1.2 倍于前者的高强度，再加上其天生特有的耐磨性，令 IBM ThinkPad 在长时间使用后如新依旧。经过有效测试，它可以经受起有效撞击。随便怎么摔都不会导致硬盘损坏，因为有硬盘减震系统，能够保证客户的资料不受损害。

硬盘是笔记本电脑中最容易受损的部件，而它又装载了用户最宝贵的数据。意外的跌落、撞击乃至晃动都有可能造成笔记本电脑数据丢失或硬盘损毁。如何采用技术手段，有效保护工作中的硬盘不受损害一直是众笔记本厂商所研究的方向。IBM 硬盘动态保护系统 APS，是由内嵌于主板上的加速度感应芯片和预装在操作系统中的震动预测管理软件所组成。通过对 IBM ThinkPad 各角度、震动、撞击的监测，即对横纵加速度变化的监测，来决定是否将硬盘磁头从工作状态收回到磁头停止区（Parking Zone），从而减小撞击对硬盘的损害，保护硬盘及硬盘内的数据。其中，硬件层用来监测笔记本的横纵加速度，而软件层则从加速感应芯片中接收到相应的信号，通过分析判断出哪些是对硬盘有害的，哪些是规律性的运动，震动预测管理软件会忽略对硬盘不造成损坏的规律性的运动，而对于可能对硬盘造成损害的移动，则会立刻将信息传递给主硬盘，使其磁头迅

图13-13　IBM ThinkPad 笔记本内部结构

速收回到停止区（Parking Zone），从而有效避免了因磁头与碟片的碰撞而造成的损伤。

再从温度安全角度分析。为了应对持续上升的CPU温度，ThinkPad最终还是使用了散热风扇。从之前拒绝使用风扇，转而投入了散热风扇的开发，其中的理由之一便是提高静音性的"Hydro Dynamics Bearing"技术在当时看来已具可行性。事实上，几乎在与最初搭载风扇的ThinkPad 760XD发售的同时（1997年），Hydro Dynamics Bearing风扇的开发便已经开始着手，翌年的ThinkPad 600以及以后的型号便开始采用。现在，各种各样的风扇被开发出来，其中比较独特的是2005年被实用化的静音技术（Silent Owl Blade）。

ThinkPad T60之后采用的风扇，具有运转时呈现刃状的特征。从事ThinkPad笔记本结构设计的中村说："猫头鹰在捕捉老鼠等对声音敏感的小动物时，飞行得非常安静。这其中就有机密。"猫头鹰翅膀后缘的每根小羽毛很特别，对翅膀全体起到重要作用。风扇根据这一原理，开发出将扇叶集中起来抵消噪音的技术。利用猫头鹰翅膀后缘羽毛的形状来消减噪音的设想来源于新干线的设备，Owl Blade是世界上首次采用散热风扇这样运转的。之后，根据风扇和刃状物形状的不同进行噪音的模拟，找出最适的形状，这使得同样风力下削减了3.5分贝的噪音。

IBM内嵌式安全子系统，包括集成的安全芯片和IBM客户端安全软件两部分。其中集成的安全芯片提供了基于硬件的对于关键信息的安全保证，包括对密码、密钥和电子证书的安全保护；而客户端安全软件则提供了芯片和应用程序之间的应用界面。同时，客户端软件还提供对外置安全设备的支持，使得这些设备可以控制对计算机的访问。IBM嵌入式安全子系统的另一个优点还在于，它所提供的密码集成在芯片内部，相比通过软件操作而言更加安全。另外，这种嵌入式安全子系统采用加密的微处理器，能够更迅速地传递信息，因此它比以往通过硬盘存贮密钥的方式更加安全有效。

对于用户的隐私保护，同样地还有指纹识别系统以及人脸识别系统等，都使得电脑具有更高的私人保护功能。指纹识别器是一种滑感式的生物识别指纹识别器，感应或读取指纹有多种不同方式，产生指纹图像的方式也有很多不同，IBM电脑采用的为电容式传感器（如图13-14所示）。指纹识别器可以用于管理系统开机、系统登录、应用软件开启、文件加密等功能。

ThinkPad的防水系统也是笔记本电脑里面一流的，如图13-15所示。当你喝饮料的时候，不小心把饮料倒在电脑上了，当时马上关机，然后水已经沿着笔记本电脑键盘上的水槽流出来了，再用吹风机进行吹干，再打开电脑，它就可以完全正常地运行了。

抗火抗高温性。一个视频里面讲了在一场火灾过后，从废墟中找出了ThinkPad笔记本电脑。虽然电脑的外壳已经被烧得不成样子了，但打开电脑，它依然可以重新正常地开机，这就保证了用户数据的安全。

图13-14　IBM ThinkPad笔记本指纹识别器

图13-15　IBM ThinkPad笔记本防水系统

13.4.2　SONY笔记本电脑与ThinkPad安全对比

同样，很多人喜欢买SONY的笔记本电脑。因为它造型时尚，是很多女性朋友所喜欢的，如图 13-16 所示。但今天分析的是安全性，要以安全为中心分析。

　　如果说 ThinkPad 是一台安全稳定的移动电脑，那么 SONY 在这方面就有所不及了。

　　外观上，索尼笔记本通常采用了优雅的白色，这种颜色十分醒目，也能够很好地衬托出纯洁高贵的时尚气质。创新半透明聚光材料的运用，使得颜色由内而外通透亮眼，在光照射下，机盖的边缘就会亮出荧光般色彩，夺人目光。炫丽的机身颜色就是索尼笔记本的标志，拥有洁白的机身配色，同时它的顶盖也加入了独创的新一代半透明聚光材料，在光照下可以呈现出绚丽的色彩，尽显高贵与典雅的气质。

图 13-16　SONY 笔记本电脑

　　从框架保护来说，SONY 笔记本完全不能和 ThinkPad 相比，它没有内置的镁铝合金内架，所以在整体稳固安全性上，耐撞耐压上不能和 Think-Pad 相比。

　　从散热角度分析。SONY 笔记本只能算是中规中矩，散热性不算好也不算坏。散热上没有做什么特殊处理，只由普通风扇加散热片构成，如图 13-17 所示。

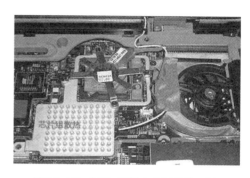

图 13-17　SONY 笔记本电脑散热系统

　　保护私人隐私上，同样 SONY 也具有主流的人脸识别功能和指纹识别系统。这也在最大程度上保证了用户隐私不会被别人看见，最大化地体现了"以人为本"的设计理念。

　　硬盘在机体内的放置方式也有很多种，主要有独立空间式、盒仓式与主板叠加式。独立空间式主要用在超薄机里面，也就是其与主板以及各大组件全部在机体内，但是不会叠加在主板之上或之下，而是有自己独立的一个位置空间。SONY 的硬盘放置如图 13-18 所示。

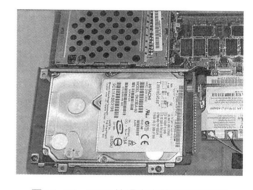

　　防水性能上，没有像 ThinkPad 那样出色，在使用 SONY 的笔记本电脑时发生同样电脑进水的问题，笔记本电脑就彻底出问题了，主板会被烧坏。从这些情况来看，确实 SONY 在防水的安全措施上并没有 ThinkPad 做得好。

图 13-18　SONY 笔记本电脑硬盘放置图

　　在抗火、抗高温性上，SONY 笔记本同样不能和 ThinkPad 相比，因为火灾过后，SONY 笔记本绝对是已经成为废墟，不可能重新开了，这也与它的使用对象有关，它所追求的是时尚与轻巧。

13.4.3　神舟笔记本电脑与 ThinkPad 安全对比

　　如图 13-19 所示，从外观设计来看，神舟笔记本并不落后于同类产品 ThinkPad 与 SONY。很大程度上来说，神舟笔记本电脑追求的是华丽的外表和高配置。例如神舟优雅 HP 280，特别采用 12.1 寸瑰丽镜面宽屏，由黑晶工艺制成，具有清晰绚丽的显示效果。屏幕顶盖则采用小尺寸本本流行的无锁扣设计，时尚感更添一分。优雅的 S 形转轴独树一帜，机身更显纤巧，可达到 120 度最佳观赏角度。机身线条简洁精致，四角更采用了相应的斜削设计，用户的握持感更好。

　　整体保护上来看，同样神舟笔记本电脑也没有保护架，这样，对于强烈的撞击和摔落，神舟笔记本电脑不能有效地保护我们的资料，可能会出现数据丢失等情况，包括外观严重损毁。

　　散热一直是神舟笔记本电脑所不能突破的。散热时的 CPU 温度一般在

图 13-19　神舟笔记本电脑

50℃左右，显卡温度60℃左右，运行实况是5min左右风扇转30s。使用13h后，左手边的散热口温度非常高，其他地方没感觉到温度有明显升高。所以说神舟笔记本电脑对于SONY散热对比有很大的不足，更不能和ThinkPad相比。

防水性能对比起来，神舟笔记本电脑几乎没有涉及防水性能的考虑。SONY笔记本电脑对于少量的水还是可以处理的。但神舟笔记本电脑就完全不能胜任了。在防水性能上考虑，毫无疑问是ThinkPad笔记本电脑有绝对的领先技术。噪音方面，神舟笔记本电脑有很大不足，电脑运行负荷大时，噪音已经达到"以恐怖来形容的程度了"。

抗火耐高温方面，和防水性能一样，神舟笔记本电脑没有太大的作为。

第 14 章 电子产品设计实例

14.1 基于ARM开发MP3的设计实例及其分析

14.1.1 功能说明

集音频播放（包括MP3之外的音乐格式）、录音复读、文本阅读、移动存储、音频编辑处理、FM收音等功能于一体的多媒体掌上设备。

14.1.2 设计原理

主控制逻辑模块在接收用户接口控制模块和USB接口模块送来的信号后产生各种控制信号协调和控制MP3的各种操作。它可以细分为主逻辑控制和播放逻辑控制，其中主逻辑控制模块控制各项功能的优先次序，为其他逻辑模块提供控制信号，并实现操作。通过MAS3507D内部的参数寄存器，可以改变其各项参数设置，如采样频率、音量、功耗模式等。播放逻辑控制模块实现 MP3 播放器的音乐播放操作，在接到主逻辑模块送来的 PLAY 操作指令后，插入 Read 信号送给 FLASH 控制模块，音乐数据从 FLASH 存储器中以 PIO-DAM 模式传送给 STMP1342 进行解码。USB 接口实现 MP3 音乐文件到 FLASH 存储器中，在下载操作开始之后，下载信号被传送给主控制逻辑模块和用户接口控制模块，在操作期间忽略其他任何操作。

14.1.3 整体设计方案

整个设计是基于 ARM 的 µClinux 环境下的多通道专业 MP3 播放器，整体功能模块如图 14-1 所示。传统的 MP3 携带不是很方便，而且耳机非常容易损坏，使用 ARM 嵌入式使更小的芯片拥有更多的功能，重量减小可实现耳挂式。耳挂式体积小加之轻薄的屏幕可使之功能齐全而不影响外观，而且有了轻薄保护屏膜可以使 MP3 的易损坏部位得到保护。

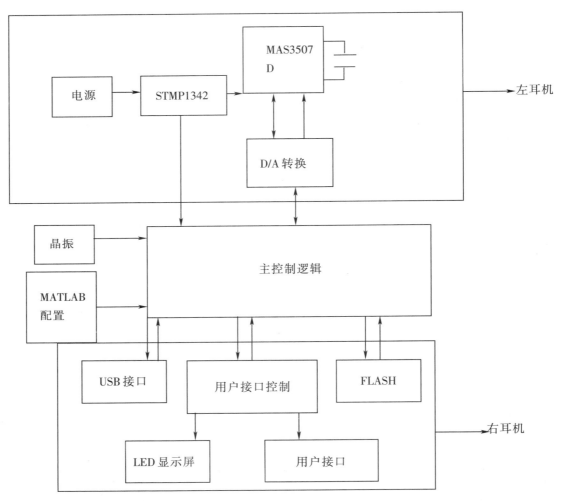

图 14-1　MP3 功能模块图

MAS3507D 是 Micronas Intermetall 公司专为个人音频播放器以及 MP3 因特网音频播放器设计的芯片组。MAS3507D 在一块芯片上嵌入了 RISC DSP CORE，除此之外还有电源管理器、程序存储器、时钟管理器、音频基带处理器，并有 I2S、I2C、PIO 等多种接口。MAS3507D 的强大功能，使它可以轻松地完成 MP3 音频解码。Sigmatel 的 STMP1342 的解码芯片表现出来是低音量感不足、没有什么力度，而中音表现一般，高音则比较生硬，总体来说，就是声音比较亮丽。

1. 硬件实现

硬件电路设计如图 14-2 所示。图中选用三星公司 S3C44B0X 作为核心处理器，主要负责数据转换、通道选择、LCD 控制。选用意法半导体的 STA013 作为解码芯片，配合 AK4393 实现模拟音频信号的输出。选用 SL811HS 和 ISP1520，以实现移动硬盘或 U 盘的挂接。

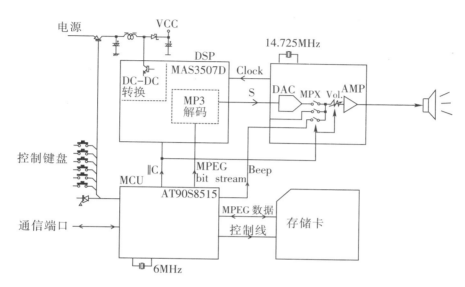

图 14-2　硬件电路设计

2. 软件实现

本系统所编译的 μClinux 内核中包含有 USB、LCD 等驱动程序，只要根据需要适当地修改便可以应用。但是对于 MP3 解码芯片部分的驱动需要自己编写，音频驱动程序实现的主要功能是在系统启动时可以完成芯片的初始化，具体操作时可以提供给操作系统合适的软件接口。系统软件框图如图 14-3 所示。

14.1.4　操作界面的流程

完整的 MP3 播放器设备需要有一个简洁的操作界面。本系统的操作界面选用 MiniGUI 软件进行编写，通过对 MiniGUI 运行模式的选择、MiniGUI 的移植以及界面程序的编写，最终的操作界面如图 14-4 所示。整个操作界面简洁明了，系统在开机后提供了当前时间，以及播放、设置和复位按键，可以直接通过播放键来实现多通道播放功能，通过设置键进行歌曲目录的编排。

14.1.5　产品整合设计

多通道 MP3 播放器与传统的 MP3 播放器相比，具有许多优势，可以满足大型公共场所对背景音乐更高性能的需求。多通道 MP3 播放器可以实现多个音频输出通道同步播放，并可以通过 USB 接口外挂存储设备实现歌曲的大容量存储。此外，系统还提供了串口、以太网等一系列接口，方便与外部进行数据交换和软件升级。

多功能设计，在不增加系统成本或增加很少系统成本的情况下，可以

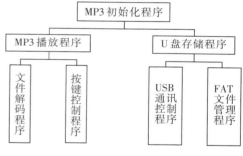

图 14-3　系统软件框图

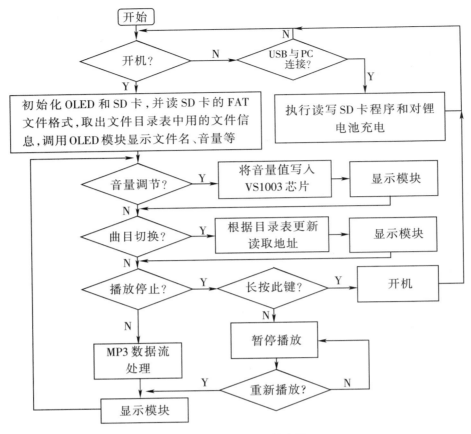

图14-4　操作界面的流程

增加一些其他的功能以增加卖点，主要可以考虑的附加功能如FM收音、长时间录音、PDA功能等。

14.1.6　人机界面设计

如果要带着MP3出门远行，那么充电器就必不可少了，能否方便携带和方便连接使用是关系到用户能否在旅途当中有音乐相伴的关键。同时充电器插口的兼容性很重要，关系到如果遗失能否马上买到新的。其实在附件上有很多细节都能够体现厂商的用心：比如挂绳材料的使用，不同的产品应该会对应不同的挂绳；比如皮套或者便携袋的配备；比如耳塞海绵套的备用等。这些并非是产品优劣的评判，但却是产品人性化的重要因素。

按键的设置。尽量将按键的大小设置得符合人的手指头的大小，按键要采用材质较软的材料，让人在按键的时候感觉舒适。

屏幕的设置。不要将屏幕做得过大，将歌词恰到好处地显示在屏幕上，符合人类的眼部的视觉范围。

14.2　数字温度计的设计

14.2.1　功能说明

（1）检测的温度范围：0～100℃，检测分辨率±0.5℃。

（2）用4位数码管来显示温度值。

（3）超过警戒值（自己定义）要报警提示。

（4）能准确显示当前环境温度。

（5）有清零功能和自我调整功能。

14.2.2　设计原理

数字温度计采用温度敏感元件，也就是温度传感器（如铂电阻、热电偶、半导体、热敏电阻等），将温度的变化转换成电信号的变化，如电压和电流的变化，温度变化和电信号的变化有一定的关系，如线性关系、一定的曲线关系等，这个电信号可以使用模数转换电路（即 A/D 转换电路）将模拟信号转换为数字信号，数字信号再送给处理单元，如单片机或者 PC 机等，处理单元经过内部的软件计算将这个数字信号和温度联系起来，成为可以显示出来的温度数值，如 25.0℃，然后通过显示单元，如 LED、LCD 或者电脑屏幕等显示出来。这样就完成了数字温度计的基本测温功能。按照系统设计功能的要求，确定系统由 3 个模块组成：主控制器、测温电路和显示电路。数字温度计总体电路结构框图如图 14-5 所示。

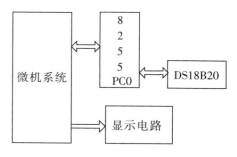

图 14-5　数字温度计模块图

14.2.3　整体设计方案

1. 硬件设计

单片机采用 AT89C51 进行实时的温度采集，用 LCD 显示采集的温度。选择：

（1）温度传感器 DS18B20。

（2）单片机 89C51。

（3）3×4 规格键盘。

（4）4 个七段数码管（LED）。

（5）A/D 转换。

2. 温度传感器

DS18B20 的管脚排列如图 14-6 所示。

DS18B20 高速暂存器共 9 个存储单元，如表 14-1 所示。

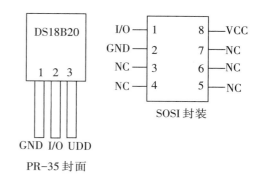

图 14-6　DS18B20 引脚分布图

表 14-1

序　号	寄存器名称	作　用	序号	寄存器名称	作　用
0	温度低字节	以 16 位补码形式存放	4	配置寄存器	
1	温度高字节		5、6、7	保留	
2	TH/用户字节 1	存放温度上限	8	CRC	
3	HL/用户字节 2	存放温度下限			

（1）硬件电路。

（2）显示电路。

程序将 16 进制转换成 3 进制，七段数码管是根据各段管子为"1"的时候亮，"0"的时候不亮，使七段数码管在不同的亮暗位置显示不同的数字。四个数字是一个接着一个显示的，就是四个当中在同一时刻只会有一个亮，但是两个数字亮暗的时间间隔很短，由于人的视觉暂留，人们就看到四个数字在同一时刻显示。

（3）键盘电路。

按键的行列来确定所输入的数字。如果按行置零，列置一，找出哪一

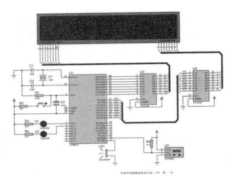

图14-7　数字温度计电路图

列为零，即得所按键的列数。按列置零，列置一，找出哪一行为零，即得所按键的行数。如图14-7所示。

3. 软件实现

系统程序主要包括主程序、读出温度子程序、温度转换子程序、计算温度子程序、显示数据刷新子程序等。

（1）主程序

主程序的主要功能是负责温度的实时显示、读出并处理DS18B20的测量温度值，温度测量每1s进行一次，其程序流程图如图14-8所示。

（2）读出温度子程序

读出温度子程序的主要功能是读出RAM中的9字节，在读出时需要进行CRC校验，校验有错时不进行温度数据的改写。其程序流程图如图14-9所示。

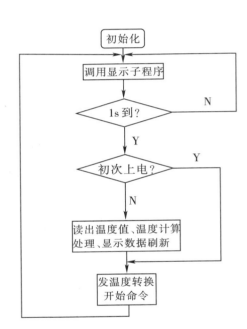

图14-8　主程序流程图

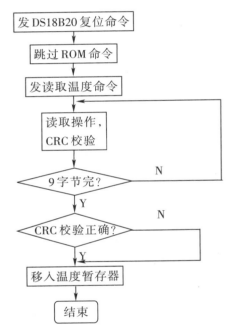

图14-9　读出温度子程序流程图

（3）温度转换命令子程序

温度转换命令子程序主要是发温度转换开始命令，当采用12位分辨率时转换时间约为750ms，在本程序设计中采用1s显示程序延时法等待转换的完成。温度转换命令子程序流程图如图14-10所示。

（4）计算温度子程序

计算温度子程序将RAM中读取值进行BCD码的转换运算，并进行温度值正负的判定，其流程图如图14-11所示。

（5）显示数据刷新子程序

显示数据刷新子程序主要是对显示缓冲区中的显示数据进行刷新操作，当最高显示位为"0"时将符号显示位移入下一位。程序流程图如图14-12所示。

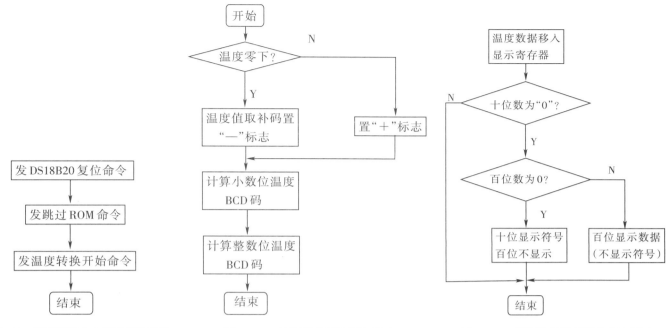

图 14-10　温度转换命令子程序流程图　　　图 14-11　计算温度子程序流程图　　　图 14-12　显示数据刷新子程序流程图

14.2.4　产品外观设计

最后完成的产品外观如图 14-13 所示。

14.3　手机的设计

14.3.1　功能部件设计

手机功能部件如图 14-14 所示。

（1）无线功能：GPRS 无线数据传输、通话、短消息、彩信。

（2）多媒体功能：彩色触摸、MP3、MP4、摄像头、立体声喇叭、支

图 14-13　产品外观

图 14-14　智能手机的功能部件

持蓝牙、支持TF卡、U盘、Nand Flash、NorFlash。

（3）主处理器：MTK6225（内核集成104MHz ARM7）。

（4）外部接口：串口、USB接口、标准耳机。

（5）外部扩展：128pin的全功能接口（音频接口、SD卡、SIM卡、接口电压、USB、串口、按键、Camera、ADC、GPIO、并口等）。

（6）电池容量：一般700mAH（或更高）。

14.3.2 整体设计方案

3G智能手机产品，支持GSM/CDMA双网双待、大屏幕电容触摸显示屏、WiFi、BT、SD扩展、立体声扬声器、高速USB 2.0接口、高分辨率摄像头、光耦电子感应灯等功能。

智能手机平台采用基带处理器+应用处理器的双处理器结构，主要由无线通信模块、多媒体处理模块、视音频输出模块、CMMB接入模块等部分组成，其总体结构如图14-15所示。其中无线通信模块实现呼叫/接听、数据传输等基本通信功能和其他WiFi、蓝牙等无线功能，多媒体处理模块则用于处理高负荷的多媒体应用。

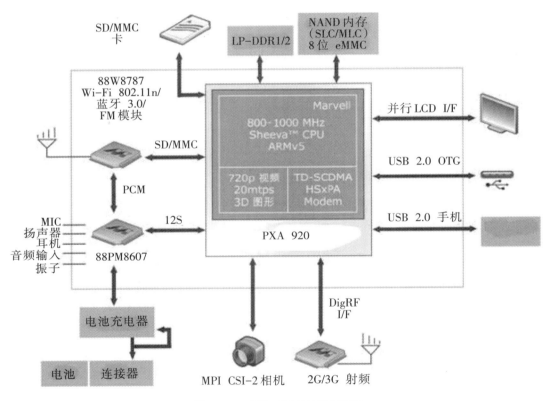

图14-15 智能手机总体结构框图

14.3.3 设计原理

无线电发射机输出的射频信号，由天线以电磁波形式辐射出去。手机具有铃音、中文输入、话机通讯录、录音、情景模式、可扩展存储、来电识别、WAP浏览、WWW浏览、E-Mail、全球定位GPS、JAVA游戏、蓝牙技术、数据线接口、摄像头、视频功能、MP3功能、手机词典、闹钟等功能。

14.3.4　功能实现流程

工作流程如下：天线接收到的CMMB信号，经过包含调谐器和解调器的SMS1180的调谐和解调处理后，输出标准格式的TS流经过SPI总线传送到多媒体处理模块，通过应用处理器PXA310对H.264和ACC视音频码流解码，在其控制下输送数字格式的视频信号到LCD液晶显示屏上，播放出电视视频图像，同时输出AC97格式的音频信号到音频解码器，经处理输出的模拟声音最终送到耳机或外放。

14.3.5　硬件功能实现

整个智能手机系统中涉及CMMB移动电视功能的硬件主要包括CMMB接入模块、多媒体处理模块、视音频输出模块和条件接收模块4部分。手机的硬件实现方式主要有以下3种：

（1）只用基带芯片，通常称作Feature Phone。

（2）基带芯片加协处理器（CP，通常是多媒体加速器）。这类产品以MTK方案为典型代表，MTK全系列的产品基本上都属于这样的方案，展讯等其他公司也在推出类似的产品，这是增强了多媒体功能的Feature Phone（我国强大的山寨手机就是建立在MTK平台上的）。

（3）基带芯片＋应用处理器（AP），也就是通常说的智能手机（Smart Phone）。有的方案将应用处理器和基带处理器做到一颗芯片里面，例如高通的MSM7200A。它有一个ARM11核（应用处理器）和一个ARM9核（基带处理器），两者通过共享内存通信。当然，智能手机也可以使用增强影音处理能力的协处理器。

14.3.6　软件操作流程

智能手机软件实现流程图如图14-16所示，请自行分析执行过程。

14.3.7　产品人机交互设计

在技术平准化手机产业出现价格竞争的环境下，手机的人机交互界面（UI）给手机市场提供新的卖点，如图14-17所示的操作界面。同时可以通过各企业固有的UI提高客户的忠诚度，因此它被认为是新的产业动力。手机UI的新设计与功能开发是根据各种客户群体的喜好及使用习惯而进行的，如图14-18所示。随着手机用户年龄层的扩大，性别、宗教、环境、生活方式的多样化，其开发范围和潜力正在无限扩大。手机人机界面设计能够使人使用更加舒服、方便、快捷，如图14-19所示。

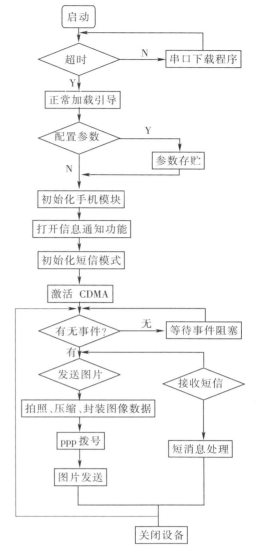

图14-16　智能手机软件实现流程图

图14-17　智能手机操作界面

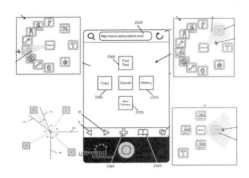

图14-18 智能手机操作界面设计示意图

图14-19 智能手机人性化的操作界面

14.3.8 产品用户体验及可用性评估

可用性研究其主要内容有以下三个方面：

1. 用户模型研究

用户模型研究主要涉及产品的市场定位和用户特点、需求分析，通过对用户的工作环境、产品的使用习惯等研究，建立产品的用户模型，使得在产品设计过程中，根据用户的不同特点设计不同的产品，满足不同用户的需求。目前国内的用户研究大多和市场研究、市场调研等同起来，所以使得调研的有效数据减少，其实在可用性设计范畴里的用户研究是主要针对可用性设计的用户研究，它需要有自己独特的方法和途径。

2. 产品的可用性设计

产品的可用性设计是指，在产品的设计过程中，根据产品的用户模型、可用性设计准则以及其他相关的标准来设计产品。产品可用性设计的目的是提高产品的可用性水平、用户满意度和用户体验水平。目前大多数公司都还只是注重创意，在可用性方面却考虑甚少。像工业设计方面的就多数注重造型，界面设计则强调平面设计，对于用户的体验设计考虑甚少。

3. 设计的可用性水平评价

设计的可用性评价主要是通过可用性测试，评价设计可用性水平的过程，它能评估用户实现任务的效率性和效力性。它是一个标准化的方法，使得每个应用的各个方面都能满足用户的友好性、功能性和艺术性。设计的可用性分析的目的在于评价设计是否达到我们的设计目标。

14.4 儿童音乐多通道训练器

14.4.1 功能说明

儿童音乐多通道训练器是一个针对学龄前儿童所设计的智力开发产品，也可适用于手部不灵活人群复健所用。训练器为一体化设计，简单实用。产品最大的特点是：内置数首歌曲，当选定一首歌曲时，位于产品键盘上的LED灯会引导使用者把歌曲弹奏出来。LED灯会按照歌曲音符的变化依次点亮，使用者只需按下亮起灯的按键，产品就会发出正确的音调，从而引导使用者自主地弹奏出乐曲。

儿童音乐多通道训练器就是以单片机为主要元器件设计的一个简易电子琴，该产品能够达到的效果为：

（1）能够达到电子琴的基本功能，可以弹奏出简单的乐曲。

（2）训练器共有8个琴键，每键代表一个音符。

（3）各音符按一定的顺序排列，符合电子琴的按键排列顺序。

（4）设有按键进行引导训练功能、弹奏功能、演示功能间的切换控制。

（5）在引导学习功能开启时，使用者能够根据引导灯学习弹奏。

（6）内置4首简单的儿童乐曲，设置开关控制歌曲的切换。

14.4.2 设计原理

以AT89S52单片机作为主控核心，用键盘显示模块、音频放大模块、LED显示模块和电源模块设计一个电子琴。软件设计模块包括主程序、键盘扫描子程序和定时器 T0 中断服务程序以及 LED 灯延时程序，分别用来调用子程序、判断有无键按下、定时器溢出和装入不同的计数初值、引导弹奏等功能。设计通过单片机 AT89S52 的 P3.4 口输出相应的方波频率，经过 NPN 型三极管进行功率放大，最终通过喇叭发出声音。玩具电子琴通过软件编程和硬件结合可以发出 7 个中音和 1 个高音，并且可以通过灯的明暗顺序来引导弹奏。

14.4.3　系统硬件模块

该训练器是独立式按键组成的琴键，通过 P2.0 ~ P2.7 口接到单片机中。8 个 LED 显示管接到键盘电路中，在训练模式时，LED 灯亮后，需要使用者按下对应的按键。其中单片机内部定时器 T0 与 P3.4 引脚配合生成音频发生器，R9 和 NPN 型三极管组成音频放大器，输出驱动扬声器。硬件电路原理框图如图 14-20 所示。

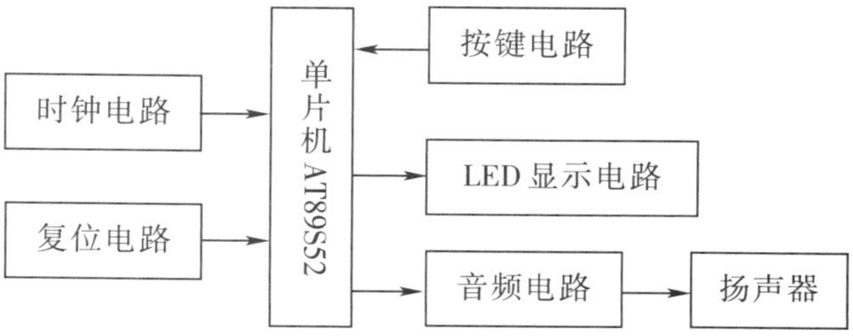

图 14-20　硬件电路原理框图

AT89S52 是一种低功耗、高性能 CMOS 8 位微控制器，具有 8K 在系统可编程 Flash 存储器。片上 Flash 允许程序存储器在系统可编程，亦适于常规编程器。在单芯片上，拥有灵巧的 8 位 CPU 和在系统可编程 Flash，使得 AT89S52 为众多嵌入式控制应用系统提供高灵活、超有效的解决方案。

AT89S52 具有以下标准功能：8k 字节 Flash，256 字节 RAM，32 位 I/O 口线，看门狗定时器，2 个数据指针，三个 16 位定时器/计数器，一个 6 向量 2 级中断结构，全双工串行口，片内晶振及时钟电路。另外，AT89S52 可降至 0Hz 静态逻辑操作，支持 2 种软件可选择节电模式。空闲模式下，CPU 停止工作，允许 RAM、定时器/计数器、串口、中断继续工作。掉电保护方式下，RAM 内容被保存，振荡器被冻结，单片机一切工作停止，直到下一个中断或硬件复位为止。

14.4.4　软件系统分析

声音的频谱范围约在几十到几千赫兹，假如能用程序来控制单片机的其中一个口线，不断输出高、低电平，则在该口线上就能产生一定频率的方波，将该方波接上喇叭就可以发出一定频率的声音，如果再利用程序控制高、低电平的持续时间，就能改变输出波形的频率，从而改变音调。对于 AT89S52 单片机来说产生一定频率的方波是通过将某一端口输出高电平，延时一段时间再输出低电平，如此循环的输出就会产生一定频率的方波。单片机实现延时通常有两种方法：一种是硬件延时，要用到定时器/计数器，这种方法可以提高 CPU 的工作效率，也能做到精确延时；另一种是软件延时，这种方法主要采用循环进行。

14.4.5　硬件电路模块

1. 硬件系统的设计思路

（1）本系统利用 AT89S52 单片机内部定时器 T0 等部分产生各种音符频率，在 P3.4 引脚输出音频频率，通过 NPN 三极管进行放大后，驱动扬声器发出声音。

（2）独立式按键组成的琴键，接到 P2.0 ~ P2.7，8 个琴键对应 8 个音符，并且把对应的 LED 接到 P0.0 ~ P0.7 中。

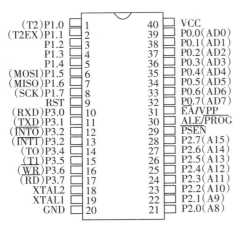

图14-21　单片机引脚与封装图

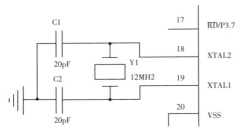

图14-22　晶振电路模块

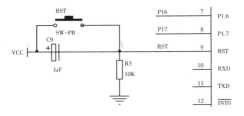

图14-23　复位电路模块

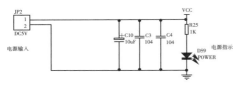

图14-24　电源模块

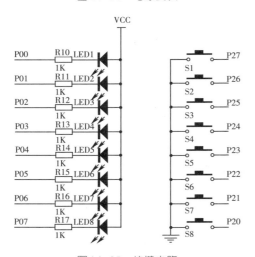

图14-25　按键电路

（3）每个按键对应的音符频率进行编码，然后对定时器装入对应的初值。

2. 硬件电路模块设计

以下将对此课题中硬件设计用到的相关电路及主要芯片AT89S52、扬声器、电源、键盘及LED显示等工作原理进行简单的介绍。

（1）AT89S52单片机主模块。

AT89S52是一种低功耗、高性能CMOS 8位微控制器，具有8K在系统可编程Flash存储器。使用Atmel公司高密度非易失性存储器技术制造，与工业80C51产品指令和引脚完全兼容。片上Flash允许程序存储器在系统可编程，亦适于常规编程器。在单芯片上，拥有灵巧的8位CPU和在系统可编程Flash，使得AT89S52在众多嵌入式控制应用系统中得到广泛应用。该系列单片机引脚与封装如图14-21所示。

（2）晶振电路模块。

在AT89S52芯片内部有一个高增益反相放大器，其输入端为芯片XTAL1，输出端为XTAL2，在芯片的外部通过这两个引脚跨接晶体振荡器和微调电容，形成反馈电路，就构成了一个稳定的自激振荡器。电路中对电容C1和C2的要求不是很严格，如使用高质的晶振，则不管频率多少，C1、C2一般都选择20pF。晶体振荡器的频率范围通常为1.2～12MHz，晶体振荡频率高，则系统的时钟频率也高，单片机运行速度也就快。

设计所采用的晶振电路如图14-22所示，C1、C2起到了对振荡频率微调的作用。

（3）复位电路模块。

本设计采用的是按键手动复位的方式。在复位输入端RST上加入的高电平信号，一般采用的办法是在RST端和正电源VCC之间接一个按钮，如图14-23所示。

当按下按钮时，则VCC的+5V电平就会直接加到RST端。即使按下按钮的动作比较快，也会使按钮保持接通达数十毫秒，所以保证能够满足复位时的要求。

（4）电源模块。

本设计使用的电源为直流5V，该部分的电路图如图14-24所示。接线可以直接连接到电脑的USB口上，并且可通过5V的电压转换器接到220V电源上。有独立的LED来指示电源的导通情况。

（5）键盘及LED模块。

弹奏部分。由于所需按键数位8个，键盘数相对较少，因此可采用独立式按键组成该设计的按键电路，如图14-25所示。

独立式按键是指直接用一根I/O口线构成的单个按键电路。每个独立式按键单独占有一根I/O线，每根I/O口线上的工作状态不会影响其他I/O口线的工作状态。在单片机的P2口上接按键，P0口上接LED，在切换到学习模式开启的时候，LED随着编译好的顺序被点亮，使用者只要按下对应的按键弹奏即可，同时，每一个LED灯会在按到正确的按键之后熄灭，下一个LED灯会亮起。该LED灯部分使用到了C语言编译，将歌曲的音符转换成灯明灭次序的程序。

模式切换部分。该部分是由按键和LED构成，如图14-26所示。

（6）音频电路模块。

本设计的音频放大电路图如图14-27所示（三极管型号为S8050）。

3. 绘制硬件电路图

硬件电路图决定电路原理图如何设计，同时也影响到PCB板如何规划。根据设计要求进行方案比较、选择，元器件的选择等，开发项目中最重要的环节。大致的过程是电路仿真、器件的选定、绘制原理图、排查原理图错误，最后是PCB板图设计。完成的电路原理图及PCB板图分别如图14-28和图14-29所示。

14.4.6　软件流程设计

软件流程设计流程图如图14-30所示。在开机后，默认是弹奏模式，此时使用者可以进行自行的弹奏。在按一次模式键后，就切换成了训练模式，此时引导学习弹奏的LED会依次明灭，使用者根据训练器的引导进行弹奏。再按一次模式键，就切换到了演示模式，此时训练器会播放内置的歌曲。在学习或者欣赏模式的时候，使用者可以通过选歌按键来切换歌曲。选歌按键和模式切换按键分别为可循环的。

（1）电源接通，定时器程序初始化，等待键盘扫描工作。

（2）键盘扫描P2.0～P2.7端口，按键的线路呈导通状态。

（3）此时判断是否有琴键按下，若没有键按下，则返回上一步继续等待键盘扫描的指令；若判断到有按键按下，则进入下一步。

（4）检测出琴键闭合后执行一个延时程序（5～10ms的延时），让前沿抖动消失后再一次检测键的状态。如果仍保持闭合状态电平，则确认为真正有键按下，并进入下一个步骤；若判断出无按键闭合，则再返回初始化后的状态。

（5）此时，根据当前的状态来识别按键，若无按下功能选择按键，则为弹奏模式，若检测到按下了功能选择按键，则进入到了功能性的环节。

（6）若上一步时没有按下功能选择按键，则为弹奏的模式，根据键值查表，查找出对应的音符频率以及简谱码，即计数T值。再将查表所得的值送入P3.4。若上一步按下了功能选择按键，则会判断为哪一个模式。按功能选择键一下时为训练模式，此时引导训练的指示灯会在琴键上方亮起，按下对应琴键，则会根据键值查表，查出相关值送入P3.4；若按下功能选择键两下，则为演示模式，训练器会自行把编译好的音符进行选择查表，查出所对应的简谱码，送入P3.4。

在硬件实物完成后，需进行该设计的功能性、实用性、完成性验收，该设计应达到以下要求：

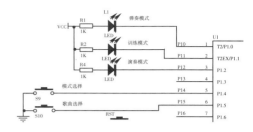

图14-26　模式切换部分

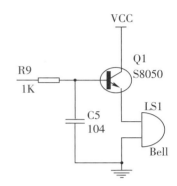

图14-27　音频电路模块

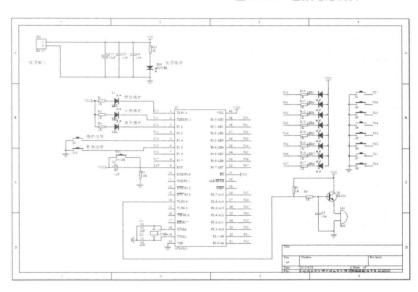

图14-28　电路原理图

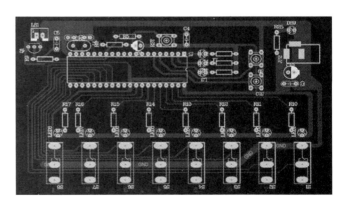

图14-29　PCB板图

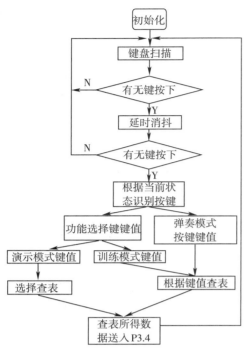

图14-30　整体设计流程图

（1）能够达到电子琴的基本功能，可以弹奏出简单的乐曲。

（2）训练器共有8个琴键，每键代表一个音符，每个按键都能够准确发声。

（3）各音符按一定的顺序排列，符合电子琴的按键排列顺序，并且琴键的设计非常人性化，符合儿童的手掌大小和指距。

（4）设有按键，能进行引导训练功能、弹奏功能、演示功能间的切换控制，并且3种功能都能够达到。

（5）在引导学习功能开启时，使用者能够根据引导灯进行准确的学习弹奏。

（6）内置4首简单的儿童乐曲，设置开关来控制歌曲的切换。

（7）外观进行了包装设计，色彩鲜艳，适合儿童人群。

14.4.7　人性化功能分析

该产品外形美观，适于收藏摆放。产品完成后要达到的目标有：

（1）产品外形美观，能够提供多种不同的款式，让产品的使用者能够挑选自己喜爱的样式，色彩丰富鲜艳，吸引儿童。

（2）使用简单，功能简洁明了，能够让使用者在最短时间内上手，并能够熟练地使用该产品。

（3）具有较强的趣味性，让使用者产生浓厚的兴趣，对使用该产品乐此不疲，达到智力开发、身体机能康复的效果。

（4）由于该产品所需电源为5V，可直插电脑的USB接口，所以有较强的安全性，能够充分保障儿童的使用安全。

（5）该产品使用的琴键为微动开关，按键的接触面较大，且接触面与水平面的所呈角度为适合使用舒适度较高的角度，方便使用者的弹奏。琴键间距的设置充分考虑到了儿童手掌的大小，充满了人性化设计理念。

14.5　互动型音乐喷泉控制电路部分设计与实现

14.5.1　功能说明

设计一款互动型音乐喷泉，即人机互动的音乐喷泉控制系统设计。控制部分由两个模块组成：音乐控制模块和超声波测距传感器控制模块。喷泉可以通过被输入的音乐的节奏及音调调节喷泉喷水的高度，也可通过超声波测距传感器测量出的互动者与喷泉距离远近转换成的相应信号来控制喷泉的喷水高度。通过软硬件结合的方式，实现人机互动的效果，大大增加喷泉的趣味性。

14.5.2　音乐控制模块设计原理

单片机将输入的音乐通过自带的A/D转换器转换成相应信号进行单片机处理，并根据音乐的音频信号控制喷泉水柱的高度及灯光效果，超声波测距传感器较精确测量互动者与喷泉间的距离，并将接受到的信号输入单片机，将距离变化体现在闪烁的小LED灯上，最终达到水柱高度的变化、灯光闪烁效果与音乐的节奏同步。

14.5.3　控制系统硬件设计

控制系统是互动型音乐喷泉的核心系统，该控制系统由音乐输入、超声波传感器、单片机、喷嘴、LED 显示灯、扬声器及驱动电路组成，其控制系统结构框图如图 14-31 所示。

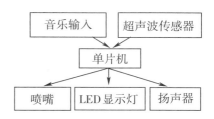

图 14-31　控制系统总体结构框图

该控制系统主要由两部分模块组成：音乐控制模块和超声波测距传感器模块。本次课题中这两个影响喷泉喷出水柱高度的模块不同时运行，两个模块之间的转换由按键进行切换，同时由黄、绿指示灯显示切换状态。启动音乐控制模块时，绿色显示灯亮，将音乐通过接口输入，单片机对音乐信号进行编码，并根据音乐的节奏、音阶来调节 I/O 口的彩灯变化及控制喷泉喷水高度；启动超声波测距传感器模块时，黄色显示灯亮，通过超声波测距传感器测量互动者与喷泉的距离，接着通过传感器接收器将信号输入单片机，从而控制喷泉的喷水高度以及彩灯的变化。

1. 音乐控制

音乐信号的输入和转换是一个较复杂的过程，单片机 P1.1 口接音乐输入接口及接扬声器，扬声器与单片机之间必须接 TDA2822 进行数模转换；P1.0 口是信号输出端，如图 14-32 所示。由于输出信号太小，在输出端与喷泉喷口端接 ULN2003 以增大输出信号；P2 口接彩灯模块。音乐由 P1.1 口输入单片机，12C5A16S2 有其自带的 A/D 转换器，将数字信号送入单片机处理，输出控制信号以控制喷出泉水高度及灯光效果。

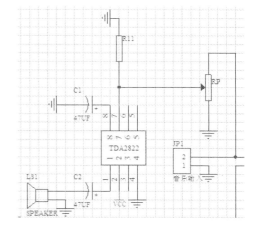

图 14-32　音乐控制模块电路图

2. 音频电路

音频电路由音响放大器和音乐处理电路两部分组成。音响放大电路将音乐外发，音频信号经 TDA2822 由扬声器输出。音乐预处理电路是将音频信号输入到单片机片内 A/D 转换器，由单片机采集音乐信号进行编码。整个系统采用单电源 5V 供电。

3. 超声波测距传感器模块

本课题——互动型音乐喷泉，在满足由音乐来控制喷泉的同时，要有人机互动的效果，故采用了超声波测距传感器，超声波测距传感器的实物图如图 14-33 所示。根据互动者与超声波之间的距离变化来改变喷泉喷出水柱的高度，以此来体现互动性，增加喷泉的趣味性。

实验初，原本考虑以红外线传感器作为接收距离变化信号的器件，但由于红外线测距的功能局限以及其测距不稳定性，最终考虑用 HC-SR04 超声波测距模块。

图 14-33　超声波测距传感器实物图

4. HC-SR04 超声波测距模块特点

稳定性较强的超声波模块 HC-SR04 实物图如图 14-34 所示。

HC-SR04 超声波测距模块可提供 2～400cm 的非接触式距离感测功能，测距精度可高达 3mm；模块包括超声波发射器、接收器与控制电路。

5. HC-SR04 超声波测距模块基本工作原理

（1）采用 IO 口 TRIG 触发测距，给至少 10μs 的高电平信号。

（2）模块自动发送 8 个 40kHz 的方波，自动检测是否有信号返回。

（3）有信号返回，通过 I/O 口 ECHO 输出一个高电平，高电平持续的时间就是超声波从发射到返回的时间。

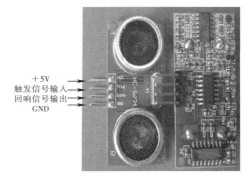

图 14-34　超声波测距传感器模块

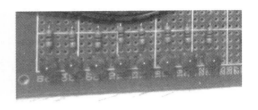

图 14-35　LED 显示灯组实物图

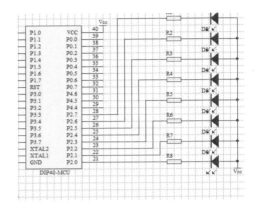

图 14-36　LED 显示灯组电路图

图 14-37　彩灯及彩灯喷泉效果图

6. LED 显示灯设计

设计这一互动型音乐喷泉的初衷，是为了使小型喷泉走入生活，进入每个人的家庭中。所以为了让音乐喷泉在视觉效果上更为完美，在音乐喷泉系统中加入了 LED 灯光效果，使喷泉更具有视觉享受，如图 14-35 所示。

本课题在此处使用了 8 盏 LED 灯，分别与单片机管脚 P2.0～P2.7 连接，如图 14-36 所示，并在 LED 灯与单片机之间接了相应阻值的电阻，以保护 LED 灯。

由于局限性，本课题中选择的是普通的 LED 灯，在实际运用中，可以选择适合在水中运行的彩灯，如图 14-37 所示。这样从水中发射出各种颜色的灯光配合着音乐喷泉有节奏地运行，更将是一场视觉盛宴。LED 灯组在本课题中是喷泉的显示装备，在不同模块运行下显示不同效果。

14.5.4　控制系统软件设计

根据硬件的工作流程，软件主程序设计分为以下几个功能模块，如图 14-38 所示。

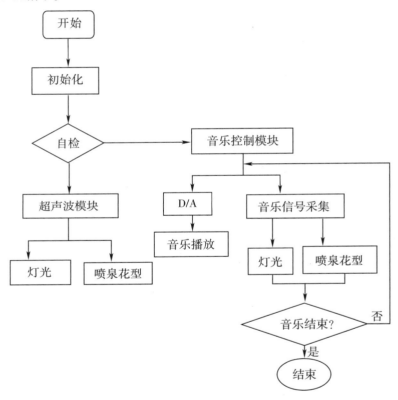

图 14-38　主程序流程图

（1）主程序：初始化与按键监控（即进行自检，检测是否有相应的按键操作，以便程序正常执行）。

（2）喷泉花型：音乐控制模块根据音乐节奏调节喷泉花型；超声波控制模块根据互动者与喷泉之间距离远近来控制喷泉花型。

（3）灯光：根据检测到的模块显示不同的灯光变化。

14.5.5　控制系统运行效果

1. LED 灯在音乐模块运行时的效果

音乐输入单片机转换后，根据音乐节奏，显示灯明暗交替，音乐音调越高，LED 灯从左到右亮灯的数量越多，音调越缓和，亮灯的数量越少，这样的灯光显示效果，再加上美妙的音乐能使喷泉的节奏感和可观赏性更强。

2. LED 灯在超声波模块运行时的效果

在切换到超声波模块控制喷泉时，依次排列的 8 盏 LED 灯亮灯的数量代表的是喷泉的喷水高度。当互动者慢慢靠近喷泉时，喷出的水柱越来越高，8 盏灯依次点亮；相反，当人慢慢远离喷泉时，喷出的水柱越来越低，8 盏灯依次慢慢熄灭。

14.6　老年人手指协调性训练器

14.6.1　功能说明

开发一种适合老年人手指锻炼的器具对老年人是非常有必要的，目的是老年人通过锻炼来增强手指的灵活度，提高手指的协调性，强健手部肌肉，减缓手部的衰老。此训练器设计了两个训练模式。

模式 1：训练开始，LED 灯亮起，每次只亮一个，每个灯亮的时间为 2.5s，训练者必须马上用相应的手指来按压亮灯对应的按键，在规定时间内按压后灯灭，同时另一个灯亮起，此时计数器计数加 1。若不能在亮灯时间内按下按键，则依然灯灭，另一个按键灯亮，此时计数器计数不变。

模式 2：训练开始，LED 灯同时亮起 3~4 盏，开始亮灯时间依然是 2.5s，此时训练者可同时用多个手指按压对应的亮灯按键，在规定时间内按下则计数，同时另外的灯亮起，并且在达到一定的分数升级后亮灯的时间会减少，以此来增加难度。

14.6.2　设计原理

设计的构想是让手按照训练器的提示用规定的手指来按压按键，通过不同的手指变换按压来提高手指的协调性和反应能力，并刺激肌肉和神经，加快血液循环，来达到锻炼的目的。此训练器主要分为以下几个部分，分别是电源、单片机芯片、LED 灯组、按键及显示模块。灯和按键均为 3×3 矩阵形状，个数为 9 个，且每个灯对应一个按键。系统原理框图如图 14-39 所示。

图 14-39　系统原理框图

14.6.3　硬件设计

本次设计选择的主要器件是：单片机 STC89C52 芯片、LCD1602 显示屏，电源为了方便则采用了 USB 5V 电源接口。

1. STC89C52 芯片简介

STC89C52 是一种低功耗、高性能 CMOS 8 位微控制器，具有 8K 在系统可编程 Flash 存储器，如图 14-40 所示。在单芯片上，拥有灵巧的 8 位 CPU 和在系统可编程 Flash，使得 STC89C52 可为众多嵌入式控制应用系统提供高灵活、超有效的解决方案。STC89C52 具有以下标准功能：8k 字节 Flash，512 字节 RAM，32 位 I/O 口线，看门狗定时器，内置 4KB EE-PROM，MAX810 复位电路，三个 16 位定时器/计数器，一个 6 向量 2 级中断结构，全双工串行口。

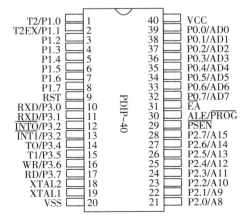

图 14-40　STC89C52 引脚图

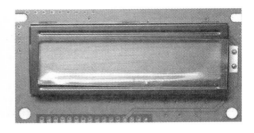

图14-41　1602显示屏外观图

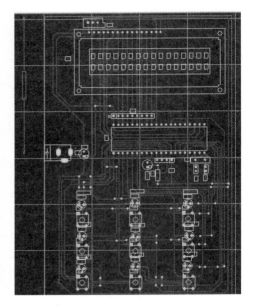

图14-43　PCB板图

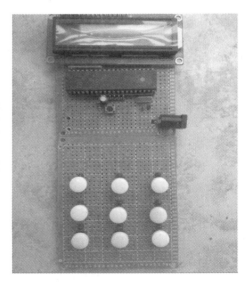

图14-44　焊接完成时的实物图

2. LCD1602显示屏

液晶显示模块具有体积小、功耗低、显示内容丰富等特点，现在字符型液晶显示模块已经是单片机应用设计中最常用的信息显示器件了。1602可以显示2行共16个字符，有8位数据总线D0~D7和RS、R/W、EN三个控制端口，工作电压为5V，并且带有字符对比度调节和背光，如图14-41所示。

3. 系统电路图

根据要求的功能，设计的电路图如图14-42所示。

图14-42是用软件设计的电路布线图，由于此设计是用PCB板焊接，所生成的PCB布线图如图14-43所示。

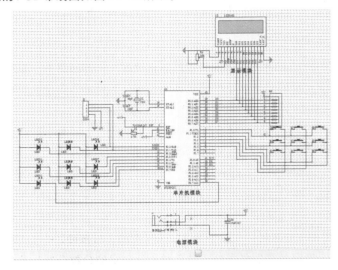

图14-42　系统电路图

电路图设计好后，就可以根据图来进行实物焊接，焊接必须仔细严谨，图14-44是焊接完成的实物图。

14.6.4　系统软件设计

在程序方面，通过Keil μVison3软件用C51语言编写来实现的，这是针对单片机系列的结构进行的程序设计，C51语言继承了C语言的结构上的优点，便于学习，又有汇编语言操作硬件的能力，因此被广泛使用于单片机程序设计中。程序设计的流程为：创建项目、创建源文件、编译项目、仿真调试。系统仿真图如图14-45所示。

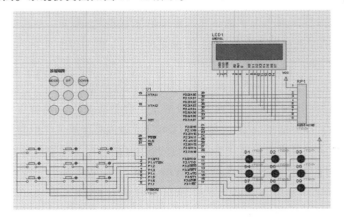

图14-45　系统仿真图

14.6.5 系统效果分析

如图14-46所示，介绍了训练器各部分及按键的功能，此训练器操作安全简便，容易上手，很适合老年人日常使用。下面依据训练的流程详细地介绍使用方法。

训练器接通电源后，显示屏亮，并显示"Start Game，Press 'MODE'"，即游戏开始，需要选择训练模式。此设计有两个训练模式可供选择，模式2运行结果如图14-47所示。

按"MODE"键后进入游戏模式选择，可选择模式1或模式2。在模式1中，同时亮起多盏灯，可以同时用多个手指来按压对应的按键，按对后分数增加。随着分数的提高，训练等级也会提高，灯亮的持续时间会变短，从最开始的2.5s缩短到0.5s。这种训练模式较有挑战性，也能激发训练者的热情和兴趣。模式2是练习模式，相对模式1来说较简单。一次只会亮一盏灯，按键正确，虽然也会计数，但灯的持续时间不变，始终保持在2.5s。此模式适用于刚接触训练器或反应比较迟缓的老年人，训练时可以一手拿，另一只手来按压按键。

老年人在自身训练体验一段时间后，手指各关节会有累的感觉，并开始发热，对于老年人来说手指的协调性和灵敏性训练会起到一定的效果。

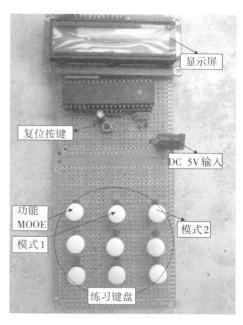

图14-46 训练器功能说明图

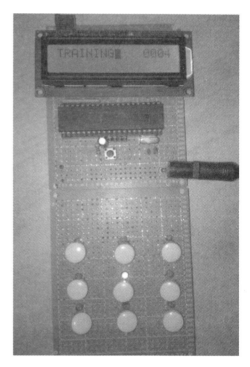

图14-47 模式2运行结果

245